영원의 날개, 대한민국 공군 F-4 팬텀

ROKAF F-4 PHANTOM PHOREVER

이 책을 34명의 F-4 순직 조종사들에게 바칩니다

안의남 홍승남 채훈세 이권주 최영선 김순열

이상구 백기인 정영태 권오영 김광식 김윤태

박명렬 이병홍 김병윤 김제홍 이문기 한범희

공군

신념의 조인들을 영원히 기억하겠습니다

지석주	박성배	김익기	박영하	문양근	김범동
김주일	이동준	박충훈	원유균	안성만	최용두
김동철	이해남	김균세	김동춘		

헌 시

사진: 월간항공

팬텀

팬텀!
조국 영공을 지키는 만능의 도깨비
불사조의 상징이어라

우렁찬 폭음 속에
솟구치는 당당한 자태
천지를 건너뛰는 웅비의 날개
부러울 것이 없노라

정열의 파수꾼이
빨간 머플러로
조국의 허리를 감으면
뜨거운 숨결 길게 토하네

팬텀!
평화를 거머지고
강, 평야, 산들을 스치면
산맥은 생명처럼 달린다.

1969년 "영원한 팬텀 조종사"
고 **이영순** (예비역 대령, 공사 19기)

서 문

영광의 팬텀이여 영원히!

"걸작 중의 걸작." 현대 제트 전투기 중 F-4 Phantom II (이하 팬텀) 전폭기 하면 으레 따라붙는 수식어입니다. 여러 이유들이 있지만 그 중에서도 F-4만의 4가지, '최장, 최다, 최고, 최초'를 꼽습니다.

첫째, 현대 전투기 중 단연 '최장'의 운용기간입니다. 1950년대 개발 시작, 1962년 양산 이후 오늘날까지 무려 60여 년에 걸친 현역 기록을 가지고 있습니다.

둘째, 서방측 초음속 전투기로서 '최다' 생산량(5,195대)을 자랑합니다. 절대생산대수로는 구소련의 MiG-21이 이보다 많지만, 당대 최강의 하이급 전투기인 F-4와는 그 성능과 가격 면에서 클래스가 다른 기체입니다. F-4의 후계기이자 당대 최강의 전투기였던 F-14나 F-15는 각각 600여 대, 1,000여 대 생산량에 그친 바 있습니다.

셋째, '최고'의 범용성입니다. 단일 기체로 함대방공(함재기)/공대공/공대지/정찰/방공망제압(SEAD)/전술핵 운용 등 각각의 임무마다 일급의 성능을 보여준 팔방미인입니다. 이 범용성은 최장의 현역생활과 맞물려 타의 추종을 불허하는 다양한 개량형들을 낳았는데 실제 채택 및 운용된 모델만 꼽아도 F-4B, C, D, E, F, G, J, K, L, M, N, Q, R, S 등 14가지나 됩니다. 다시 말해 항공기의 기본이 탄탄함을 입증한다고 할 수 있습니다.

넷째, '최초' 기록 제조기입니다. F-4는 고도 및 속도 등의 비행성능 시험 중 가장 많은 25개의 세계 신기록을 수립한 기체입니다. 또한 최초의 삼군(해군, 공군, 해병대) 합동전투기이기도 합니다. 앞서 언급한 강력한 장점 때문에 처음부터 의도하지 않았음에도 미 해군, 미 공군, 미 해병대의 주력 전투기로 채택되어 사상 두번째 합동타격전투기(Joint Strike Fighter, JSF)인 F-35의 효시가 됩니다.

또한 F-4는 가장 많이 실전에 투입된 전투기이기도 합니다. 베트남전의 처음부터 끝까지 '미그킬러'로서의 명성을 날리며 에이스 조종사들을 배출했고, BVR(가시거리 외) 미사일, 스마트 폭탄, 전자전 포드 등 현대 항공무기체계를 최초로 실전에 운용했습니다.

이를 통해 기술 및 전술 측면에서 현대 전투기의 표준을 수립했다고 해도 과언이 아닙니다. 이후 중동전, 걸프전 등에도 참전하면서 전투조종사들의 피끓는 무용담을 담아 내었습니다. 그 육중하고 남성다운 형상으로 '남자의 전투기', 독특하게 '두 번 꺾인' 주익과 수평미익의 형태로 'double-ugly'라는 애칭으로 전 세계적인 팬덤을 보유한 팬텀입니다. 이제는 '걸작 중의 걸작'을 넘어서서 '전설의 도깨비(Phabulous Phantom)'로 불리고 있습니다.

이 전설의 미국 도깨비는 도깨비의 땅 한반도에 상륙하여 반세기가 넘도록 든든한 평화 수호자이자 전쟁 억제자로 자리매김해 왔습니다.

한국 공군은 세계에서 네 번째로 F-4D를 도입하고 미국 본토 최후 생산분 F-4E를 도입, 무려 55년간 운용하여 세계 최장 팬텀 운용국으로 손꼽힙니다. 1969년 최초 도입된 F-4D 항공기들은 한국 공군의 위상을 일약 동북아 최강 수준으로 수직상승시켰습니다.

예로부터 한국에서 도깨비는 '악귀 잡는 상징'이었던 것처럼 F-4는 미그 잡는 팬텀, 대북 전략 폭격능력과 전쟁 억제력의 전략자산으로 자리잡아 왔습니다. '김일성이 가장 무서워한다'는 이른바 '팬탐기'는 우리나라에서 아예 제트전투기를 칭하는 대명사로 통해 왔습니다.

당시 겨우 한국전쟁의 상흔을 털고 일어나던 빈국이었던 대한민국이 미국의 일급 우방이었던 영국과 이란 다음으로 팬텀을 도입하게 된 이 기적같은 사건은 격동의 우리네 근현대사와 맥을 같이 합니다.

파월 장병들의 피땀, 국가지도자 및 한국 공군의 강력한 의지와 결단력, 격동하는 국제정세의 흐름을 읽고 절묘하게 기회를 포착하는 혜안의 리더십이라는 삼위일체가 맞물려 가능했던 역사의 한 장이었습니다.

절체절명 베트남전의 깊은 수렁에 빠진 미 정부에게 미군 다음으로 많은 전투병력을 투입해 신뢰를 쌓은 한국 정부는 줄기차게 팬텀 도입을 요청했습니다. 여기에 당시 푸에블로호 납치 사건, 1·21 김신조 일당 침투사건 등 극단적으로 고조되었던 한반도의 군사적 위기 상황도 도입의 명분을 살려주었습니다.

또한 '한국 공군은 F-4 운용능력이 없다'는 미 정부의 반대에도 대통령에게 팬텀 도입의 절대적 필요성을 소신으로 관철했던 한국 공군 수뇌부의 의지도 이를 뒷받침했습니다.

팬텀 도입으로 한국 공군의 위상은 동북아 최고 수준으로 격상되었고 양과 질에서 열세였던 북한 공군과의 전력 차이를 크게 좁힐 수 있었습니다.

최초 16대 도입 이후 방위성금헌납기, 중고기 도입 및 신조기 구매 등으로 총 187대를 도입하여 명실공히 한국 공군의 주력전투기이자 전략 자산으로 반세기가 넘도록 한반도의 하늘을 지켜왔습니다.

운용 후반부에는 AGM-142 팝아이를 도입, F-15K 도입 전까지 한국 공군 전투기 중 유일하게 이른바 '장공지(장거리 공대지)' 유도탄을 운용할 수 있는 전략 플랫폼의 자리를 지켜왔습니다. 이렇게 팬텀은 선진 공군력 육성과 오늘날 세계적인 수준으로 발돋움한 한국 공군의 위상 수립에 기반이 되었습니다.

지난 2024년 6월 7일, 한반도 수호 도깨비들은 명예롭게 도깨비 방망이를 내려놓았습니다. 하지만 이미 도깨비의 후예들이 그 명맥을 이어나가고 있습니다.

한국 공군 최초의 F-4 비행대대인 151대대는 다시 최초의 F-35 비행대대로 '게임 체인저'로서의 그 전통을 이어 받았습니다. 최초의 F-4E 비행대대인 152대대 또한 F-35 비행대대로 재창설되었으며, 최후의 F-4 비행대대인 153대대 역시 향후 F-35 비행대대로서 한국 공군 전략 자산으로서의 명맥을 이어나갈 것으로 예상됩니다.

최초의 삼군합동전투기가 최신의 합동타격전투기로 대체되는 특별한 역사가 한국 공군에서 이루어지는 셈입니다.

이 책은 '죽지 않고 다만 사라질 노병'을 기록하고 기억할 것입니다. 팬텀 도입의 역사, 운용, 조종사, 정비사, 무장사 인터뷰와 세부 시스템까지 정성껏 담아 보았습니다. 이를 통해 반세기가 넘는 세월동안 이 땅에는 평화를, 적에게는 전율을 주었던 F-4 팬텀이 '영원의 날개'로 기억되기를 바랍니다.

우리 눈에 보이지는 않지만 이 땅에 영원히 살아 숨쉬는 도깨비의 전설처럼 우리의 기억과 역사 속에 영원히 남기를 기원합니다.

무엇보다 한국 공군의 F-4 도입에 일등공신이었던 베트남 참전용사들에게 무한한 감사를 드립니다. 그들의 피땀과 헌신이 아니었다면 오늘날 세계적인 한국 공군의 위상도 어려웠을 것입니다.

또한 F-4 작전수행 중 영원히 하늘의 별이 되신 34명의 '신념의 조인'들에게 하늘같이 푸르고 높은 감사의 말씀을 올립니다. 그분들의 함자를 한 자 한 자 정리해 이 책에 담아 보았습니다.

대한민국 공군 가족이자 전투조종사의 아들로서 무려 55년간 F-4 팬텀을 운용해 온 우리 공군 요원들과 그들을 지켜준 아내 분들께도 감사의 말씀을 올립니다. 끝으로 이 부족한 책이 빛을 보도록 전폭적인 지원을 아끼지 않았던 한국 공군에도 진심어린 감사의 말씀을 전합니다. 특히, 정상화 전 공군참모총장님, 이영수 공군참모총장님, 윤영삼 전 공군본부 정훈실장님, 김권희 공군본부 정훈실장님, 조요진 공군본부 정훈실 문화홍보과장님, 공군본부 문화홍보과 홍보운영담당 정지희 대위님께 다시한번 감사의 말씀을 드립니다.

이 원 익(李元翼)

Phabulous Phantom Phorever!
(전설의 팬텀이여 영원하라)

Pharewell Phiphty Phive!
(안녕, 55년의 세월이여)

Phantoms never die. They just Phade away.
(팬텀은 죽지 않는다. 그저 사라질 뿐이다)

이 책에서 발생하는 모든 인세는 순직 조종사 자녀 장학금으로 전액 기부됩니다.

추천사

‘대한민국 공군 F-4 팬텀’ 발간을 축하하며

박인호
전 공군참모총장

이원익 항공 저널리스트의 ‘대한민국 공군 F-4 팬텀’ 발간을 진심으로 축하드립니다. 이 책은 국내에 서 최초로 출간되는 F-4 단행본이자 대한민국 공군에서 55년에 걸쳐 활약한 팬텀의 역사를 정리한 최초의 시도로 알고 있습니다. 저는 前 공군참모총장이자 무엇보다 팬텀조종사로서 이 책의 출간에 기쁨과 감사의 마음을 가지게 됩니다.

제가 처음 이원익씨를 만난 것은 공군 순직조종사 자녀들을 지원하기 위한 하늘사랑 장학재단 기부금 전달식에서였습니다. 당시 이원익씨는 ‘대한민국 공군 F-5’ 단행본을 출간하고 그 인세 전부를 하늘사랑 장학재단에 기부하였고 저는 공군참모총장으로서 감사인사를 위해 티타임을 가졌습니다.

이원익씨는 공군의 모든 전투기에 대해 단행본을 집필하고 그 인세를 모두 하늘사랑 장학재단에 기부하겠다는 의지를 피력하면서, 다음 작품은 자신이 어린시절부터 가장 좋아하는 기종인 F-4 팬텀이며, 책 집필을 진행하게 되면 팬텀조종사였던 저와도 인터뷰를 하고 싶다고 했습니다.

그렇게 이원익씨와 F-4에 대한 인터뷰를 진행하게 되었고 팬텀에 대한 이야기를 풀어 나가면서 저는 이원익씨의 항공과 공군에 대한 열정과 풍부한 지식에 깊은 인상을 받았습니다. 무엇보다도 공군에 대한 진심어린 관심과 깊은 애정에 크게 감동하였습니다. 그가 소년시절 간직했던 팬텀조종사의 꿈은 이루어지지 않았지만 이후 저널리즘을 통해 직접 팬텀에 올라 비행하고 오랫동안 축적해 온 지식과 정보를 통해 단행본까지 발행한 그의 삶은, 평생을 전투조종사로 살아온 저에게도 조종사의 소중함과 가치를 다시 한번 돌아보게 합니다.

이 책에는 대한민국 공군에서 활약한 F-4의 거의 모든 것이 정리되어 있지만, 그 중에서도 가장 중요한 부분은 팬텀인들과의 인터뷰 내용이라고 생각합니다.

최초의 F-4D 도입, 방위성금헌납기, F-4E, MIMEX 항공기, RF-4C, AGM-142 도입과 운용 등 각 주제별로 기획된 우리 공군 요원들의 경험담이야 말로 우리가 기록하고 기억해야 할 공군의 역사 그 자체이기 때문입니다.

저는 팬텀인의 한사람으로 F-4 팬텀이 오늘날 세계적인 공군으로 발돋움한 대한민국 공군의 허리 역할을 든든하게 해 왔다고 자부합니다. 우리 공군이 북한 공군보다 다소 열세라고 평가받던 시기에 공대공 레이다 미사일과 함께 주야간 전천후 작전능력을 갖춘 전폭기의 도입은 게임체인저로 전략적, 전술적 우위를 차지하며 공군력의 수준을 한차원 높였고 이후 (K)F-16, F-15, F-35 등과 같은 다음 세대 전투기 도입의 가교 역할을 해 왔기 때문입니다.

그 55년의 기록을 꼼꼼하게 정리해 주신 이원익 항공 저널리스트에게 다시 한번 마음 깊이 감사의 말씀을 드립니다. 모쪼록 이 책을 통해 '대한민국을 지키는 가장 높은 힘, 정예 우주공군'의 영웅 'F-4 팬텀'이 우리 모두의 가슴속에 영원히 기억되기를 기대합니다. 필승!

추 천 사

대한민국과 F-4 팬텀

에릭 존 (Eric G. John)

전(前) 미국 외교관, 전 보잉코리아 사장

한국 공군 F-4 팬텀 서적의 발간을 진심으로 축하드립니다. 단연코 한국 공군의 F-4 도입과 운용은 한국의 근현대사에서 큰 발자취를 남겼다고 생각합니다.

1969년 한반도에서 일어난 아래 두 가지 사건은 각각 'F-4 팬텀(Phantom)' 전투기가 한국군 역사에서 얼마나 중요한 역할을 했는지에 대해 서술한 이원익 대표의 도서 내용을 뒷받침한다고 생각합니다.

첫 번째는 북한 공군의 미그-21(MiG-21) 전투기가 북한 해안에서 약 90해리 떨어진 곳에서 미 해군 EC-121 정찰기를 격추해 승무원 31명 전원이 사망한 비극적인 사건입니다. (1969년 4월 15일 발생)

두 번째는 앞서 언급한 사고가 발생하고 몇 달이 지난 후 한국 공군이 미 공군으로부터 여섯 대의 F-4D 팬텀 II를 처음으로 인도받았던 사건입니다.

첫 F-4 계열 전투기를 인도받은 후 한국 공군은 180 여대의 F-4 전투기를 도입했으며, 수십 년 동안 팬텀은 한국 최고의 전투기로 자리 잡았습니다.

냉전 시대의 중간 지점에서 발생한 미 해군 EC-121 정찰기 격추 사건은 냉전이 빠르게 열전(熱戰, Hot War)으로 전환될 수 있다는 것을 보여준 치명적인 결과였습니다.

반면, F-4의 등장은 '강력한 방어력을 갖추면 침략자를 국경에서 바로 저지할 수 있다'는 것을 증명했습니다.

당시 미국 국가안보담당 보좌관이었던 헨리 키신저(Dr. Henry Kissinger) 박사는 냉전이 끝나고 몇 년 후 "전쟁 억제력을 갖추기 위해서는 힘과 그 힘을 사용할 의지, 이것에 대한 잠재 침략자의 평가가 결합되어야 한다"고 밝히며, "억제력에는 틈이 있을 수 없다"고 강조했습니다. 또한, "억제력은 효과적이거나 아예 효과가 없는 경우로 나뉘며, 다른 선택지는 없다"고 설명했습니다.

제가 2000년대 초반에 키신저 박사와 함께 서울을 방문했을 때, 그가 한국에 있는 사람들과 대화했을 때에도 같은 논리를 반복했던 기억이 생생합니다.

결론적으로 한국의 F-4 도입은 한국 근현대사에서 매우 중요한 전략적인 결정 중 하나였다고 생각합니다. F-4 도입 전에는 북한이 남한 대비 우월한 공군력을 보유하고 있었으며, 힘의 균형에 따라 도발도 빈번하게 일어났기 때문입니다. F-4는 그런 상황을 한국에게 유리한 방향으로 바꿨습니다.

물론 F-4가 한반도의 완전한 평화를 가져온 것은 아니지만 반세기 넘게 불안정한 평화를 유지하는 데는 분명 도움이 됐습니다. F-4 덕분에 북한의 공격에 대한 한국의 억제력에는 빈틈이 없었고, 특히 한국이 세계적으로 경쟁력있는 경제강국으로 발전하는 데 있어 F-4가 중요한 역할을 했다는 점은 부인할 수 없는 사실입니다.

2024년 마지막 한국 공군 F-4의 퇴역은 한 시대가 끝나는 역사적인 순간이지만, F-4의 후예들이 그 방어 및 억제력을 계속해 나갈 것입니다. F-4의 역사를 재조명하고 기록하여 기억하는 의미있는 작업인 이 책의 발간에 다시한번 감사와 축하의 메시지를 전합니다.

헌시

새벽 초계비행

아직 동이 터 오르기까지 시간이 이르다.
이륙 예정시간 06시,
사랑하는 아내는 벌써 일어나 커피를 끓이고 있다.
아이들의 잠든 모습,
계집아이는 인형을 안고 둘째 놈은 엎드려 자고 있다.

새벽의 따끈한 커피를 마시노라면,
무사하기를 바라는 아내의 눈길
조종복에 빨란 머플러를 목에 둘러 문을 나서면
2월의 하늘 바람은 차고 별은 외롭다.

황량한 활주로,
애기 팬텀 주위에는 이미 밤의 정적은 없다.
반가이 맞는 믿음직한 정비사,
날개를 나란히 한 억센 요기의 모습
시동장비의 요란한 엔진소리,
이미 임무를 위한 약속은 되어 있다.
이제 새벽의 먼동이 서서히 밀려 오고
육중한 전폭기는 생명을 얻어 활주를 시작한다.

사진: 공군

우리의 생명선인 긴 활주로를 따라 편대는 이륙되었다.
지금 나에게 무엇보다 궁금한 것은 이륙 완료 후 요기로부터의 응신
"2번기 엔진계통 이상 없음. 오버"
"1번기도 양호하다. 대형을 유지하라"
이제 우리는 범할수 없는 강한 독수리,
기수는 하늘로 치솟으며 북으로 향한다.

누가 이 아침의 조용한 나라를 동방의 등불이라 하였는가?
멀리 동해 찬란히 솟아오르는 태양 아침의 신비스러운 안개 속에 움직이는 산하
아, 내 조국은 정녕 아름다운 강산!
영공엔 레이다에 잡힌 어느 항적도 없다.
어느 누구도 노략할 수도 없고, 되어서도 안될
동해의 만 곡선을 따라 펼쳐지는 이 조국의 모습

새벽의 초계 비행은 더 높고 더욱 빠르다.
수도 상공의 초계비행. 이 높은 고도, 이 빠른 음속
동해와 서해가 한 눈에, 그리고 멀리 원산만이 보인다.

푸른 하늘이여,
어느 때쯤 이렇게 아름다운 강산을
패기찬 요기와 함께 두만강을 따라 북만주 건네보며
동이 터오는 하늘 초계비행을 할까.

1978.01.01. 새해 아침

고 **박종권** (F-4 조종사, 예비역 공군소장)

목 차

사진: 공군

CONTENTS

**한국공군 최후의 F-4 비행대대인 제153전투비행대대.
퇴역을 앞두고 55년 한국공군 F-4 역사를
마무리하는 153대대의 마지막 일상을 담아 보았다.**

제153전투비행대대는 1979년 3월 10일 F-4E 운용을 위해 대구기지에서 창설되어 청주기지를 거쳐 2018년 수원의 제10전투비행단으로 이전하였다. 2024년 6월 7일 F-4 팬텀 퇴역식에서 최종비행 임무를 수행한 153대대는 9월 1일 해체를 끝으로 45년간의 공식적인 임무를 마무리했다.

153대대는 1980년 NLL을 침범하여 남하하는 간첩선을 격침한 전적을 보유하고 있으며 1983년 이웅평 MiG-19기 귀순작전, 1986년 중국 진보충 MiG-19기 귀순작전 등을 성공적으로 수행하며 대한민국 영공방위의 핵심적인 역할을 수행했던 역사적인 부대다.

PHINAL PHANTOMS 153

이원익

❶ 한국공군 최후의 F-4 비행대대 제153 전투비행대대. 미사일을 입에 문 사자머리가 대대의 상징.

❷ 153대대 정문.

❸ 한국공군 비행대대 중 구호 중 가장 긴 153대대 구호: 아트라불타 유천개세 웅비오삼 호국비천!

❹ One Shot One Kill! WSO 이동열 소령의 헬멧.

이원익

3 이영인

4

월간항공

이원익

이원익

❶ 최후의 F-4 대대장 김태형 중령. 공사 52기. F-4 비행시간 1,800 시간.

❷ 최후의 팬텀맨들. 왼쪽부터 이동열 소령, 김태형 대대장, 김도형 비행대대장.

❸ 정비사 이정민 원사와 김태형 대대장.

이원익

월간항공

1

월간항공

2

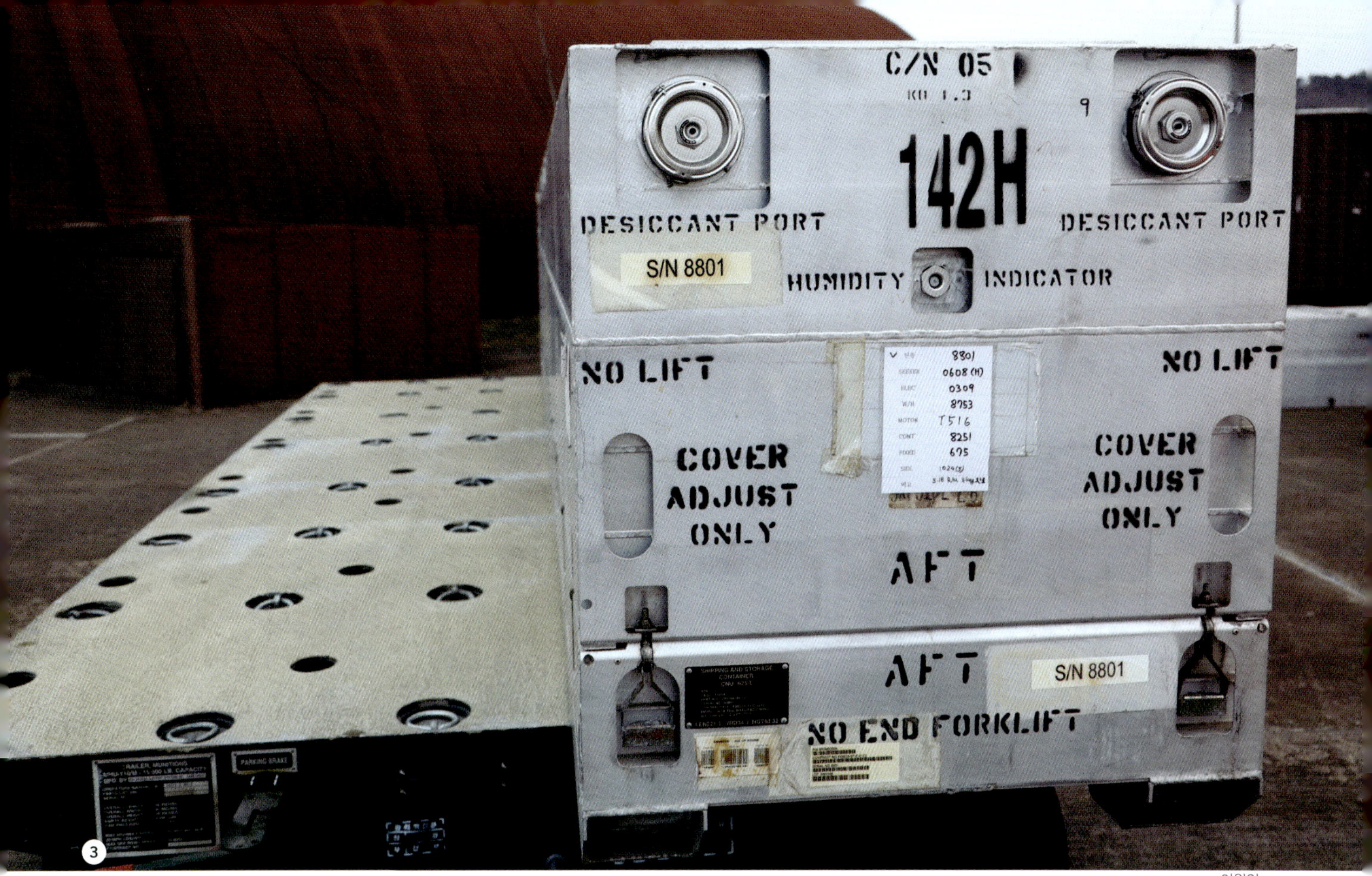

이원익

❶ 팬텀맨의 헬멧에 세월과 열정이 묻어있다.

❷ 핀 장착 전의 AIM-7M 스패로우 공대공 미사일. 뒤에는 AIM-9P4 사이드와인더 미사일.

❸ AGM-142H 공대지 미사일 케이스. 보관 습도를 표시하도록 되어 있다.

❹ F-4E 특유의 강인함과 유려함이 함께 엿보이는 각도.

월간항공

1

❶ 여성 무장사가 AGM-142 실탄을 장착하고 있다. 후방 무장사는 데이터링크 포드 장착 중.

월간항공
1

월간항공
3

❶ Nose Landing Gear 아래 노란색 받침대는 AGM-142 장착시 전고 조정용.

❷ 무장사와 비교하여 AGM-142의 크기를 가늠할 수 있다.

❸ AIM-9P4 Sidewinder 미사일 장착. 통상 3명의 인원이 필요하다.

❹ ATM-142H 훈련탄과 데이터링크 포드 장착 완료. CCD(Charge-Coupled Device) 시커에 주목.

월간항공
2

월간항공

❶ 훈련비행에 나서는 F-4E. 팬텀 특유의 거대함과 강인함이 엿보인다.

❷ 택싱 중인 4기 편대.

❸ Last chance. 이륙 전 최종 점검이 이루어진다.

공군
월간항공
2
3
월간항공

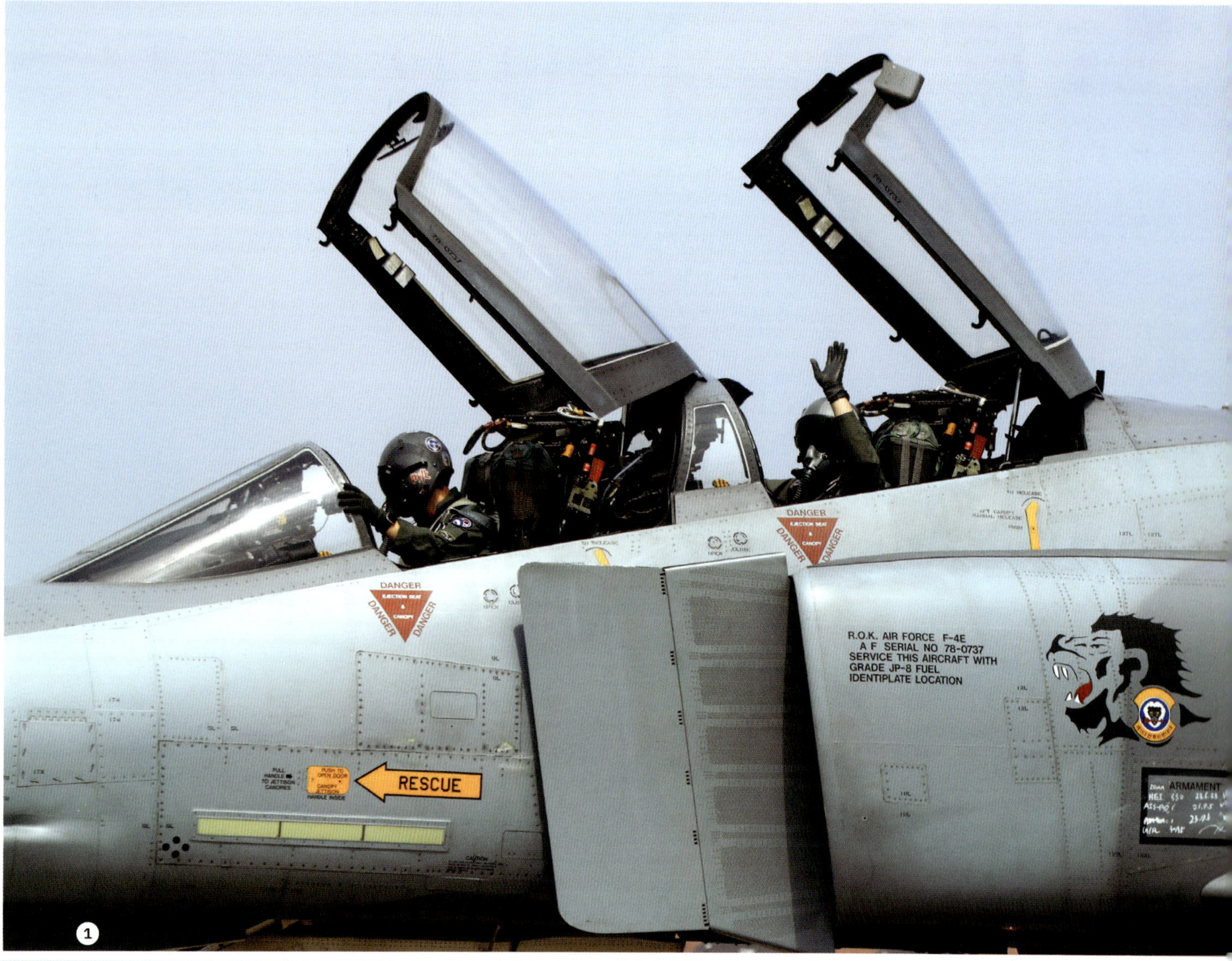
DANGER
RESCUE
R.O.K. AIR FORCE F-4E
A F SERIAL NO 78-0737
SERVICE THIS AIRCRAFT WITH
GRADE JP-8 FUEL
IDENTIPLATE LOCATION
ARMAMENT

1

2

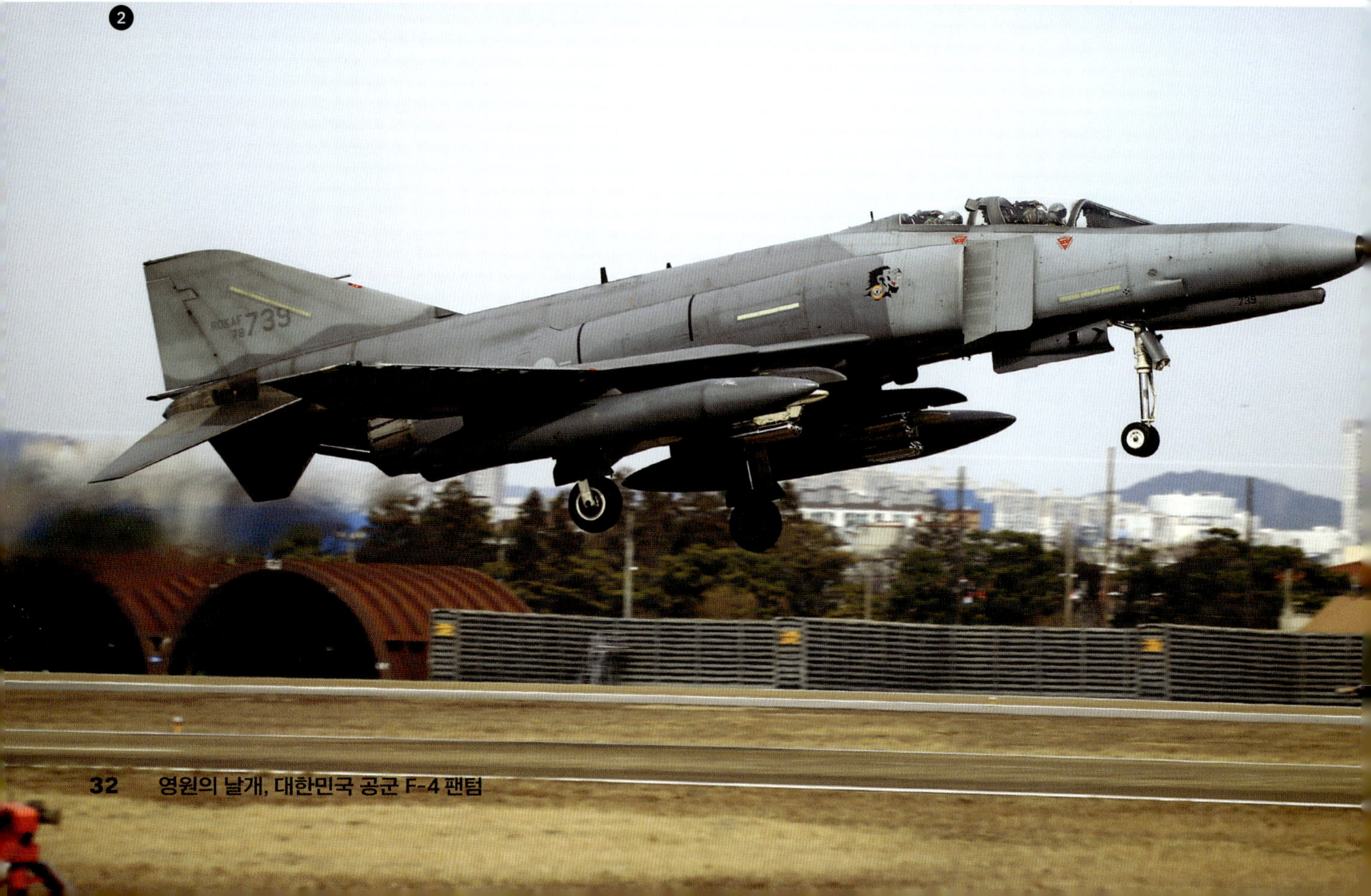
739

❶ 도깨비 방망이를 매고 자신감으로 충만한 조종사.

❷ 이륙하는 F-4E. 육중한 팬텀이 이륙할 때는 산천초목을 뒤흔든다. F-4는 이륙시 팬텀은 조종 간을 최대치로 당긴 상태에서 이륙활주를 시작하다 Nose Landing Gear의 부양이 시작되는 순간 미세 조절하여 이륙하는 독특한 방식을 사용한다.

❸ AIM-9P4 미사일 네 발을 만재하고 비행중인 F-4E. 크기만으로 박력이 넘친다.

❹ "Break now!" Flare를 투발하며 기동하는 F-4E.

❶ 같은 수원기지 소속의 KF-5E와 편대 비행 중인 F-4E. 오랜 세월 Hi-Low-Mix를 구가했다.

❷ 분리 기동하는 F-4E와 KF-5E. 두 기종의 크기 차이를 알 수 있다.

1

공군

2

김도윤

3

김도익

4

김도익

❶ 인천대교 상공을 비행하는 F-4E.

❷ 공대공 임무 무장 – AIM-9P4 네 발 및 AIM-7M 두 발을 장착하고 있다.

❸ AGM-142 세트를 장착한 F-4E 후방 모습. F-4는 보는 각도에 따라 다양한 모습을 보여준다.

❹ 팝아이 도깨비 방망이를 걸머진 묵직한 모습은 대형 전투기임을 실감케 한다. 주익 Slat 형상에 주의.

1 2

김도익

김도익

김도익

4

❶ ALQ-200 전자전 포드를 장착한 F-4E.

❷ 외부 연료탱크 3개를 만재한 F-4E. 통상 주익에 370갤런 탱크 2개를 장비하며 중앙동체에 600갤런 탱크까지 만재하는 경우는 드물다.

❸ AN/AVQ-23 Pave Spike 와 AGM-65G를 장착한 F-4E.

❹ F-4 모델 중 F-4E는 장대함과 날렵함의 매력을 동시에 갖추고 있다.

❺ ACMI 포드와 붉은색 AIM-9 더미탄을 장착한 F-4E.

3

김도익

김도익

5

1
김도익

❶ 착륙 어프로치 중 발생한 Bird strike. 조류가 F-4 기체에 충돌하여 분쇄된 순간을 포착했다.

❷ F-4는 착륙시 대부분 항공기들이 사용하는 Flare 방식이 아닌 함재기와 같이 일정한 접지지점에 착륙할 때 사용하는 Round-out 방식을 사용한다.

❸ 착륙 시 F-4는 반드시 드래그슈트(Drag chute, 감속 낙하산)를 전개한다.

월간항공

월간항공

1

2

월간항공

3

4

월간항공

❶ 비행은 밤에도 계속된다. Gun Access Door를 점검하는 조종사

❷ J79-GE-17 엔진을 점검하는 조종사

❸ 기체 후방 끝단의 Drag chute Door Pan 은 웃는 메뚜기 형상.

❹ 통상 후방석 조종사가 선 탑승한다.

월간항공

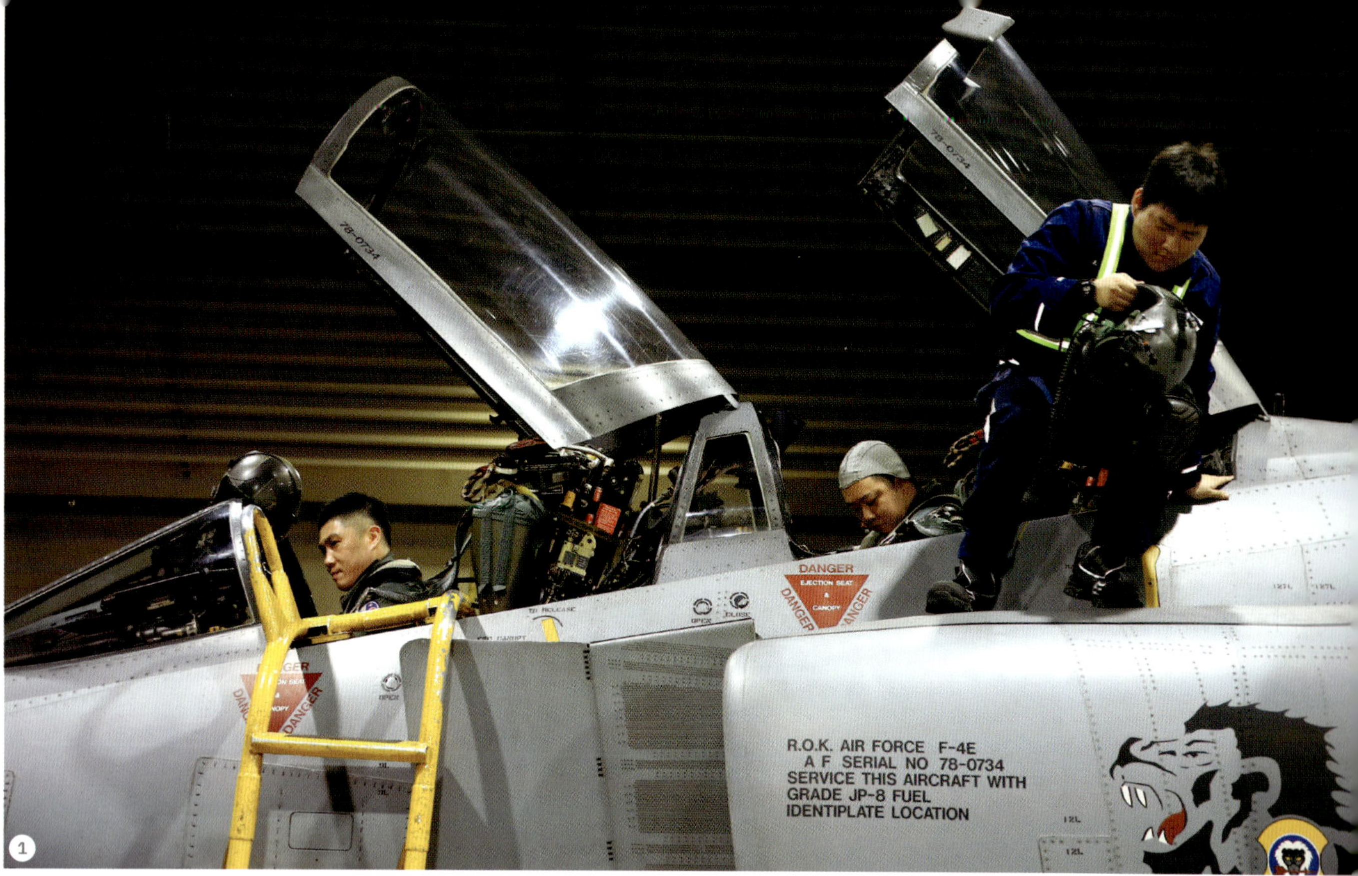
78-0734
DANGER
EJECTION SEAT
CANOPY
R.O.K. AIR FORCE F-4E
A F SERIAL NO 78-0734
SERVICE THIS AIRCRAFT WITH
GRADE JP-8 FUEL
IDENTIPLATE LOCATION

월간항공

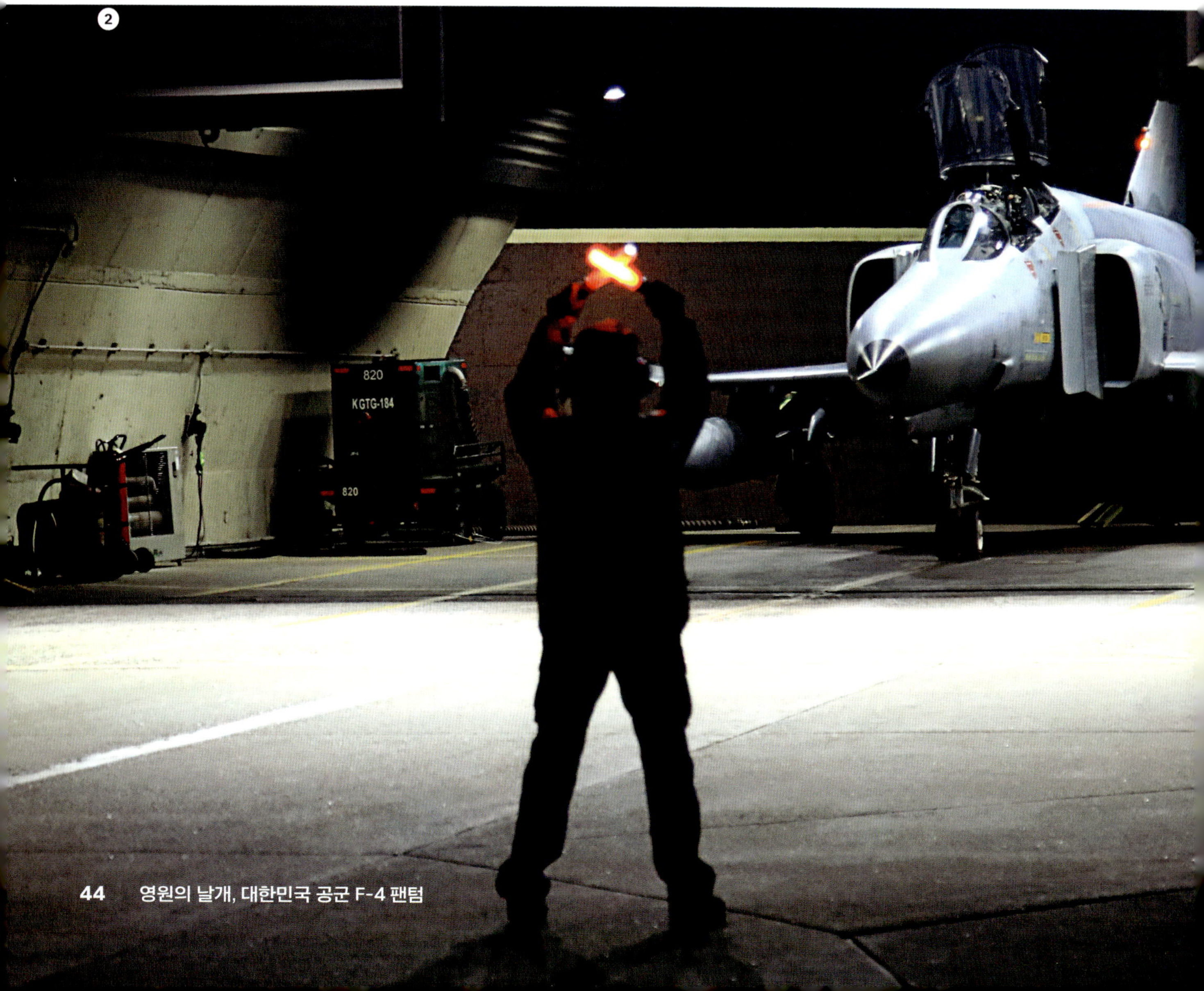
820
KGTG-184
820

월간항공

월간항공

월간항공

❶ 야간비행을 앞두고 결연한 표정의 김도형 소령 (153 비행대장)

❷ 어둠을 향하여

❸ 열영상 Z-Seeker를 장착한 AGM-142G. 야간 작전시에는 CCD 시커를 장착한 AGM-142H 대비 이점을 지닌다.

❹ 쌍발-복좌-대형의 특징을 지닌 F-4는 그 안정성으로 야간 작전에 주 전력으로 투입되었다.

1

❶ 수도권의 마천루를 배경으로 이륙 준비하는 F-4E. 수원기지의 작전환경을 반영한다.

❷ A/B now! 저명도 편대등과 엔진의 Afterburner가 밤을 밝힌다.

❸ Afterburner 불기둥을 타고 이륙하는 F-4E. 엔진 열기의 아지랑이에 도시의 건물들이 춤을 춘다.

월간항공

1

❶ 2024년 8월 30일 마지막 팬텀 대대 '제153전투비행대대 및 제153정비중대 해체행사'가 거행됐다. 안녕, 팬텀.

대한민국 공군 F-4 팬텀 도입 및 운용사

대한민국이 당대 최강의 전폭기를 갖기까지

1969년 한국 공군의 F-4D 팬텀 도입은
대한민국 현대사에서 국가안보상
가장 획기적인 사건 중 하나였다.
미국이 1급 우방인 영국, 이스라엘, 이란에만
판매를 승인했던 전략 군수물자가
당시의 대한민국에 제공된 일은
기적에 가까운 일이었다.
이는 베트남 참전용사들의 피와 땀,
격동하는 국제정세의 흐름을 읽고
절묘하게 기회를 포착하는 지도자의 혜안과
강력한 의지로 가능했다.

펜텀기 도입

1968년초의 1·21사태와 "푸에블로"호 납북사건직후 "밴스" 미 특사의 방한을계기로 한미간에 "펜텀"도입문제가 제기 되었으며, 그후 호놀루루 한미정상회담과두차례의 한미국방수뇌 회담을 거쳐 "펜텀"기를 도입하게 되었다.

출처 : 사진으로 본 공군 20년사(1948~1969)

대한민국 공군 F-4 팬텀 도입 및 운용사

조선중앙통신

북한 공군 MiG-21

'전투기의 제왕'이 필요하다

1960년대 북한 공군은 한국 공군 대비 질와 양 모든 면에서 전력 우위를 차지하고 있었다. 한국전쟁에서 미 공군의 제공권에 압도되어 극도로 고전했던 북한이 휴전 이후 공군력 건설에 집중한 결과였다. 북한 공군력의 항공기 보유 대수는 한국 공군의 2배 이상이었으며 질적으로도 크게 앞섰다.

MiG-15/17/19에 아울러 북한 공군의 주력전투기인 마하2급 MIG-21의 성능은 한국 공군의 신예기였던 F-5A를 크게 상회하였고 한국 공군의 사실상의 주력기였던 F-86은 MiG-15에 겨우 필적할 정도였다. 사실 F-5A조차 고고도 등 일정 영역에서는 MiG-19에도 열세였다.

북한 공군은 한국 공군이 일절 보유하고 있지 못한 폭격기 전력도 보유하고 있었다. 또한 북한은 전술 및 전략적으로 유리하게 분산배치된 다수의 작전기지를 보유하고 있었으며 주요 장비 및 시설물들은 엄체화 또는 지하화되어 있었다. 여기에 더해 작전기지들이 추가로 건설되고 있었으며 활주로, 유도로, 비상활주로도 상당부분 복수화하고 있었다.

또한 북한 공군은 전기 일시출격 및 기습공격 수행태세를 갖추고 있었고 다수의 레이다 기지와 저고도 감시소 등 농밀한 방공망도 구축하고 있었다. 북한 공군은 수분 이내에 150여 대의 항공기를 전 기지에서 비상 출격시킬 수 있는 능력을 보유하고 있는 것으로 판단되었다.

북한뿐 아니라 한반도 주변의 일본과 대만 등도 마하 2급의 F-104 등 한국 공군보다 우수한 전투기를 보유하고 있었다. 이러한 전력상의 열세로 한국 공군은 주한 미 공군에 크게 의존하고 있던 터였다.

이러한 북한 및 주변국 공군 전력의 차이를 획기적으로 좁힐 수 있는 방법은 고성능 신예기를 도입하는 것이었다. 그 중에서도 한국 공군의 염원은 '전투기의 제왕'이라고 불리던 'F-4 팬텀(F-4 Phantom II)'을 도입하는 것이었다. '팬텀기'는 그 이름 그대로 하늘의 도깨비였다. 막강한 도깨비 방망이로 적을 제압할 수 있는 명실공히 최강의 다목적 전천후 전폭기로 미국 해군, 공군, 해병대의 주력기로 군림하고 있었다. 또한 F-4는 주한 미 공군의 주력전투기였기에 그 차원이 다른 성능을 한국 공군은 익히 알고 있었다.

F-4는 강력한 레이다와 AIM-7 스패로우(Sparrow) 중거리 유도탄에 의한 BVR(Beyond Visual Range: 가시거리 밖) 공격능력으로 북한의 최강전투기인 MiG-21을 압도할 수 있었고 공대지 작전에서는 북한 종심타격이 가능했다. F-4D는 최대이륙중량 면에서 F-5A의 4배를 상회하는 체급이 다

나채성

한국 공군 F-5A

른 전투기였다. 폭탄 장착량은 F-5A의 6배, B-29 폭격기의 2배에 달하는 약 8톤에 육박했고 각종 최첨단 정밀 유도탄을 다양하게 운용할 수 있었다. 또한 130드럼에 달하는 연료적재량으로 동시대 전투기 중 최장의 전투행동반경을 자랑했다.

또한 당대 최고의 자동항법장치, 항전장비를 탑재하여 악천후 및 야간을 가리지 않는 전천후 성능을 보유하고 있었다. 한마디로 F-5A로는 생각할 수 없던 다양한 전술 및 전략 임무를 수행할 수 있었으며 F-4D 1개 대대는 F-5A 3개 대대의 전력을 상회하는 것으로 평가되었다.

미 공군 F-4D

USAF

그러나 한국에게 언감생심의 전투기이기도 했다. 당시 F-4 대당 가격은 한국 공군 주력 전투기 중 하나였던 F-86의 거의 10배에 달했다. 더군다나 예산을 마련한다 해도 구매여부는 불투명했다. F-4는 정책적으로 미 의회의 승인을 받아야 대외 판매가 가능한 전투기로 미국의 최우선 우방인 영국, 이스라엘, 이란 정도에만 수출이 허가된 터였다. 아직 일본조차 팬텀 도입을 하지 못한 상황이었다. 또한 미국은 F-4의 작전능력이 주변국과의 군사력 균형을 깨뜨려 불필요한 긴장을 야기할 수 있음을 경계했다.

국내에서는 합참이나 국방부 입장에서 지상군 지원을 위한 근접지원작전(CAS)용으로 현존전력인 F-5A의 추가 도입 정도만 고려할 뿐 적의 전쟁 지도부와 종심을 강타할 수 있는 F-4 도입은 생각지 못하는 분위기였다. 공군은 기회가 있을 때마다 F-4 팬텀 도입의 필요성을 역설했지만 실현 가능성은 낮아 보였다. 그러던 중 팬텀 도입 가능성을 열어준 계기가 마련되고 있었으니 바로 한국군의 베트남전 파병이었다.

베트남 참전이 열어준 기회

대통령 기록물 해설집-I 인용 1963년 미국 케네디 사망 후 대통령이 된 존슨은 베트남에 대한 개입을 확대하면서 우방국들에 대해서도 협력을 요청했다. 이것이 '자유세계 원조계획' 또는 "More Flags Program"이라고 불리는 정책이다. 프랑스처럼 미국의 군사적 개입에 비판적인 국가가 존재하는 상황에서 베트남 문제는 미국만의 문제가 아니라는 것을 대외에 보여줄 필요가 있었던 것이다.

러스크 미 국무장관은 전 세계 미국대사들에게 보낸 1964년 5월 1일자 전문에서 동남아시아에서 공산주의자들에 대항하기 위해서는 자유진영의 우방국들이 베트남을 지원하는 것이 중요하다면서 주재국 정부에게 지지와 협력을 요청하도록 지시했다. 이에 입각해 버거 주한 미국대사는 정일권 총리(외무장관 겸임)를 만나 지원을 요청했으며, 6월 한국은 월남 정부의 공식적인 지원요청이 도착하는 대로 의무부대와 태권도 교관을 파견하기로 미국과 합의했다.

140명으로 구성된 부대가 9월 11일 부산항을 떠나 22일 사이공에 도착했는데, 이것이 약 8년 6개월 간 계속된 한국군의 베트남 파병의 시작이었다. 그 뒤 한국은 1965년에 2천 명의 비전투부대(비둘기부대)와 1개 사단의 전투부대(맹호부대와 해병청룡부대)를, 1966년에 다시 1개 사단의 전투부대(백마부대)를 추가로 파병했다.

국가기록원
1965년 베트남 파병 비둘기부대 사열식

1965년 베트남 파병 맹호부대 환송식
서울기록원

한국의 파병규모는 미국을 제외한 다른 국가들에 비해 대단히 큰 규모였는데, 한국의 파병은 경제적 이익의 획득을 위한 것만은 아니었다. 박정희 대통령은 파병을 통해 불편했던 대미관계를 개선하고 미국의 전폭적인 지지를 획득할 수 있을 뿐 아니라, 더 큰 이익을 얻을 것으로 기대했다. 즉, 그때까지 미국의 일방적인 보호를 받아왔던 한국이 미국에 대해 독자적인 목소리를 내면서 보다 대등한 한미관계를 구축할 수 있을 뿐 아니라, 한국의 국제적인 지위 향상에도 기여할 것으로 판단했던 것이다.

1966년 12월 M48형 신형탱크 인수식

1965년 12월 전투부대의 추가파병을 요청받은 한국은 이듬해 1월 8일 파병대가를 담은 리스트를 미국 측에 전달했다. 후에 미국은 이를 두고 "매우 비현실적이고 불합리하며 미국의 재정능력을 초월한, 6~7억 달러에 달하는 대가(tip)"라고 혹평했던 바 있다.

미국 측은 1월 29일 이동원 외무장관에게 이에 대한 검토결과를 전달했는데, 한국측의 요구사항과는 거리가 먼 것이었다. 그 후 이동원 장관과 브라운 주한 미국대사 사이에 수차례에 걸친 교섭이 있었으며, 3월 7일 브라운 대사는 양자의 합의사항을 담은 서한(3월 4일자)을 이동원 장관에게 수교했다. 이것이 소위 '브라운 각서'인데, 여기에는 파병을 대가로 미국이 한국에게 제공하기로 약속한 경제적·군사적 지원 내용이 망라되어 있었다.

정식 명칭은 《한국군 월남 증파에 따른 미국의 대한 협조에 관한 주한미대사 공한》으로 대한민국 정부가 베트남 추가파병을 조건으로 요구한 국가 안보와 대한민국의 경제 발전에 대한 16개항이 들어 있다. 특히 군사적 지원내용에는 군원이관 재검토, 북한의 재침시 미국의 즉각 개입과 지원, 한국군 장비 현대화 등의 군사지원, 차관 1억 5,000만 달러 제공, 한국상품의 대미 수출 확대, KIST 설치를 위한 지원 등이 포함되어 있었다. 장비 현대화의 즉각적인 지원 중 하나는 바로 M16 소총의 공여였다. 이후 월남에 파병된 한국군은 2만 7,000정의 M16A1 소총을 미국에서 공여받았다. 한국군이 최첨단 미군과 동일한 화력을 제공받는다는 브라운 각서에 의해서였다(이후 한국내 면허생산을 시작하여 무려 60만 정에 가까운 M16 소총이 생산되었다). 또한 M113 장갑차, 8인치 포, 나이키 미사일, M48A1 개량형 전차 등의 공급약속이 전격적으로 이루어졌다.

공군력 현대화에는 1965년부터 도입되고 있던 F-5A 전투기의 추가 공여가 논의되었다. 또한 C-54 4대가 공여되었다. 1966년 10월 17일 서울 여의도 비행장에서 C-54D 인수식과 한국-베트남 간 항공수송을 전담하게 될 '은마부대' 명명식을 거행하고, 월남전선의 후방공수임무를 수행하게 되었다. 수송기 파견과 더불어 공군은 F-5A 전투기 1개 대대의 베트남전 파견을 고려했으나 대북억지 전력으로 남게 되었다.

절호의 기회를 놓칠세라 한국 공군은 F-4 팬텀 도입을 희망했다. 미 정부는 난색을 표했다. F-4의 한국 공여는 미 의회의 허가가 필요한 사안이며, F-4는 미군조차도 베트남전 투입에 여념이 없는 주력전투기로 한국 공여는 시기상조라는 입장이었다.

완곡한 거절이었지만 한미 정부 차원에서 F-4 도입 자체가 공식적으로 논의된 것은 이번이 사실상 처음이었다. 베트남 참전으로 한국이 미국의 주요 동맹국으로 인식되기 시작했음을 의미하는 것이기도 했다. 베트남 참전용사들의 피와 땀이 가능케 해 준 한미관계의 전환점이었다.

한편, 장지량 공군 참모총장은 북한의 기습공격과 주변국의 위협에 대처하기 위해 1966년 '공군력 증강 5개년 계획서'를 통해 1968년부터 F-4 팬텀 도입을 박정희 대통령에게 건의하였다. 이후 정일권 국무총리는 1967년 3월 14일 미국을 방문하여 '정-존슨(Jung-Johnson) 공동성명'의 추진방안을 맥나마라(McNamara) 미 국방장관과 협의하였고, 브라운(Brown) 미 공군 장관, 맥코넬(McConnell) 미 공군 참모총장과의 회담을 통해 한국군 장비 현대화 안건을 구체적으로 논의하였다. 주요 합의 내용은 다음과 같았다.

❶ UH-1 헬리콥터 6대 1967년 내 공여(수송 및 구조용)
❷ F-5A 전투기 도입 기간 단축 및 F-86 전투기의 완전 교체
❸ 미 공군 F-4 팬텀 전폭기 공급 연구검토

공군

1967년 6월 23일 장지량 참모총장 F-4D 도입차 미국을 방문하여 팬텀기 시승

"응징보복을 준비하라!"

한국군의 베트남전 파병으로 어느 때보다 강화된 한미 간 동맹관계는 예상치 못한 사건들로 극적인 긴장과 갈등의 국면으로 빠져들게 되었다. 1968년 1월 21일 김신조 청와대 기습사건('1·21 사태')과 이틀 간격으로 일어난 1월 23일 푸에블로호 나포 사건이었다.

국가기록원

◀ 1968년 1월 21일 생포된 청와대 침투간첩 김신조

▼ 1968년 1월 23일 동해 공해상에서 북한에 나포된 미 해군 소속 정찰함 푸에블로호

US Navy

거의 동시에 발생한 이 두 사건은 한미간의 갈등과 이해관계와 맞물려 한반도를 전쟁위기로 몰고 갔다.

국가기록원 인용 '1·21 사태와 푸에블로호 나포 사건' 이 두 사건은 북한에 대한 대응 양식에 있어서 한국과 미국 사이의 편차를 야기함으로써 동맹국 사이의 갈등을 야기하였다. 1·21 사태에 대하여 한국은 "전면전을 각오해서라도 응징보복을 해야 한다."는 입장이었던 반면 미국은 별다른 반응을 보이지 않았다.

한편 미국은 푸에블로호 나포 사건이 발생하자마자 전쟁을 치를 것처럼 민감하게 반응했다. 동해상에 핵항모와 핵잠수함을 배치했고, 주일 미 공군 전력을 한반도에 이동 배치했다.

미국은 북한에 대하여 초기의 군사적 대응의 모색이라는 강경책으로부터 남한을 제외한 북한과의 비밀 대화라는 협상으로 전환했다. 푸에블로호 사건 초기에 한국은 이 두 사건은 모두 북한의 도발적 행위라는 일관된 맥락으로 인식하였다. 그러면서 한국은 자신이 바라고 있던 북한에 대한 군사적 보복 조치를 미국의 힘을 빌려 실현시킬 수 있을 것으로 기대하였다. 반면 미국은 두 사건의 필연적 연관성을 부정하였다. 그러면서 다양한 대응 방식을 논의한 끝에 결국 북한과의 협상을 모색하였다. 미국은 29차에 걸친 북한과의 일련의 비밀 협상을 통하여 1968년 12월 23일 푸에블로호 나포사건에 대한 북한과의 협상을 종결시켰다.

미국의 비밀협상 방식은 미국에 대한 박정희 대통령의 불만을 증폭시켰다. 이러한 불만과 더불어서 한국은 과연 미국이 차후에 예상되는 북한의 심각한 도발에 대하여 제대로 대응할 것인가라는 의구심을 갖게 되었다. '1·21 사태 냉담-푸에블로호 사건 민감 대응-미북 판문점 비밀회담'으로 이어진 미국의 태도는 박정희 대통령의 자존심을 건드렸다. 베트남전에 5만 대군을 파병한 한국이었다.

분노한 박정희 대통령은 이른바 '중대 요구 및 중대 결의'를 미국에 통보하기에 이르렀다. 한국은 미국이 한국을 배제한 채 북한과 직거래한 것에 유감을 표명하고 주권국가로서 독자적으로 1·21 사태에 대북 응징보복을 감행하고자 하며, 이에 반대하는 미국이 주한미군을 철수하려 한다고 해도 애걸하지 않을 것임을 분명히 했다. 청와대는 1·21 사태 이틀 후 수원 공군기지의 F-86 전투기 2개 편대 8대를 동원해 김신조 일당이 소속된 북한 민족보위성 정찰국 124부대 공습작전을 준비시킨 것으로 알려져 있다**(권성근 전 공군작전사령관 증언)**.

박정희 대통령은 1·21 사태에 상응하는 북한 지휘부에 대한 응징보복을 감행코자 했다. 그러나 현실적으로 한국군이 독자적으로 결행할 수 있는 응징보복 능력은 거의 없었다. 그나마 공군만이 유일한 수단이었지만 공군의 최신예기 F-5A조차 발이 짧고 펀치가 약해 역부족이었다. 그러한 작전은 장거리-전천후-정밀타격 능력의 삼박자를 갖춘 F-4 팬텀 전폭기 정도만이 가능하다는 것이었다. 당시 동북아에서 F-4는 주일 미 공군과 주한 미 공군만이 유일하게 보유하고 있었다. 분루를 삼키던 박정희 대통령은 아쉬운 대로 북한의 군사시설 타격을 목표로 잡았다. 대통령의 특명에 따라 한국 공군은 전쟁을 각오하고 응징보복 작전을 준비했다. 제1차 보복 목표는 의주 폭격기 사단이었다. F-5A는 폭탄을 만재하고 24시간 대기했다. 임무편대는 수원 제10전투비행단 102전투비행대대(영화 '빨간마후라' 출연 대대 및 현 F-15K 운용대대) 소속으로 출격조종사는 비밀리에 지명됐다. 국군통수권자의 결정만을 기다리며 공군은 참모총장의 전쟁준비지침 하에 비상상황에 돌입했다.

공군

한국 공군 F-5A

"Park의 북침을 막아라"

한반도에 감돌기 시작한 전운에 미 정부는 예의주시했다. 베트남전의 수렁에 빠져 한국군 증파를 요구해야 하는 상황에 박정희 대통령의 독자적 대북 응징과 주한미군 철수론도 서슴지 않는 상황이 전개되는 초유의 사태였다. 만에 하나 남한의 단독 응징보복이 전쟁으로 비화될 경우 베트남전과 함께 두 개의 전쟁을 수행해야 할 지도 모르는 상황이었다. 그해 12월엔 미국 대통령 선거까지 예정돼 있었다. 기필코 한반도에서의 전쟁만큼은 막아야 했다.

Public Domain

1968년 사이러스 밴스 특사(좌)와 린든 존슨 미 대통령(우)

한반도의 전쟁을 막기 위해 존슨 미 대통령은 사이러스 밴스(Cyrus R. Vance)를 즉시 특사로 파견했다. 국방차관 출신인 밴스는 도미니카 연방 위기 등 굵직한 국가 위기들을 해결해 온 협상가이자 중재자로 정평이 난 인사였다. 훗날 카터 행정부의 국무장관이 된 밴스는 후에 자신의 회고록(Hard Choices: Critical years in American Foreign Policy)에서 당시 존슨 대통령의 주문은 '박의 북침을 막으라'는 것으로 기술하고 있다. 또한 존슨 대통령에게 보낸 특사 업무의 목적을 기술한 보고서에도 '남한의 대북 단독 군사작전과 보복 조치를 막는 것'으로 나와있다**(박스 참조: Memorandum From Cyrus R. Vance to President Johnson)**. 당시 양국간의 입장차이와 긴박했던 안보상황을 감지할 수 있는 대목이다.

한겨레 21 인용 1968년 2월 11일 아침, 밴스 대통령 특사가 서울에 도착했다. 공항에는 달랑 진필식 외무차관과 이범석 외무부 의전실장만이 나왔다. 대통령은 고사하고 장관조차 한 명도 마중을 나오지 않았다. 워싱턴포스트는 이를 '냉대'라고 썼다. 도착 당일 청와대 방문을 희망했지만 받아들여지지 않았다. 한국 정부는 '아무리 중요한 회담이라 하더라도 일요일에 국가원수를 방문할 수 있느냐'며 거절했다. 박정희 대통령은 청와대 경호실 지하 사격장에서 사격 연습을 하고 있었다.

밴스의 예상대로 박정희 대통령을 비롯해 한국쪽 인사들은 분노에 차 있었다. 후에 그는 "한국인들 중에는 '백조'도 별로 없고 '매'도 별로 없으며 대부분 '호랑이' 같아 보인다." 고 이 같은 분위기를 묘사했다.

밴스는 건설적인(constructive) 논의를 희망한다고 했지만 박정희 대통령은 회담 내내 '파괴적인(Destructive) 행위'를 요구했다. 나중에 공개된 포터(Porter) 대사의 편지에 따르면, 그날 박정희 대통령은 1월 21일 청와대를 공격하려다 미수에 그친 북한 특수부대의 근거지를 포격하자고 했다. 최소한 북한이 다시 도발했을 때 보복공격을 하겠다는 최후통첩이라도 해야 한다고 주장했다.

국가기록원

1968년 방한 중인 밴스 특사(좌)를 맞이하는 박정희 대통령

Memorandum From Cyrus R. Vance to President Johnson

Washington, February 20, 1968.

The Objectives of My Mission

Under the broad delegation of authority given me, I formulated the specific objectives of my Mission in the following terms:

"The objective of my Mission is to persuade President Park, and through him the Korean Government, that we intend to stand firmly with them in the current crisis and that our policy for handling the developing situation is soundly based. It is necessary to establish a sufficient level of Korean confidence in the United States to permit the ROKG to provide the Mission with adequate assurances that (1) the ROKG will take no independent military actions against North Korea; (2) the ROKG will dampen down public agitation for retaliatory actions; and (3) the ROKG will consent to our private bilateral discussions with the North Koreans of the Pueblo issue in order that the crew and ship will be promptly released.

I believe that these objectives were essentially realized. I have no illusions, however, of the necessity of wise and painstaking follow-up action by our able representatives in Seoul, working in closest coordination with Washington. We must not permit the Communists to separate us from President Park and his Government—that is the publicly stated objective of Pyongyang. The situation in Korea remains acutely dangerous to our national interest and to peace in that area.

미국 입장에선 전혀 건설적인 제안이 아니었다. 밴스는 이를 거부했다. 대신 한국정부를 달래기 위해 큰 보따리를 풀어야 했다. 한국군 전력증강을 위한 특별 군사원조 1억 달러가 제안되었다.

2월초 존슨 대통령이 의회에 요청한 대한민국에 대한 추가 지원이었다. 당시 남한의 연간 수출액에 해당하는 금액이었다.

1968년 2월 21일 실무진은 워싱턴 훈령에 따라 북괴침투를 저지하는데 도움이 되는 다음과 같은 중요한 조치를 취했다. 즉 현 한국군 편제의 군사력을 향상시켜 북괴 침공을 저지할 수 있게 하고, 새로운 장비가 한국방위예산과 군원계획으로 충당되는 운영비에 미칠 영향을 최소화한다는 것이었다. 1968회계년도 특별군원으로 제안된 내용은 미국정부가 한국정부를 변함없이 지원하고 있다는 증거로 제안되었다. 한국언론은 그가 "한미진통의 진정제를 담은 가방을 들고 왔다."고 표현했다. 시중에는 "밴스 대사가 빤쓰까지 다 벗고갔다."는 우스갯소리가 생겨났다.

국가기록원

1968년 박정희 대통령 밴스 특사 접견 담화

"팬탐기가 아니면 회담을 깨고 나오시오!"

박정희 대통령은 분노를 삼키며 일단 대북 보복계획을 유보해야만 했고 결국 미 정부의 특별 군사원조 1억 달러를 받았다. 그리고 무기 도입 우선순위 결정에 자율권을 요구했다. 최우선 순위는 바로 F-4 팬텀의 도입이었다. 지난 1·21 사태 당시 강력한 공군력의 부재에 깊이 아쉬웠던 터였던 박정희 대통령이었다. 장차 재발할 수 있는 유사한 국가안보 비상 상황에 대비해 응징보복과 전쟁억제를 고려한 조치였다. 또한 북한 공군의 마하2급 주력전투기인 MiG-21에 대해 한국 공군은 대응전력이 없으며 이를 위해서는 F-4만이 유일한 해답임을 재확인했다.

F-4 제공 요청에 미국 측은 난색을 표했다. 박정희 대통령은 장지량 공군참모총장을 청와대로 호출해 "밴스 특사와 회담 중인 최규하 외무장관에게 팬탐기가 아니면 회담을 깨고 나오라 했다."고 전했다. 이어 1억 달러의 용처를 결정하기 위한 국방부 회의에 '아무도 손대지 말라'는 메모를 전해 특별군원의 대부분(약 7천만 달러)을 F-4 도입에 사용할 것임을 분명히 했다.

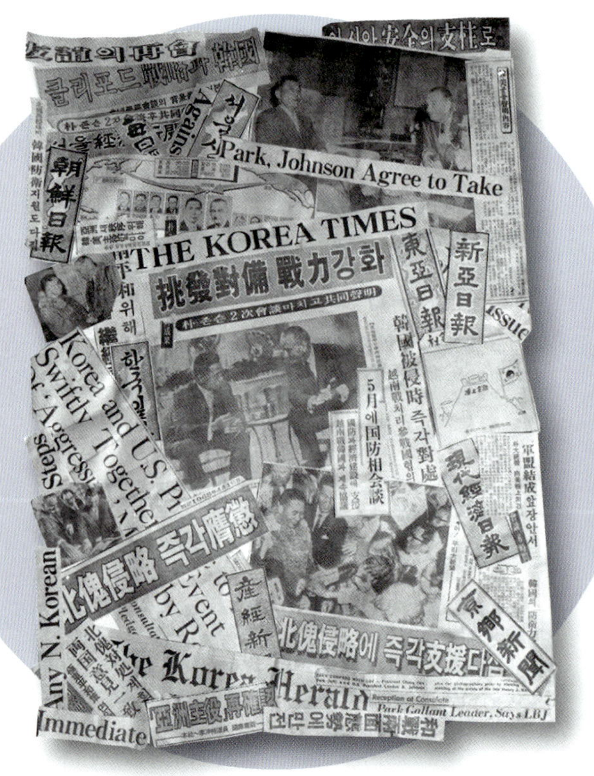

호놀룰루 한미 정상회담 공동성명 관련 기사

미국 측은 마지막까지 "한국 공군은 F-4를 운용할 능력이 없다."고 했지만 결국 한국 정부의 강력하고 집요한 요청을 받아들일 수밖에 없는 상황이었다.

밴스 특사 방한을 계기로 거론된 F-4 도입 안건은 두 달여 후인 1968년 4월 18일 호놀룰루에서 개최된 박-존슨 정상회담의 의제로 재확인됐다. 양 정상은 추가군원의 계속적 공여, 국군장비 현대화 및 향토예비군의 무장, 대간첩 작전용 장비 도입을 논의했다.

국가기록원

1968년 4월 18일 호놀룰루에서 개최된 한미 정상회담

이후 5월 28일 두 차례의 한미 국방장관 회담을 통해 F-4 도입이 확정되었다. 국가원수와 소요군의 강력한 의지, 베트남 전쟁 참전용사의 피와 땀, 국제정세를 민활하게 읽어낸 지도자의 혜안이 빚어낸 쾌거였다. 이는 도입 시기 기준으로 미국, 영국, 이란에 이은 세계 4번째 도입이었다. 아시아의 최우방인 일본조차 도입하지 못한 항공기였다(일본은 1971년에야 F-4EJ를 도입했고, 남베트남과 대만 또한 F-4 도입을 희망하나 F-5를 제공받는다). 항상 미국의 첨단 무기를 가장 먼저 도입한 이스라엘(1969년 9월 5일)보다도 앞선 것이었다. 한국이 최우선 우방국 대우를 받는 이례적인 사례였다. 미국 입장에서도 적극적인 베트남전 파병을 하는 한국같은 우방에는 그에 맞는 대우를 한다는 선전효과를 볼 수 있을 터였다.

팬텀기 도입에 관한 회고: "한국 공군 조종사는 F-4 팬텀기를 조종할 능력이 없다"

장지량 공군참모총장의 회고/
'한국형 경제건설 5(오원철 저)' 중에서

1968년 초 1·21 사태가 발생하자 북한에 대한 보복문제가 논의되었다. 당시까지만 해도 육군이나 해군으로서는 그 방법을 찾을 수가 없었다. 공군만이 그 가능성이 있었는데, 이때 나(장지량 총장)는 "F-5는 단도인데 비해 MiG-21은 피스톨 격입니다. MiG-21을 제압하려면 F-4 팬텀기가 꼭 필요합니다."라고 박 대통령에게 역설했다. 그래서 미국 측에 F-4 팬텀기를 요구했는데, 이 요청을 받은 브라운 미 대사는 박 대통령에게 보고하기를 '한국 공군 조종사는 F-4 팬텀기를 조종할 능력이 없다'고 했다.

박 대통령이 나를 불러 이에 대한 의견을 묻기에, "각하, 제트기 조종사라면 F-4 팬텀기를 조종하는 것은 문제없습니다."라고 답변했다. 박 대통령은 "미국이 군사원조로 주지 않겠다면 우리 돈으로 F-4 팬텀기를 100대쯤 사지."라고 했다.

약 한달 후(1968년 2월) 밴스 특사가 방한했다. 이때 청와대에서 호출이 있어 올라가 보니 박 대통령이 '최규하 외무장관이 밴스 장관과 회담 중인데, F-4 팬텀을 안주겠다고 하면 회담을 깨고 나오라고 했다'고 전해 주었다. 이 회담 결과 미국은 1억 달러의 특별 군사원조를 주기로 결정이 났다.

그후 국방부에서는 연일 회의가 진행됐다. 여러 의제가 논의되었으나 가장 관심이 쏠린 사항은 1억 달러의 사용 문제였다. 물론 육군의 발언권이 가장 강해 많은 금액을 요구했다. 그런데 회의 도중 박 대통령의 메모가 전달됐는데, '1억 달러의 사용처에 대해서는 아무도 손대지 말라'는 것이었다. 곧 이어 2차 메모가 도착했는데, 거기에는 'F-4 1개 대대 구입비로 6,700만 달러, 그리고 F-4 이착륙용 비행장 개수비 500만 달러, 나머지 2,800만 달러는 육군, 해군, 해병대, 경찰에 분배할 것'이라고 적혀 있었다.

이 결과 그 해 4월 호놀루루에서 열렸던 정상회담에서 F-4 팬텀기 1개 대대를 한국 공군에 공여하기로 했다. 우리나라는 미국을 제외하고는 영국, 이란에 이어 세 번째의 F-4 팬텀기 보유국이 됐다.

한국 공군으로서는 소극적 방어에서 적극적 공세의 공군으로 전환하는 획기적인 전기를 마련한 것이었다. 응징보복과 전쟁억제력을 일거에 가능케 하는 도깨비 방망이를 손에 넣은 것과 같았다. 또한 비단 항공기 뿐만 아니라 미 공군이 베트남전에서의 F-4 실전 투입을 통해 개발한 최신예 무기체계 및 운용교리, 전술까지도 도입될 것이었다. 훗날 F-4를 대체할 차세대 전투기 운용 능력의 징검다리로서의 역할도 해낼 것이었다.

한국 F-4 공여 프로그램은 'Peace Spectator'로 명명되었다. 구형 F-4C가 아닌 미군이 최전선에서 운용 중인 F-4D Block 24형 4대, 25형 13대, 26형 1대 등 1개 비행대대분 총 18대의 인도가 확정되었다. 이에 따라 한국 공군은 추가 특별 군원 1억 달러 중 F-4D 도입을 위한 계획을 수립하여 항공기와 부수장비 및 부속품 수입에 5,800만 달러, 김해/포항/강릉 기지 확장 및 F-4 작전시설 비용에 444.76만 달러, 비행장 건설 및 유지 장비 구입에 79.83만 달러, 항공지원차량 및 기지지원장비 구입에 99.53만 달러와 국고 97억 원 추가 투입이 편성되었다. F-4D 18대 중 6대는 1969년 8~9월 중, 나머지 12대는 연말까지 도입하기로 결정했다.

도깨비 선발대

대한민국 공군 'F-4D 41년사' 인용 F-4 도입이 확정되자 공군은 팬텀 도입에 따른 제반 준비를 갖추기 위해 도입 실무위원회를 구성하였고 위원장에 장성태 준장과 실무위원으로 각 분야에서 선발된 11명을 임명하였다.

- **위원장 :** 장성태 준장
- **간사 :** 심재룡 대령
- **위원 :** 전창록 대령, 진치범 대령, 고승용 대령,
  서해수 대령, 김판석 대령, 김유관 대령,
  이화식 중령, 박지용 중령, 김선영 중령,
  김석훈 중령, 박동호 중령

실무위원회는 1970년 말까지 F-4 작전준비태세를 완비한다는 목표 하에 조종사와 정비사 및 지원요원의 선발, 비행대대 창설, 전개기지 선정, 기지 확장 및 보수 등의 기본 계획을 수립했다.

이어 1968년 9월 3일 조종사 16명, 정비사/화력제어/기골수리/레이다/항법장비/용접/냉난방/전자무기장치 등 각 분야 요원 112명(장교 32명, 하사관 80명)을 선발하였고 이들에 대한 교육기간은 단기 17주에서 장기 68주까지 계획됐다.

공군역사기록단

F-4D 팬텀 도입이 결정된 이후 1969년 1월 선발된 한국 공군 팬텀 선발요원들이 도미에 앞서 공군참모총장에게 보고하고 있다. 이들은 1월 20일 조종교육을 위해 미국행 항공기에 몸을 실었다.

공군역사기록단

1969년 2월 미국 애리조나 주 데이비스 몬탄 공군기지에서 F-4D 팬텀 전환 교육 중인 공군 조종사들

공군역사기록단

도미 교육요원에 대한 교육기간의 장단기를 고려하며 교육기간이 32주 이상 소요되는 25명을 1차 요원으로 선정했으며 이들은 1968년 10월 12일부터 미국 애리조나 주 데이비스 몬탄(Davis-Monthan) 공군기지에서 각 분야별로 교육을 받게 됐다. 조종사 교육은 미 제4454부대(전투조종사 훈련비행단) F-4 교육대대에서 1차로 선발된 도미 교육요원 16명을 대상으로 실시됐다.

- **전방석 :** 진치범 대령, 김인기 중령, 강신구 중령, 한정근 중령, 김재수 중령, 이재우 중령, 이원순 중령, 박근태 소령
- **후방석 :** 전춘우 소령, 강상원 소령, 이성복 소령, 서진태 대위, 안창명 대위, 임병배 대위, 박종권 대위, 박재현 대위

21주간의 교육을 마친 조종사 중 6명은 강신구 중령의 지휘 하에 6대의 F-4D에 탑승하여 맥클레런(McClellan) 기지를 출발, 태평양 상공에서 미 공군 KC-135 급유기의 공중급유를 받고 오키나와 기지를 경유, 12,000km의 태평양을 횡단하여 1969년 8월 29일 09시55분 대구기지에 무사히 안착했다.

1969년 도입
F-4D Serial Number (18대)

64-0931, 64-0933, 64-0934,
64-0935, 64-0941, 64-0943,
64-0944, 64-0946, 64-0947,
64-0948, 64-0950, 64-0951,
64-0955, 64-0957, 64-0958,
64-0961, 64-0962, 64-0966

역사기록단

1969년 8월 29일 대구기지에 있었던 도입식에서 6대의 팬텀기를 지휘한 강신구 중령(왼쪽)에게 아내가 꽃다발을 걸어주고 있다. 그 옆이 강중령의 동생인 영화배우 신성일.

공군역사기록단

대구기지에서는 임충식 국방부장관, 문형채 합참의장, 맥기(McGhee) 미 제5공군 사령관 등 한미 고위 장성들이 참석한 가운데 팬텀 전투기 인수식이 거행됐다. 참석 인사들 중에는 당시 최고의 인기를 구가하던 영화배우 신성일 씨도 보였다.

당시 전우신문

전우신문

1969년 8월29일 (금요일)

제 1485 호 <1판>

THE JUN WOO SHIN MOON

주한미군 감축·철수없다

「오끼나와」는 「아시아」방위 기지

박대통령, AP기자와 단독회견

임장관 전방시찰

장병들의 노고 치하

「본스틸」대장 2군을 방문

새 미군기지 건설 용의

외무부, 일대표 공동기자 회견

소련, 중공 외교정책 비난

군사적 「히스테리」도 지적

오늘 F-4D형「팬텀」기 인수

공군 ○○기지서 수원국중 최초로

○한국 공군이 새로 도입한 F-4D형「팬텀」전투기의 위용.

「오끼나와」기지 필요성 강조

「마이어」대사, 일본정부에

월맹군 남파 줄어

미국방성 사태 신중 분석

「수」운하 전역서 포격전

「이」특공대, 지방사령부 공격

월남 새조각 내주초 발표

소·중공 전면전 가능성늘어

당시 신문기사

"팬텀기 6대 인수-세계 네 번째 보유 어제 환성 속에 축하비행"

-공군 OO 기지에서 유지형 기자-

미그 잡는 도깨비[Mig Killer]로 불리던 하늘의 도깨비 F-4D 팬텀기 6대가 29일[1969년 8월29일] 오전 9시 55분 아침 햇살이 찬란한 우리의 영공에 태극 마크를 달고 그 웅자를 나타냈다.

지난 주초 미국 멕그게란 기지를 떠나 1만 2천 킬로미터의 태평양을 횡단, 멸공의 임무를 띠고 새 임지인 한국에 날아왔다.

한국 공군은 이날로 미국 영국 이란에 이어 세계 네 번째로 팬텀기 보유국이 된 것이다.

상공에서 대기 비행 중이던 00대의 F5A편대가 하늘의 왕자 팬텀기를 맞아 얼룩 무늬로 단장된 팬텀 편대를 가운데 놓고 상하 좌우로 환영 비행을 했다.

이때 강 신구[姜信求] 중령[35.조종간부 6기]이 조종하는 팬텀 1번기가 널찍한 날개를 상하로 서너번 흔들면서 답례를 했다.

팬텀 편대의 좌우로 거리를 좁힌 F-5A편대는 기지 지상 통제소의 지시에 따라 에스콧 비행에 들어갔다.

10시 35분 목적지인 00기지 상공에 나타난 팬텀기는 지축을 흔드는 폭음과 함께 삽시간에 기지 상공에 저공으로 가로 지르며 하늘로 다시 치솟았다.

육중한 생김새와 재빠른 움직임이 지상에서 기다리던 관중의 시야에 처음 드러냈을 때 환영식장에선 박수갈채가 터져 나왔다.

10시 48분 빅토리의 머리 글자인 V자 대형을 그리며 기지 동쪽 활주로에 진입한 팬텀기 6 대는 차례로 터치 다운했다.

지상에 닿을 때마다 팬텀의 후미에서 퍼져 나온 낙하산 모양의 감속 장치가 목화송이처럼 아름답게 퍼졌다.

드디어 '라인 업', 케노피가 열리면서 강중령을 선두로 헬멧을 벗어들고 만면에 웃음 띈 채 조종사들이 내려서자 김성룡 참모총장은 굳은 악수로 이들을 차례로 맞이했다.

팬텀기를 맞은 이날 공군00기지에는 임충식 국방장관 문형태 합참의장, 맥기히 미5공군 사령관 등 한미 고위 장성들이 참석했다.

1번기 조종간을 잡은 편대장 강신구(姜信球·당시 35세, 조종간부후보생 6기) 중령이 그의 친형이었다.

인수식에서 김성룡 공군 참모총장과 로버트 스미스 유엔군 참모장은 한미 공군기 편대가 축하비행을 하는 가운데 팬텀 전폭기 인수서명을 함으로써 한국은 미 우방국 중 영국과 이란에 이러 세계 3번째 팬텀 보유국의 반열에 오르게 되었다.

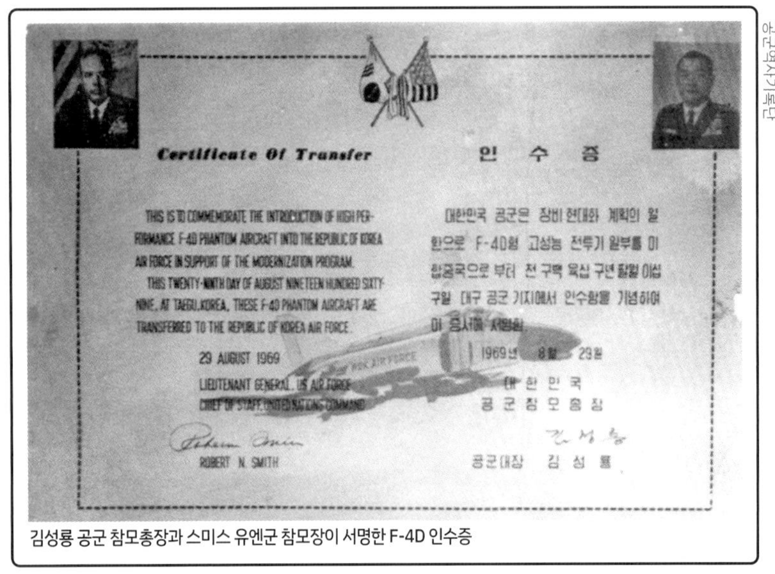

Certificate Of Transfer

THIS IS TO COMMEMORATE THE INTRODUCTION OF HIGH PERFORMANCE F-4D PHANTOM AIRCRAFT INTO THE REPUBLIC OF KOREA AIR FORCE IN SUPPORT OF THE MODERNIZATION PROGRAM.

THIS TWENTY-NINTH DAY OF AUGUST NINETEEN HUNDRED SIXTY-NINE, AT TAEGU, KOREA, THESE F-4D PHANTOM AIRCRAFT ARE TRANSFERRED TO THE REPUBLIC OF KOREA AIR FORCE.

29 AUGUST 1969

LIEUTENANT GENERAL, US AIR FORCE
CHIEF OF STAFF, UNITED NATIONS COMMAND

ROBERT N. SMITH

인 수 증

대한민국 공군은 장비 현대화 계획의 일환으로 F-4D형 고성능 전투기 일부를 미합중국으로 부터 천 구백 육십 구년 팔월 이십 구일 대구 공군 기지에서 인수함을 기념하여 이 증서에 서명함

1969년 8월 29일

대한민국
공군참모총장

공군대장 김 성 룡

김성룡 공군 참모총장과 스미스 유엔군 참모장이 서명한 F-4D 인수증

공군역사기록단

공군역사기록단

제151전투비행대대 창설식에서 박정희 대통령은 초대 대대장 진치범 대령에게 직접 부대기를 수여하고 대대 창설을 기념하는 친필 휘호를 하사했다.

공군역사기록단

"자주국방의 전위 팬탐 공군"

1969년 9월 23일 박정희 대통령과 3부 요인 및 마이클리스 유엔군 사령관, 한미 고위 장성 등이 참석한 가운데 대한민국 공군 최초의 F-4 운용대대인 제151전투비행대대 창설식이 거행됐다. 그 동안 방어용 전술무기만으로 영공을 수호하던 한국 공군이 F-4를 보유하게 됨으로써 북한의 기습도발에 즉각 보복할 수 있는 능력을 갖게 됐으며, 전천후 요격과 공중 초계능력의 향상 등 방공능력 강화에 획기적인 발전을 가져왔다. 박정희 대통령은 '자주국방의 전위 팬탐공군'이라는 휘호를 쓰고 "비록 숫자에 있어서는 우리가 다소 적을지 모르지만 전쟁의 승패를 좌우하는 것은 반드시 병력과 장비의 숫자만으로 결정되는 것은 아니다. 우리 장병들은 평소의 훈련, 만만한 투지, 공격정신, 우리 공군의 우수한 기술, 이런 것은 충분히 북한을 제압할 수 있다. 만약 북한이 다시 무모한 전쟁도발을 감행한다면 전쟁 초기에 있어 승패를 좌우하는 것이 우리 공군의 역할이라는 것은 무엇보다 중요하다"는 훈시를 통해 공군의 역할을 강조했다.

그 해 10월 1일 국군의 날에는 100만여 명에 달하는 국민의 뜨거운 박수와 환호를 받으며 '팬텀 공군'의 위용을 과시했다. 국립 현충원 옆 한강이 내려다 보이는 명수대의 사열대에 선 박정희 대통령의 얼굴엔 감격에 찬 미소가 가득했다.

박정희 대통령 151 팬텀기 대대 창설식 유시

(1969. 9. 23)

친애하는 공군 장병 여러분!

우리 공군도 이제 세계에서 최신예를 자랑하는 「팬텀」 전투기를 가지게 된 것을, 공군 장병 여러분들과 더불어 무한히 기쁘게 생각하며 또 자랑스럽게 생각합니다.

지금부터 20여 년 전 우리 공군이 처음으로 발족할 당시에는, L-4 니 L-5니 하는 지금 우리가 볼 때에는 잠자리와 같은 연습기 몇 대를 가지고 출발을 했던 것입니다. 그러던 우리 공군이 오늘 이와 같은 세계에서 자랑할 수 있는 막강한 공군이 될 때까지의 그동안의 모든 역경을 우리가 더듬어 볼 때에 과히 격세지감을 금할 수 없습니다.

오늘날 우리 공군이 이와 같이 막강한 공군으로 육성될 때까지에 있어서는, 오늘 이 자리에 참석하신 역대 공군 참모총장 여러분들과 또한 공군 장병 여러분들의 심혈을 경주한 꾸준한 노력과, 여러분들의 정성의 결정이 오늘날 이와 같은 훌륭한 공군을 만들 수 있었다고 생각하고, 그 동안 여러분들의 노고에 대해서 충심으로 치하를 드리는 바입니다.

또한 이번에 「팬텀」기를 가지기 전에 미국에 가서 훈련을 받은 우리 조종사 여러분들이, 훈련기간 중에 있어서 어느 나라 조종사보다도 우수한 성적을 발휘했고, 가장 짧은 시일 내에 이러한 기술을 완전히 습득을 해서 훌륭한 조종사였다는 것을, 외국에까지 칭찬을 받게 된데 대해서 또한 본인은 대단히 기쁘게 생각합니다.

우리 공군이 비록 북괴 공군에 비해서 그 양적 면에 있어서나 또는 성능 면에 있어서 다소 열세를 보이고 있다는데 대해서, 그동안 우리는 몹시 안타깝게 생각한 바 있었지만, 이번에 우리 공군이 전 세계에서 가장 최신예를 자랑하는 이런 훌륭한 전투기를 가진데 대해서 공군 장병 여러분은 높은 긍지를 가져야 될 것이고, 또한 만만한 자신을 가져야 될 것이고, 비록 현재도 수적에 있어서는 북괴보다 다소 열세할지는 모르지만, 전쟁에 있어서 승패를 좌우하는 것은 반드시 병력의 수효나 장비의 숫자만으로 모든 것이 결정되는 것이 아니라, 우리 장병들의 평소에 있어서 훈련과 여러분들의 만만한 투지와 공격 정신과 우리 공군의 우수한 기술 이런 것이 비록 숫자에 있어서 열세에 있다 하더라도, 충분히 나는 이것을 보완할 수 있다고 생각합니다.

지금 북괴는 70년대 초기에 우리 대한민국을 무력으로서 적화 통일하기 위해서, 지난 10여 년 동안 거의 광분적으로 전쟁 준비에 노력을 해와서, 지금 이 시점에 와서 그들로서는 거의 전쟁 준비를 완료하고, 언제든지 기회만 있으면 침략을 할 그런 태세에 있다는 것을 우리는 잘 알고 있습니다. 물론 여기에 대해서 우리 국군도 적에 못지 않게 그동안 피눈물 나는 노력으로써 적의 도전이 있을 때는 언제든지 즉각적으로 반격할 수 있는 모든 태세가 완비됐다는 것을, 또한 적도 이런 것을 확실히 인식해야 할 줄 압니다.

특히 만약에 북괴가 또다시 무모한 전쟁을 도발했을 때를 우리가 가상할 때 있어서는, 전쟁 초기에 있어서 가장 승패를 좌우하는 우리 공군의 역할이란 것은 무엇보다도 중요하다고 생각합니다.

우리 공군 장병 여러분들은 평소부터 이러한 시기에 대비해서, 꾸준한 노력과 훈련과 평소에 있어서 훌륭한 정비와 또한 우리 장병 여러분들의 결의를 새롭게 해 주기를 간곡히 당부합니다.

오늘 151「팬텀」전투대대 창설식에 즈음해서, 그 동안 우리 공군 여러분들이 공군 육성에 노력해온 노고에 대해서 다시 한번 치하의 말씀을 드리고, 또한 이런 훌륭한 전투기를 우리가 가진 이 기회를 계기로 해서, 우리 공군에게 부과된 막중한 임무를 여러분들이 다시 한번 명심을 하고, 여러분들의 맡은 임무에 가일층 분발해 주기를 당부합니다. 감사합니다.

한국 공군 최초의 F-4 및 F-35 비행대대 제151전투비행대대

공군역사기록단

공군역사기록단

제151전투비행대대는 1969년 제11전투비행단에서 창설된 공군의 첫 F-4 비행대대이다. 당시 박정희 대통령이 직접 151대대 창설식에 참석해 대대기를 수여할 만큼 F-4 도입은 대한민국 현대사에서 괄목할 만한 사건이었다. 151대대는 1971년 무장 간첩선 격침 등 국방의 핵심 전력으로 활약하였으며 2001년 보라매 사격대회 종합 최우수 대대 및 2007년 8만 시간 무사고 비행기록 수립에 이르기까지 공군의 주요 역사를 써내려 왔다. 마지막까지 F-4D를 운용한 151비행대대는 단일 기종 41년 운용, 24년 7개월 무사고라는 기록을 세우고 2010년 6월 해체됐다. 151대대는 당시 '전세계 유일의 F-4D 운용대대' 라는 기록 또한 가지고 있다.

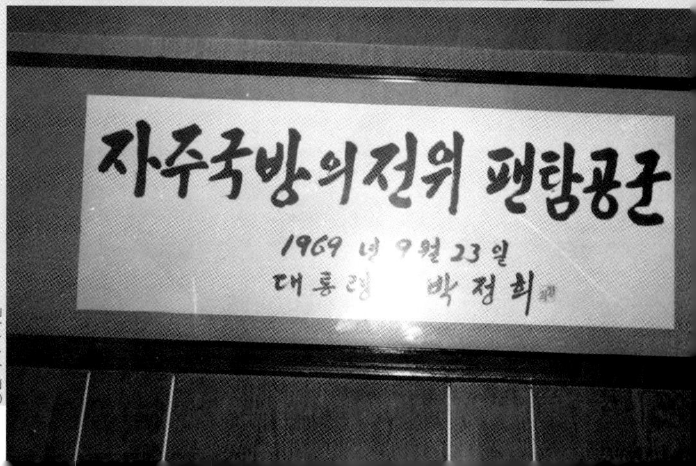

공군역사기록단

이후 151대대는 2018년 한국 공군 최초의 F-35A 비행대대로서 재창설되어 11비(대구기지)에서 17비(청주기지)로 소속을 변경했다. 이로서 151대대는 '한국 공군 최초의 F-4 및 F-35 비행대대'라는 역사적 기록을 하나 더 갖게 된다. F-35A 운용 초대 151대대장은 11비 102대대(F-15K 운용) 소속으로 탑건에 오른 이형재 중령이며, 2024년 중순 현재 151대대장은 F-4D 조종사 경력을 보유한 강인홍 중령이다.

북한은 F-35A 최초 배치에 "동족에 대한 노골적인 위협 공갈"이라며 강하게 반발했다. 수십 년 전 F-4 도입 이후 이례적인 반응이었다. F-4와 F-35는 닮은 꼴이다. 항공 역사상 최초의 삼군 합동전투기이자 공히 한국 공군의 패러다임을 바꾼 대표적인 '게임 체인저' 전투기들이다.

F-4를 F-35로 대체하는 경우도 이례적으로, 비슷한 시기 151대대와 일본 항공자위대의 302비행대대(F-4EJ 대체)가 최초의 사례이다.

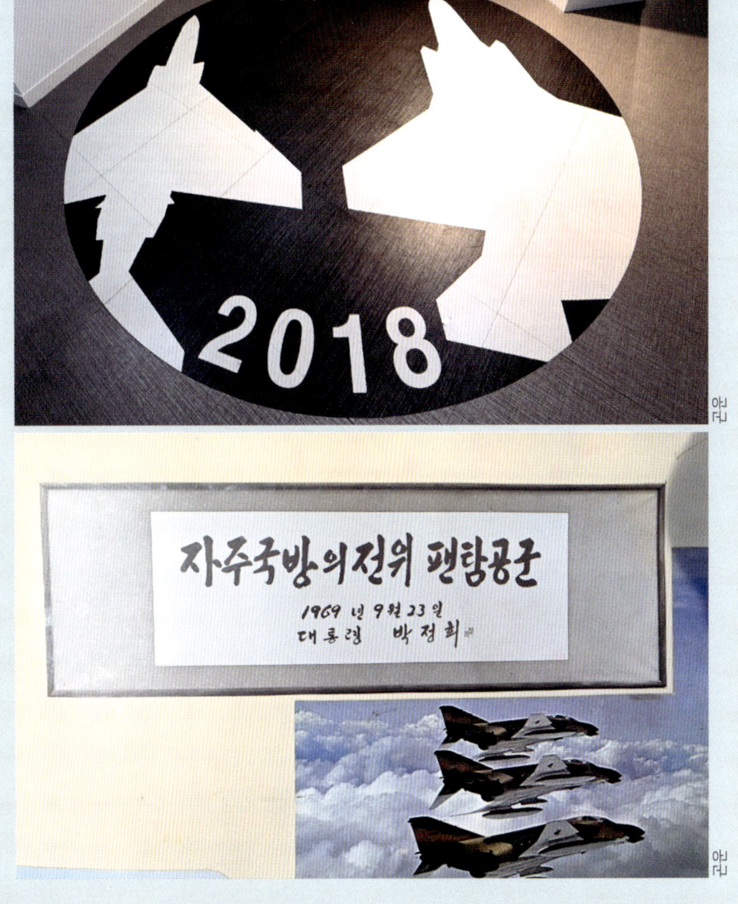

공군

151대대에 이어 'F-4 팬텀의 요람'이라 불리우던 청주 기지는 F-35가 접수하여 역사적인 팬텀 대대의 명맥을 이어나가고 있다. 한국 공군 최초의 F-4E 대대였던 152대대는 F-35로 전환하여 작전 수행 중이며, 최후의 F-4 대대인 153대대 또한 F-35로 기종전환 배치될 것으로 알려져 있다. 역전의 F-4 대대 151, 152, 153이 연달아 F-35 대대로서 게임 체인저 역할을 이어나가는 것이다.

다음은 F-4D 조종사 출신 151대대장 강인홍 중령과의 인터뷰.

월간항공

Q 많은 조종사들이 F-4의 존재가 다음 세대 전투기로의 가교 역할을 했다고 합니다. F-4 조종사로서의 경험이 F-15K, F-35로의 전환에 어떤 영향이 있었나요?

F-4 팬텀 항공기는 현재의 4세대 F-16, F-15 계열의 전투기와 5세대 F-35, F-22 계열 전투기 전술의 근간이 되는 항공기라고 할 수 있습니다.

이는 공대공 무장 발전을 통한 항공기 생존성과 전술운용에 있어서의 발전을 가져왔고 또 공대지 무장의 비약적 발전으로 무장의 높은 정확도를 바탕으로 한 임무성공률 발전과 부수적 피해 최소화가 가능해졌습니다. 이러한 F-4 항공기의 능력을 기반으로 한 전술은 현재 4.5세대 전술의 근간이 되었다고 볼 수 있습니다. 저에게 있어 F-4 비행의 경험은 F-15K와 F-35A 전환 시 큰 어려움 없이 적응하는데 도움이 되었고 전투기의 이해를 넘어 응용할 수 있는 기반이 되었습니다.

F-4D 조종사 시절 강인홍 대대장
(오른쪽 끝에서 세 번째)

Q 151대대는 한국 공군 역사상 Game Changer 항공기인 F-4와 F-35 모두 최초 운용하는 기록을 갖습니다. 팬텀 출신 현역 151대대장으로서 소감이 어떠신가요?

F-4와 F-35A 모두 그 당시의 전장환경에서 적을 압도하는 능력을 가진 전투기입니다. 특히 F-35A는 이전 4세대와는 개념이 다른 전술을 운용하고 있어 Game Changer 라고 불리고 있지만 항공기 소프트웨어 등 여러가지 측면에서 개발이 계속적으로 이루어지고 있어 아직 전술 운용에 있어 완성체가 아닌 지속적 개발을 통한 발전을 이끌어내고 있는 항공기입니다. 이러한 F-35A 대대를 이끌어가는 대대장으로서 자부심이 매우 크지만 동시에 부담감도 있는 것이 사실입니다.

하지만 이러한 부담감을 긍정적인 시너지로 전환하여 동북아 최고의 전투비행대대가 될 수 있도록 노력하겠습니다.

Q 역사 속으로 사라지는 F-4에게 마지막 한 말씀 부탁드립니다.

그동안 대한민국을 지키느라 고맙고 또 고생했다고 말하고 싶습니다. 한 시대를 풍미한 전투기로 조종사 개인의 입장에서는 비행할 수 있는 기회가 있어서 영광이었습니다. 앞으로 한국 최초의 전투기 KF-21이 F-4의 명맥을 이어 대한민국 영공을 강한 힘으로 지키겠습니다.

F-5 줄게 F-4 다오

1970년대에 들어 닉슨 행정부는 베트남에서의 철수를 준비했다. 1968년 평화회담이 시작된 지 5년이 지난 1973년 1월 27일에야 파리 평화 협정이 체결되었다. 평화협정의 명분을 살리기 위해 미국은 남베트남군에 대한 군사력을 보강해 주기로 했는데 남베트남 정부는 강력한 공군력 건설을 주문했으며 특히 F-4 공여를 요구했다. 남베트남은(남한과 달리) F-4 공여 대상국이 아니었으므로 미 정부는 F-5를 제공하기로 했는데 여기서 문제가 발생한다. 미 공군이 보유하지도 않은 F-5를 어디서 구해 온단 말인가?

국가기록원

1971년 필립 하비브 주한 미국대사와 접견 중인 박정희 대통령

동아닷컴 인용

1972년 10월 하비브 주한 미국대사는 베트남 정부의 전력보강을 위해 한국 공군의 F-5A 전투기 48대를 이양해달라는 닉슨 미 대통령의 친서를 박정희 대통령에게 전달했다. 그러나 박 대통령은 '우리 공군 전력과 조종사들을 무력화 시키면서까지 협조할 수 없다. F-5A 2개 대대(36대)를 줄 테니 미국이 F-4 전투기 1개 대대(18대)를 한국에 제공해 달라'고 제의했다. 이에 대해 하비브 미 대사는 '당초 한국의 모든 F-5A 전투기(76대) 이양을 요구했다가 48대로 낮춘 것'이라며 '한국에 넘겨줄 F-4는 없다'고 잘라 말했다. 하비브 대사는 이어 '대신 한국 조종사들을 위해 F-5B와 유사한 고등훈련기 T-38을 제공하겠다'고 제의했지만 박 대통령은 '훈련기로 어떻게 싸우나. 평양서 여기까지 5~10분이면 어디 맞은(공격받은) 후인데 즉각 반격해 적 공격을 미연에 방지해야 하지 않느냐'고 반박했다. 또한 1968년 청와대 기습 사건(1·21 사태), 푸에블로함 나포 사건, 1969년 4월 미해군 정찰기 EC-121 격추 사건을 예로 들며 '한반도의 위기 상황이 심상치 않은데 한국 공군의 주력기인 F-5A/B를 빼낼 수는 없다'고 못 박았다.

의견이 평행선을 달리자 하비브 대사는 '베트남 문제를 해결 못하면 한국문제에 협조하는 데도 영향을 줄 것'이라고 압박했다. 그러나 박 대통령은 '한국은 대규모 전투사단을 파병하는 등 미국의 베트남 정책에 최대한 협조하고 있다'며 '미국 요구만 강요하면 어떡하나. 한국 방위의 1차적 책임은 닉슨 대통령이 아니라 내게 있다'며 맞받아쳤다. 결국 이 문제는 박 대통령의 제의대로 한국이 F-5A 전투기 36대를 베트남에 이양하고 미국이 F-4 1개 대대(18대)를 한국에 대여키로 양국이 합의하면서 마무리됐다. 또한 F-5A의 개량 후계기인 F-5E 도입을 약속받았다. 사실 F-5A/B는 미국에서 공여된 기체들이고 F-4와의 성능차이를 감안한다면 되로 주고 말로 받은 셈이었다.

USAF

미 공군 F-4D와 F-5A

한·미국 간의 F-4D형 항공기에 관한 위탁 협정

(외교문서, 외교통상부-no. 18952)

1. Philip Habib 주한 미국대사는 1972. 10. 28. 박정희 대통령을 예방하여 Nixon 미국 대통령의 친서를 전달하고 베트남의 평화 정착을 확보하기 위한 방위력 증강을 위해 미국 정부가 한국 공군에 대여한 F-5A기 76대 중 48대를 월남 정부에 이양하면 새로운 F-5E기로 보충될 때까지 미국 공군 F-4기 2개 대대(36대)를 한국에 배치하겠다는 입장을 전달함.

2. 박정희 대통령은 36대의 F-5A기 대신 F-4기 1개 대대(18대)를 한국 공군에 이양하거나 또는 48대의 F-5A기 대신 F-4기 2개 대대를 F-5E기가 올 때까지 한국 공군에 대여해 준다면 F-5A기를 넘길 수 있다고 답하였으며, 양국 간의 추가협상을 거친 후 36대의 F-5A기 대신 F-4기 1개 대대(18대)를 한국 공군이 대여 받는 것을 내용으로 하는 박정희 대통령의 Nixon 대통령에 대한 답신을 주미 대사관을 통해 1972. 11. 3. 미국 측에 전달함.

3. 한·미 양국 정부는 1972. 11. 6. F-5A 또는 F-5E형 항공기가 한국에 도입될 때까지 이를 대체할 기종인 F-4D형 항공기에 관한 위탁협정을 체결한 바, 동 요지는 아래와 같음.
   - 미국은 F-4D 항공기 18대를 한국에 위탁하고, 이의 반납 시기는 5개년 현대화 계획에 의하여 36대의 F-5A 대체항공기가 한국에 도입되거나 월남 정부에 이양하기 위해 한국 정부가 미국 국방부에 제공한 F-5A 항공기 36대를 제공 당시와 동일한 상태로 한국 정부에 반환하였을 시점으로 함.
   - 위탁재산의 소유권은 미국에 있으나, 한국 공군은 이를 소유하는 것과 동일하게 사용하고 운영하며 정비함.
   - 한국 정부는 위탁재산에 대한 마손, 손실 또는 파괴에 대해 손해배상책임을 지며, 다만 한국에 대한 침략에 대처하기 위한 전투나 불가항력에 의하여 항공기가 손실되었을 때는 한국 정부는 손해배상책임을 지지 않음.
   - 한국 정부는 위탁재산에 관련된 기밀의 보안 책임을 수임함.

"그렇게는 못하겠다"

장지량 공군참모총장의 회고/'한국형 경제건설 5(오원철 저)' 중에서

"1972년 11월 미국 정부의 강력한 훈령을 받고 하비브 미 대사가 찾아왔다. 한국 정부와는 기본적인 합의가 이루어졌으니 한국 공군의 F-5A/B를 필리핀의 클라크 공군기지까지 수송해 달라는 것이 그의 요구 사항이었다. 그래서 나는 F-5가 36대나 없어지게 되는데 한국의 영공을 책임지고 있는 참모총장으로서 그렇게는 못하겠다. 그러니 F-4를 먼저 주고 그 다음에 갖고 가라. 그것도 한국내에 주둔하고 있는 미 공군의 F-4를 주게 되면 한미 공군 전체로 보면 방위력을 약화시키는 결과가 되니 안 되겠다. 딴 곳에 주둔하고 있는 F-4를 갖고 오라고 했다."

공군역사기록단

1972년 11월, F-4D 팬텀 18대(Block 26, 27, 28)가 대구 제11전투비행단에 도착했다. 한국 공군의 F-5A/B 36대도 같은 곳에 집결했다. 이 곳에서 F-4는 한국 국적 마크를, F-5는 미국 국적 마크로 도장을 하고 서로 맞바꾸게 되었다(월남 패망 후 11대의 F-5A가 다시 한국 공군에 반환된다). 이렇게 도입된 1개 대대분 F-4D는 F-5A/B를 내어 준 제110 전투비행대대에 배치, 최초의 F-4D 대대인 제151 전투비행대대와 함께 11전투비행단에 배속된다. 이로써 한국 공군은 1개 전투비행단 도합 36대의 F-4 전력을 완성하게 된다. 단시간 내 동북아에서 가장 현대적인 공군전력을 보유하게 된 것이다.

하지만 여전히 남북한 공군력에는 아직도 많은 격차가 있었다. 양적으로는 한국 공군이 2배 이상 열세였다.

그동안 월등한 전력 차이를 누리던 북한 공군은 빈번한 공중 도발을 자행했다. 그러나 F-4D 팬텀의 전력화 기점으로 이 강력한 기체를 두려워한 북한 공군은 위축되었고 예전과 같은 도발은 거의 사라지게 되었다. F-4가 CAP(전투초계비행)에 투입되면 북한 공역이 깨끗해졌다. 레이다로 아군 F-4의 출격을 알게 된 북한 전투기가 무서워 모 기지로 급히 회항하면서였다. 무전에서 '빨리 내리라우(착륙하라)'라는 북한 교신도 있었다고 한다.

남북한 공군 전력 비교(1972년)

구분	한국 공군	북한 공군
마하 2급	F-4(36대)	MIG-21(90대)
마하 1급/ 아음속	F-5A/B(63대) F-86F(98대) 합계 161대	MIG-19(20대) MIG-17(340대) MIG-15(60대) 합계 420대
폭격기	전무	IL-28 (70대)

공군역사기록단

USAF

방위성금헌납기

1970년대 중반에 들어 국내외 안보 위기로 인한 긴장감이 높아지기 시작했다. 1974년 남베트남 패망과 닉슨독트린에 의한 주한미군 감축이 현실화되었다.

1975년 4월 28일 북한 김일성은 중국을 방문해 양국 공동 성명에서 주한미군 철수와 중국의 북한 통일전선 전략 지지를 선언했다. 다음 날인 4월 29일 박정희 대통령은 '금년에 북한 공산주의자들이 무모한 불장난을 저지를 가능성이 가장 농후하다고 보지 않을 수 없다'는 취지의 특별담화를 발표했다. 그리고 4월 30일 월남이 패망하면서 베트남이 공산화했다. 박정희 대통령은 자주국방을 모색하게 된다. 부족한 국방예산을 충당하기 위해 방위성금 모금운동을 추진했고 전국적으로 뜨거운 참여를 낳았다.

'국민학생'의 코묻은 동전까지 모여 163억 원이라는 거금이 단시간에 모금되었다. 이 중 '자국국방의 전위'로서 F-4 전력을 보강하기로 하고 약 65억 원을 미 공군 F-4D 중고기 구매에 배정했다. 이른바 '방위성금헌납기'.

1975년 12월 12일 기수에 '방위성금헌납기'를 크게 새긴 F-4D 헌납식이 수원기지에서 거행되어 국민들의 열렬한 환영을 받았다. 5대(4기 편대+1기 예비)로 이루어진 F-4D 편대는 '필승편대'로 명명됐다.

서울기록원

1975년 방위성금 모금운동

공군역사기록단

1975년 12월 12일 방위성금 항공기 F-4D 전투기 5대 헌납식

사실, 이들 필승편대는 신규 구매한 기체들이 아니었다. 기체 번호를 통해 알 수 있듯이 대구기지에 배속되어 있던 기존 제151 전투비행대대 소속 기체들이었다. 특히 필승편대 중 한 기(기체 번호 64-0931)는 1969년 최초 도입된 항공기였고 나머지도 기 운용 중인 항공기였다.

1977년 방위성금헌납기 편대비행

국가기록원

F-4 도입에 배정된 방위성금은 베트남전 종결 이후, 1972년 한국 공군의 F-5A와 교환된 F-4D 도입 프로그램에 활용된 것으로 알려졌다. 정부는 방위성금을 낸 국민들에게 그 용처를 효과적으로 홍보하고 감사의 뜻을 전달할 방안을 고민했다. 이에 기존 운용 항공기에 '방위성금헌납기' 문구를 새겨넣은 필승편대를 연출하는 일종의 '아이디어'가 채택되었다. F-4 한 대라도 아쉽던 당시 형편에 국민들에게 시기적절한 감사 인사를 표하고자 했던 시대상황이 빚어낸 에피소드였다.

이들 필승편대는 서울을 비롯한 12개 대도시에서 감사 편대비행을 펼쳐 전국민적인 관심을 받았다. 초기에 제외된 제주시에서도 항의성 요청이 들어와 제주시 상공에서도 굉음과 함께 초저공 감사비행이 펼쳐졌다. 국민들에게는 우리가 세계최강의 전투기를 보유하게 되었다는 자긍심과 나라를 지킬 든든한 첨병으로서의 이미지가 각인됐다. 이렇게 '팬텀기' 또는 '팬탐기'는 지금까지도 전투기의 대명사로 국민들의 기억에 자리잡고 있는 계기가 되었다.

공군역사기록단

1970년대 초 화력시범에서 폭탄 실사 시범 중인 F-4D

옥만호 공군참모총장의 회고 '한국형 경제건설 5(오원철 저)' 인용

"'전쟁이 발생했을 때의 각군의 작전계획' 브리핑 때였다. 공군에서는 '3일간 결사 출격작전'을 보고한 다음, '각하께서 고속도로를 건설할 때 비상활주로를 만들어 주셨는데, 사용할 수가 없습니다. 우선 우회도로가 없으니 자동차 통행을 막을 방법이 없지 않습니까?'하고 설명했다. 고속도로 설계에 미비점이 있다는 항의일 수도 있다. 이어서 '비상 활주로에 대해서는 비상시에는 공군에 모든 통제권을 주셔야 되겠습니다. 그리고 조종사는 평시에도 비상활주로에서 직접 이착륙을 해보아야만 비로소 비상활주로에 대한 인식도 생기고 훈련도 될 것입니다. 비상 활주로에 연료탱크나, 탄약고 및 장병이 사용

방위성금 모금과 공군 장비의 보강

'한국형 경제건설(오원철 저)' 중에서

1974년 방위성금이 모금되기 시작했을 무렵이었다. 박 대통령은 그때까지 모금된 19억 원을 국방부에 주며 사용계획을 작성해서 브리핑을 하라고 지시했다. 국무총리(김종필), 정보부장(이후락), 국방부 장관, 합참의장과 각군 참모총장, 그리고 청와대에서는 비서실장 및 담당 특별보좌관, 수석비서관이 참석했다.

국방부 브리핑은 육군에 17억 원, 해군과 공군에 각각 1억 원을 배정한다는 계획이었다. 브리핑이 끝나자 옥만호 공군참모총장은 "각하! 2분만 시간을 주십시오."하고 발언을 요청했다. 국방부의 보고라면, 육·해·공군에서 합의를 거쳐 나온 결론을 대통령에게 보고하는 것이 원칙이다. 그런데 공군으로서는 반대의견이 있다는 뜻이다.

방 밖에서 대기하고 있던 공군 작전참모부장 김중보 장군이 브리핑 차트 단 3장을 갖고와서 다음과 같은 보고를 하였다. "만일 전쟁이 발생하면 공군은 비행가능한 모든 항공기를 총동원해서 적을 공격할 것입니다. 그리고는 기지로 돌아와 쉴 사이도 없이 기름을 보충하고 탄약과 폭탄을 재장전하고 또다시 출격하게 될 것입니다. 그런데 공군에는 현재 기름을 주입하는 장비나 폭탄을 장전하는 장비, 항공기 엔진을 시동시키기 위한 전기 공급 장비가 태부족입니다. 편제상 필요한 수량의 3분의 1 정도를 보유하고 있을 뿐입니다. 그러니 신속한 출격을 할 수 없는 상태인 것입니다. 미군에 요청해도 공급이 안 됩니다. 이러한 대수롭지 않은 장비 부족으로 인해 전력에 막대한 지장이 있다는 것을 보고 올립니다. 돈만 주시면 국산화해서 신속히 보충하겠습니다." 박 대통령으로서는 처음 듣는 놀라운 보고였다. 박 대통령은 공군에서 요구하는 전액 14억 원을 즉석에서 지원키로 했다.

공군역사기록단

할 건물도 있어야 하겠고 비상활주로용으로 주유기, 전지 충전기, 폭탄 장전기 및 간단한 수리장비 등이 별도로 마련되어야겠습니다'라고 보고했다. 이로 인해 건설부에서는 우회도로를 긴급 건설했으며, 실제로 비상 이착륙훈련이 실시되었다. 그러나 실제 훈련 중 우천으로 말미암아 F-4 전폭기가 미끄러져 사고가 났다. 파손된 항공기는 날개를 떼고 운반하려 했으나, 톨게이트를 통과할 수 없었다. 그래서 톨게이트에도 우회도로가 생겼다. 이 일이 있은 후 모두들 '이로써 비상활주로도 제 구실을 할 수 있게 됐다. 사고가 난 것이 오히려 전화위복이 됐다'고 했다. 이런 저런 연유로 공군의 실정을 알게 된 박 대통령은 1974~75년에 모아진 방위성금 총액 161억 3천만 원 중 공군에 69억 9천만 원을 배정했는데, 총액의 43%에 해당하는 큰 금액이었다."

이것이 우리나라 공군이 전적으로 군사원조에 기대하던 때인 1974년까지의 실태이다. 박 대통령이 방위세 문제를 구상하게 된 데에는 이런 일도 작용한 것이 아닌가 추측이 간다. 이런 상황에서 율곡사업이 착수되었다. 공군 자주화의 길로 나서게 된 것이다.

자주국방과 F-4E의 도입: ‘처음 우리 돈으로 새 항공기를’

F-4D 팬텀의 도입과 확장으로 동북아에서 가장 현대화된 공군력을 보유하게 된 한국에 민감하게 반응한 국가는 비단 북한만이 아니었다. 한국의 동북아 최초 F-4 도입은 일본을 자극했다. 일본은 1968년에 차기 전투기로 이미 F-4를 선정했지만 최신의 F-4E의 일본형인 F-4EJ 도입에 박차를 가해 1973년 도입하게 된다.

F-4의 존재감에 눈을 뜬 한국도 자주국방을 위한 전력증강 사업인 ‘율곡사업’을 통해 F-4E 도입을 추진했다. 예전처럼 미 정부로부터 공여받거나 중고기를 사오는 것이 아닌 처음으로 우리 돈으로 신조 F-4 전투기를 직구매하는 것이었다. 대한민국 공군 자주화의 큰 걸음이었다.

‘Peace Pheasant II’(평화의 비둘기)로 명명된 사업을 통해 1976년 한국 공군은 신조 기체 F-4E(Block 64, 일명 ‘PP1’) 19대를 발주해 1977년 인수, 대구기지 제11전투비행단에 제152전투비행대대를 창설했다. 1978년에는 F-4E(Block 67, 일명 ‘PP2’) 18대를 추가 도입하여 1979년 6월 제153전투비행대대를 창설했다. 이중에는 미 본토에서 생산된 마지막

공군역사기록단

F-4E에 태극마크를 부착하고 있다.

공군역사기록단

F-4E 도입 기념 사진

공군

한국 공군 152 대대 소속 F-4E(PP1). 초기 도장은 SEA(동남아시아) Color 패턴으로 흔히 말하는 베트남 위장 도장이었다.

맥도넬 더글라스

1979년 10월 25일 미국 세인트루이스 맥도널 더글라스 공장에서 출고된 F-4E(Block 67, 78-0744). 한국 공군에 도입된 이 항공기는 F-4 기종 누적생산 5057번째 기체이자 미 본토 생산분 최후의 기체로서 기수에 관련 기념 문구가 기입되어 있다.

(5,057번째) 기체도 포함되어 있었다(기체번호 80-0744. 이후 사고로 소실). 게다가 이 기체는 박정희 대통령 서거 바로 전날 도입되어 역사의 아이러니를 낳게 된다.

이후 이들 F-4E 팬텀 대대들은 1979년 충북 청주에 창설된 '제17전투비행단'으로 이동 배치되어 대구기지 F-4D 운용대대인 151, 110 대대와 함께 한국 공군의 핵심전력으로 자리매김했다.

공군

한국 공군 153 대대 소속 F-4E(PP2). 1980~90년대에 걸쳐 사진과 같은 '제공미채' 도장이 적용되었다. 당시 또 하나의 특징은 공기흡입구 상단의 대형 전신 사자 마크.

F-4D 서울 추락 사고

'하늘이 받아준 사람(고 이영순 대령 저)' 중에서

1978년 9월 25일 국군의 날 공중분열 예행연습 중이던 F-4D가 서울시 영등포구에 추락하는 대형 사고가 발생했다. 당시 사고 상황을 고 이영순 대령의 '하늘이 받아준 사람'에 실린 내용을 발췌해 소개한다. (저자 주)

중앙일보

(전략)...1978년 그 해에는 공중분열을 대규모로 구성하여 참가하였으며, 나는 팬텀기종 편대로서는 3번째 편대에 속해 있었다. 팬텀 일개 편대 대수는 5대로서 갈매기 대형으로, 나는 2번 기의 위치였다.

1978년 9월 25일 우리가 소속된 비행단장님이 총군장기이셨기 때문에 훈련비행 전에 참가조종사 전원이 모여 브리핑 실에서 전반적인 비행절차와 주의사항이 하달되었다. 이틀 전 공중분열 예행연습으로 여의도 사열대를 통과할 때, 앞 편대 후류를 피하기 위해 앞 편대 고도보다 높게(Stag Up) 대형을 유지하다 보니, 점점 편대 간에 고도가 높아져 항공기 크기가 비교적 작은 항공기는 고도가 높은 관계로 시각적 효과가 적었다는 평가가 있었다.

오늘은 공중분열 예행연습시 후류를 피하기 위해 앞 편대 아래쪽 고도(Stag Down)로 몇 개 편대가 대형 유지하고, 그 다음 편대는 다시 고도를 높게 잡아 그 뒤 편대는 아래쪽 비행을 몇 그룹으로 나누어서 훈련비행하기로 하였다.

날씨도 쾌청하고 시정이 좋아도 서울근교 저고도로 내려가면 시정이 불량해 앞 편대 간의 간격 유지에 장애를 받을 정도로 서울상공의 매연이 얼마나 심한 상태인가를 느낄 수 있었다.

그날도 여의도가 점점 가까워올수록 시정이 좋지 않는 것을 보니 목표지점(여의도 사열대)이 가까워 온 것을 느꼈다. 이런 편대를 유지하면 리더를 제외하고는 다른 편대원은 대형유지에 급급하기 때문에 지상을 전혀 볼 수 없어 대개 지점을 알고자 할 때 후방석 조종사에게 인터폰으로 "지금 어디쯤이냐?"라고 물으면 위치를 알려주는 방법을 이용할 뿐이다.

우리 3번째 편대가 여의도 행사장으로 막 진입하려고 하는데 나의 후방석에서 "어!!"하는 외마디 소리가 나의 신경을 곤두서게 해 놀라면서 "왜 그래, 왜 그래" 편대대형을 흩트리지 않고 유지하면서 인터폰으로 물어보았다.

후방석 'L' 대위가 "큰 새 같은 것이 지나갔나...?", 말끝을 흐리며 "우측 날개 옆으로 무엇인가 스치는 것 같았는데..."라고 혼잣말로 중얼거렸다.

나의 후방석에서 중얼거리는 말이 채 끝나자마자 공중분열 지상통제관의 다급한 목소리로 누구에게 지시하는지 몰라도 "풀 압(Pull Up)! 풀 압(Pull Up)!"(항공기를 위쪽으로 빨리 끌어 올려 상승하라는 항공용어)하라는 격앙된 목소리로 지시하였다. 그리고 뒤이어서 레디오에 귀를 쨍쨍 울리는 소리로 "기수를 수원비행장 쪽으로 돌려!" 하는 영문도 모르는 지시사항을 미루어 보아 급한 일이 발생했음을 직감적으로 느낄 수 있었다.

지상통제관의 다급한 목소리와 지시사항이 전달되면서 나의 귓전에는 조종사가 비상 탈출할 때 조종사 좌석에 장치되어 자동적으로 시그널이 울려 퍼지는 "삐익-삐익-" 하는 날카로운 소리가 나의 온몸에 소름이 돋게 하고 머리털 끝이 서는 것을 느낄 수 있었다.

나는 속으로 "아- 분명히 사고가 난 것이 아닌가?" 나는 후방석 조종사에게 "야, 무슨 일 난 것 아니야?"라고 하였다. 후방석 L 대위가 하는 소리가 "항공기 한 대가 떨어졌습니다."

순간적으로 호흡이 멈추어지는 것 같았다. 그리고 건물이 빽빽한 서울상공에서 비행기가 추락하다니 이것 정말 큰일났구나 하는 생각에 온몸이 굳어지는 기분이었지만 나의 시야는 지속적으로 리더 비행기만 쳐다보면서 편대대형 유지에 여념이 없었으나, 어느 지점에 추락했는지 직접 보고 싶었다. 후방석에게 계속 물어 보았다. "떨어진 지점이 어디냐?"고 하였다.

"검은 연기가 치솟으며, 철길이 보이고 노량진 같아 보인다." 고 하여 나는 속으로 '대형사고가 터지고 말았구나'하고 생각했다. 후방석 조종사도 흥분이 되어 정상적인 판단이 되지 않는 모양이었다. "노량진이 아니고, 영등포역 같기도 하고..." 말끝을 흐리면서 지점을 확인하는 것 같았다.

나는 속으로 어느 지점보다도 분명히 항공기가 추락했음이 사실이라는 것에 대해서 충격을 금할 길 없어, 다리에 힘이 빠지는 것을 느낄 수 있었다. 조금 후에 편대군장기께서 무전으로 지시된 것은 "모든 편대는 본대로 돌아가라. 나는 수원기지에 착륙하겠다"하셨다. 어떻게 해서 사고가 났는지 전혀 알 수가 없었다. 혹시 편대비행 중에 서로가 공중충돌 하지나 않았나, 여러 가지로 유추하여 보았으나 정확한 내용을 모르니 더욱 답답하였다.

후방석에게 또 물어보기를 "혹시 조종사 탈출된 파라슈트(낙하산)는 못 보았나?"라고 하였더니, "하나밖에 보지 못했습니다."라고 하였으므로 조종사의 생사도 큰 걱정이 아닐 수 없었다.

우리 편대는 대구기지에 착륙하여 사실을 확인하여 본 결과 아직도 자세한 사항은 알 수 없으나 두 조종사는 사망하지 않았다고 하였다. 사고가 난 비행기는 우리 편대 바로 다음 편대의 2번기(전방석은 강XX 소령, 후방석은 김XX 대위)였다. 사고 난 2번 기는 앞 편대인 나의 위치와 똑같으므로 나의 머리를 스치고 지나는 예감이 있어서, 후방석 L 대위를 다시 불러 "여의도 진입 전에 '어' 하고 너 말했지?"라고 물어 보았다.

"네."

"그때 상황을 다시 한번 얘기해봐."

"네, 그때 저는 지상과 여의도 광장을 보기 위해 지상을 보고 있는데 이상한 물체가 바로 옆으로 스치는 것 같아서, 저도 모르게 소리가 나왔습니다."라고 하였다.

나는 그때 우리 항공기 고도가 얼마였으며, 또 1/5만 지도를 펼쳐놓고 장애물이 있는가 다시 살펴보았지만 이상한 것을 찾지 못했다. 결과는 신설된 통신 안테나에 충돌되었는데 신설된 것이라 미처 지도에 표식이 안되었던 것이었다.

그 안테나가 내 항공기 우측 날개를 스쳤고, 축선이 약간 틀린 다음 편대 2번기에 부딪힌 것이었다. 내 항공기가 먼저 부딪힐 뻔 했던 것을 생각할수록 아찔한 일이 아닐 수 없었다.

사고 항공기가 추락한 지점은 영등포역 근처 당산동에 있는 조선맥주 야적장이었기에 다행히 인명피해는 없었다. 그 후 사고 조종사인 강소령의 진술에 의하면 안테나 충돌 후 우측엔진 흡입구에 충돌하여 초기에는 항공기 조종이 가능했으나 잠시 후 파워가 없어지고 항공기가 흐물흐물해져 탈출하려고 하니 모두가 집과 공장밖에 보이지 않아 다급하게 공터로 기수를 돌려놓으니 이미 항공기가 급강하 자세로 되었기 때문에 탈출해도 도저히 살아날 수가 없겠다는 생각밖에 없었고, 이판사판인데 튀어보자 하면서 탈출했는데 낙하산이 개산되자마자 땅에 닿았고, 후방석 김대위는 조종사 좌석이 채 분리도 되기 전에 경성방직 공장지붕에 떨어져 다리에 타박상만 입었을 뿐이었다.

모든 순간순간들이 너무나 극적이고 기적적인 일이라고 밖에 표현할 수가 없는 것 같다. 서울상공에서 돌멩이 하나만 던져도 무난히 떨어질 여백이 없는 듯 한데, F-4 팬텀 같이 큰 비행기가 추락하면서 인명과 재산에 큰 피해가 없었다는 것은 놀라운 일이 아닐 수 없다. 이런 결과를 두고 순간적인 판단과 지기를 발휘한 조종사들을 미화시키지 않더라도, 과연 우연의 일치로 큰 위기를 무난히 모면할 수가 있었겠는가? 또 항공기 추락한 지점에서 불과 몇 백미터에 대형 암모니아 탱크가 있었으니 더욱더 다행한 일이 아닌가? 순발력이란 순간적으로 명석한 상황판단을 할 수 있는 능력을 말할 수 있지만, 이런 찰나적인 판단은 평소에 연마한 기량에서 축적된 결과에 의해서 좌우된다고 보는 것이 더 타당성이 있지 않나 생각한다.

그 당시 아찔하면서도 대형사고로 이어질 뻔한 그때의 큰 위기를 극복한 훌륭한 기량으로 추락할 지점을 찾으며 조금만 더 지체되었더라도 생명을 잃어버릴 뻔 한순간까지 항공기를 컨트롤하였으니 공군조종사들에게 영원히 교훈적이고 귀감이 되는 사례가 아닐 수 없다.

그때의 그 사례가 모든 사람들의 기억에서 서서히 사라지고 있을지라도, 생사를 아랑곳하지 않고 서울시민의 피해를 줄이기 위하여 전력투구로 긴박했던 그때의 투혼을 높게 평가하고, 또한 그 공적을 길이 남겨 본받아야 할 줄 안다.

주요 F-4 작전

한국 공군에 전력화된 팬텀은 다양한 방공작전 및 대함/대간첩선 작전에 투입되어 활약했다. 동해안에서 TU-16 폭격기(1983년)를, TU-95 폭격기와 핵잠수함(1984년) 등 우리 영공·영해를 침범한 구 소련 전력을 식별·차단하며 활약했다. 냉전시대 이후인 1998년에도 우리 영공을 침범한 러시아 IL-20 정찰기에 대한 전술조치를 실시했다. 서해에서도 뛰어난 작전 수행능력을 보여줬다. 1971년 소흑산도(현재 가거도)에 출현한 간첩선을 격침하는 작전에 F-5 전투기 및 해군 전력과 함께 투입됐고, 1983년에는 북한 이웅평 대위가 MiG-19를 몰고 서해 연평도 상공으로 귀순했을 때 퇴로차단과 초계비행 임무를 통해 귀순 유도작전을 성공적으로 수행한 바 있다. 1985년 부산 대간첩선 작전에도 참가해 전공을 세웠다.

팬텀은 전투능력의 비약적인 발전에 그치지 않고 전략, 전술, 부대 운영 등에도 영향을 미쳤다. 북한의 은밀한 침투 위협과 휴일·조조 취약시간 적의 기습공격에 대비하기 위해 주·야간 365일 부대를 교대제로 운영하였고 항시 항공기의 체공이

공군

육군

공군

❶ 동해에 출현한 러시아 함정을 감시하는 F-4D

❷ 러시아 폭격기를 요격하는 F-4D

❸ 1983년 2월 25일 서해 연평도 상공을 통해 귀순한 MiG-19를 안전하게 유도하는 F-4E

❹ 동해에 출현한 러시아 잠수함을 감시하는 F-4D

❺ 1998년 2월 17일 동해 상공에 출연한 러시아 IL-20 정찰기를 식별해 차단하는 F-4D

❻ 러시아의 TU-95 항공기를 감시하는 F-4E

지속되도록 했다. 적지 침투전술도 종전의 저도고 침투 위주에서 벗어나 ECM 장비를 장착하고 중고도 침투전술을 병행하여 저고도 침투에서 우려되는 대공화기 위협이 감소되는 효과를 거두게 되었다. 신장된 장거리 공격능력은 지상군 위주의 전쟁 개념에서 벗어나 항공전력은 이제 전쟁의 승패를 결정지을 수 있는 핵심이 된다는 생각의 전환을 가져왔고 국방력에서 차지하는 공군의 위상이 크게 높아졌다. 주요 작전 기록은 아래와 같다.

★ 방공 작전 ★

- 북한 MiG-15 영공침범 방공작전(1970. 12. 3.)
- 서해 백령도 근해 방공작전(1975. 3. 24.)
- 일본 항공기 독도비행계획 저지 방공작전(1979. 5. 30.)
- 중공 MiG-19 귀순 방공작전(1982. 10. 16.)
- 동해 소련 항공기 침범 방공작전(1983. 1. 27.)
- 이웅평 대위 귀순 유도작전(1983. 2. 25.)
- 소련 항적 KADIZ 침범 방공작전(1984. 12. 12., 1985. 8. 27.)
- 소련 TU-95 영공침범 방공작전(1986. 3. 28.)
- 소련 정찰기 한반도 횡단비행 전술조치(1987. 1. 9.)
- '아유미' 호송작전(1987. 12. 15.)
- 미식별 항적 전술조치(1991. 9. 24 ~ 25.)
- 러시아 항적 요격식별 및 감시활동(1993. 3. 3. ~ 15.)
- 일본 민항 KADIZ 침범 전술조치(1995. 10. 26.)
- 러시아 항적 KADIZ 침범 전술조치(1997. 11. 1.), IL-20(2001. 7. 17.)
- 월드컵/아시아 경기장 공중테러 대응 초계전력 운영(2002. 6. ~ 9.)

★ 대간첩 작전 ★

- 동해 북방 한계선 근해 대간첩 작전(1971. 5. 13.)
- 소흑산도 근해 대간첩 작전(1971. 6. 1.)
- 거진 해안 대간첩 작전(1975. 2. 15.)
- 백령도 근해 대간첩 및 방공 작전(1975. 2. 26.)
- 청사포(부산근해) 대간첩 작전(1985. 10. 20.)

중고 기체 MIMEX 도입

F-4D/E 2개 전투비행단 4개 전투비행대대 80여 대 항공기로 F-4 전력을 확장한 한국 공군은 80년대에 이르러 미 공군 중고기, 이른바 MIMEX(Major Item Military Excess, 주요 군사잉여물자) 도입으로 꾸준히 F-4를 확보해 나간다.

최초의 MIMEX 도입 사업은 1982년 F-4D(6대)와 1985년 F-4E(4대) 도입이었다. 1982년 9월 9일 제공호(KF-5E/F) 출고행사에서 전두환 대통령은 경제적이고 실질적인 전력 증강을 위해 미 공군 F-4E MIMEX를 획득하는 방안을 연구 검토하라고 지시하였다. 이에 따라 공군은 1982년 12월 15일 미 공군 참모총장 방한 시 주한 미 공군의 주력기를 F-4E에서 F-16으로 교체할 때 F-4E MIMEX기를 한국 공군에 판매해 줄 것을 제의(한·미 안보회의 의제로 제출)했고, 1983년 6월 9일, 미 공군 참모총장은 F-4E MIMEX기를 한국 공군에 판매하기로 약속했다.

이 약속에 따라 공군은 1983년부터 1985년까지 3년간 국방중기계획에 F-4E 소요를 반영하고, 1986년 1월 20일에 미국 측에 F-4E 구매를 요청했으나 동년 4월 7일에 미국 측으로부터 F-4E는 1990년 이후 정도에나 판매가 가능하고 F-4D는 1987년부터 판매가 가능하다는 통보를 받았다.

Public Domain

1984년 팀스피릿 훈련 중인 한국 공군(F-4E, F-5E)과 미 공군(F-4E, F-15, F-16). 추후 미 공군의 F-4E는 MIMEX로 한국 공군에 도입된다.

어쩔 수 없이 공군은 1986년 4월 17일 미국 측에 F-4D MIMEX기를 조기 판매토록 요청했고, 동년 8월 14일부터 27일까지 도입 항공기 선택을 위한 대표단을 미국에 파견(대령 박진재, 소령 홍석두)했으며, 동년 12월 20일 88 올림픽 안보대비 및 공세전력 보완으로서 F-4D MIMEX기를 조기에 도입하기로 결정했다.

1987년 11월 11일 F-4D MIMEX 24대(1966년 생산분 Block 29/30/31/32/33) 구매에 대한 대통령의 재가에 따라 동년 12월 18일 F-4D MIMEX기 1차분 4대가 제11전투비행단에 도착했으며, 1988년 4월까지 24대의 MIMEX 항공기

국가기록원

1987년 F-4E MIMEX 항공기 도입

공군역사기록단

1988년 제156전투비행대대 창설식

모두가 도입돼 24대 중 5대는 제11전투비행단에 보충 운용되고 나머지는 1987년 12월 제17전투비행단 예하 제155전투비행대대 창설에 따라 이관됐다.

1988년 6월에는 제151전투비행대대의 제2비행대대로 제159전투비행대대가 창설돼 F-4 기종전환 교육을 주로 담당하게 됐다. 또한 동년에 F-4E MIMEX 24대를 도입해 제156전투비행대대를 창설, 제17전투비행단에 배치했다.

1989년에는 오산 미 공군 제51전투비행단이 F-16C/D 전투기로 기종 전환을 하면서 나온 F-4E 1개 대대분 19대를 인수해 1990년 제157전투비행대대를 창설, 역시 제17전투비행단에 배치했다. 이어 91년까지 총 30여대의 F-4E MIMEX 기체들이 도입되었다.

1989년 12월에는 RF-4C 전술정찰기를 도입했다. 대구기지에 주둔했던 주한 미 공군 460전술정찰비행전대 예하 15전술정찰비행대대가 미국 본토로 철수하면서 해당 부대가 운용중이던 기체를 인수, 18대가 제10전투비행단 39전술정찰비행전대 131전술정찰비행대대에 배치됐다. 이로써 한국 공군은 기존 RF-5A의 제한적인 능력을 크게 상회하는 전술정찰 능력을 확보하게 됐다.

공군

F-4E 스크램블. 긴급 출격하는 조종사들

공군

1989년 RF-4C 정찰기 3대, 대구기지 최초도입

한국 공군 F-4E와 F-5E

한국 공군판 Hi-Low-Mix

이렇게 한국 공군은 기존 F-4D 전력에 더해 1977년부터 F-4E 신조기 직도입으로 시작해 1989년 MIMEX 항공기 도입까지 9대 비행대대 도합 187대의 F-4 전력을 확보하게 되었다. 이는 F-4D 4개 비행대대(151, 110, 155, 159) 74대, F-4E 4개 비행대대(152, 153, 156, 157) 95대, RF-4C 1개 비행대대(131) 18대로 약 10여 년 사이에 한국 공군은 일약 세계적인 F-4 운용국으로 발돋움하게 되었다. 이들 F-4 전력은 같은 시기 대량 도입 중이었던 F-5 전력들과 함께 한국 공군의 '하이로우믹스'(Hi-Low-Mix) 전력구조를 갖추어 나갔다. 하이로우믹스란 고성능의 무기체계(High-end)와 염가의 무기체계(Low-end)를 조합하여 구성하는 것을 일컫는데 예산 제한상 고성능/고가격의 무기체계만을 갖출 수는 없기 때문에, 저가형 무기들로 부족한 양을 보완하는 개념으로 제2차 세계대전 당시 영국 상공에서 최초 도입된 바 있으며(스핏파이어와 허리케인의 조합), 미 공군의 F-15와 F-16이 대표적인 예이다. 80년대 말 기준, 187대의 F-4 세력과 무려 254대가 도입된 F-5 세력의 조합으로 한국 공군은 질적 양적인 성장을 이루어 나갔으며 북한 공군과의 전력 격차를 크게 해소할 수 있었다.

US DoD

미 공군 F-15B와 F-16A

전쟁억제와 응징보복 ('살수')

한국 공군의 하이급 기체로서 F-4는 쌍발 대형 복좌 전폭기의 장대한 항속거리, 무장능력, 전천후 작전능력 및 정밀 유도무기 운용 능력을 갖춰 전쟁억제와 응징보복 능력의 확보라는 전략적인 이점을 한국 공군에 안겨 주었다.

한반도 전구급의 작전 유용성을 가진 F-4는 그동안 대북 방어 작전개념을 중심으로 운용되었던 한국 공군에 공세적 작전능력을 부여했다. 특히 아웅산 테러 사건 이후, F-4 전력을 통한 대북 응징보복 작전이 구체적으로 확립됐다. 즉, 유사시 북한의 주요 전력거점을 한국 공군이 직접 타격한다는 개념으로 '살수'라는 작전명으로 알려져 있다.

공군

한국 공군 F-4E 탑재 무장 전시. ○안에 무장은 AN/AVQ-26 패이브택

F-4의 도입과 함께 한국 공군의 항공무장의 종류와 질도 급격히 향상됐다. 특히 미 공군이 운용하던 기체들인 만큼 지속적인 탑재장비 교체를 통한 성능 개선 작업이 이루어진 MIMEX 항공기 도입과 함께 더욱 향상됐다. 그 중에서도 AN/ASQ-91 무장투하 시스템에 Pave Tack/Pave Spike 타게팅 포드, AIM-7F/M 스패로우 중거리 미사일, AGM-65D/G 공대지 미사일 등이 도입돼 작전능력이 점진적으로 향상됐다.

공군

F-4E 엘리펀트 워크

AN/AVQ-26 패이브택(Pave Tack)은 F-4, F-111 등 대형 전폭기들 만이 운용할 수 있는 레이저 유도폭탄 타게팅 포드 장비로 8세트가 도입돼 장착 배선이 설치된 39대에 장착이 가능했다. 특히 ARN-101 DMAS(Digital Modular Avionics System)를 장착해 가장 우수한 항법장비를 보유한 제152전투비행대대의 F-4E 'PP1' 항공기들에 운용돼 한국 공군으로 하여금 최초로 장거리 야간 정밀타격 작전을 가능케 했다.

또한, AN/ASQ-153 패이브 스파이크(Pave Spike) 타게팅 포드는 F-4D 항공기에 주로 운용됐으며 주/야간 모두 사용 가능한 패이브택에 비해 주간에만 사용이 가능했다.

공군

성능개량

지속적으로 F-4 전력을 확장해 나간 한국 공군은 이를 효율적으로 운용하고 유지하기 위한 노력도 병행해 80년대 초반부터 성능개량을 검토하기 시작했다. 그러나 80년대는 KF-5E/F 제공호 조립생산, F-16 블록 32 Peace Bridge 도입, 차기전투기 사업(KFP) 등이 추진되며 F-4 성능개량은 우선순위에서 밀려나게 되었다.

월간항공

1980년대 F-4E의 APQ-120레이다를 정비하고 있는 한국 공군 정비사들

KFP(Korea Fighter Program) 사업 과정에서 유력 후보였던 F/A-18을 제시한 맥도넬 더글러스(McDonell Douglas, MD)사는 F-4 제작사로서 F/A-18 채택 시 한국 공군 F-4D 수명연장(SLEP)과 F-4E 성능개량 사업을 해주겠다고 KFP 사업에 제안했다. 하지만 한 차례의 선정 번복 끝에 F-16이 최종 선정돼 F-4의 성능개량은 다시 수면 아래로 가라앉게 됐다.

이후 1992년에 이르러서야 일명 KPU(Korean Phantom Upgrade) 라는 명칭으로 본격적인 성능개량 사업이 진행돼 직도입기 및 기체 상태가 좋은 MIMEX F-4E 40여 대를 대상으로 추진됐다.

일본 항공자위대의 F-4EJ(Kai) 및 독일 공군의 F-4F ICE 등의 국제 사례를 참고해 추진된 이 사업에는 미국의 록웰(Rockwell International) 및 독일의 DASA가 참여의향을 밝혀왔다.

DASA는 F-4F ICE 프로그램 경험을 바탕으로 F/A-18에 장착되는 AN/APG-65 레이다와 AIM-120 AMRAAM 중거리 공대공 미사일 운용능력을 중심으로 한 프로그램을 제안했으며, 록웰은 F-16에 장착되는 AN/APG-68(V) 레이다와 AIM-7 미사일 운용능력 향상, HUD 와 MFD 장착을 중심으로 제안했다.

이 중 가격 경쟁력 면에서 우위를 점한 록웰사가 1992년 말 사업자로 선정됐다. 하지만 사업 진행 도중 F-16 제작사인 제너럴 다이나믹스사(GD)의 레이다 소스코드에 대한 지적소유권 관련 소송 제기로 미 공군을 통해 소스코드를 확보하여 통합을 진행하려던 계획은 무산되고 결국 사업은 중단됐다.

이후 성능개량 관련 예산은 고등훈련기 호크(Hawk) Mk67(공군 제식명 T-59) 도입에 전용된 것으로 알려진다. 이로 인해 F-4 기체들은 한국 공군의 실질적인 중핵이었음에도 불구하고 다른 국가들과는 달리 전격적인 성능개량 없이 도입 당시 그대로 장기 운용되는 결과를 가져오게 됐다. 이후 제한적인 무장 운용능력 개량사업이 진행돼 20여 대의 직도입분 F-4E에 대해 AGM-142 공대지 미사일 발사능력을 부여하는 사업과 수명 연장을 위한 기골보강 등의 SLEP (Service Life Extension Program) 작업 정도만이 진행된다.

월간항공

T-59 훈련기

'뽀빠이 미사일'의 도입

AGM-142 팝아이(Popeye)는 미국 록웰사의 AGM-130과 경쟁 끝에 도입한 이스라엘제 공대지 미사일로, 농밀한 북한 방공망 사거리 밖에서 주요 목표물을 타격할 수 있는 능력(Stand-off)을 갖추기 위해 2000년 도입됐다.

일선에서 일명 '뽀빠이(Popeye)' 또는 '원포투(142)'라고 불리는 AGM-142는 대형 유도탄으로 당시 최신 기종인 KF-16에는 탑재가 불가능해 F-15K 도입 전에는 한국 공군에서 F-4E가 유일한 탑재 가능 플랫폼이었다.

한국 공군은 총 100여 기의 AGM-142G/H 미사일을 도입했는데 G형은 C형의 한국 수출형으로 신형 I-800 관통 탄두(중량 360kg)와 CCD(Charge-Coupled Device) 탐색기를 장착한 모델이고, H형은 D형의 한국 수출형으로 기존 IR 탐색기를 영상 해상도 개선 및 자동 입력 방식의 IIR 탐색기(일명 Z-seeker)로 교체한 모델이다.

훈련 목적으로 비활성 탄두를 장착한 ATM-142, 비발사형(Captive-carry) CATM-142, 지상 훈련용 DATM-142 등도 별도로 도입했다. F-4E의 기존 AN/ASN-63 INS장비는 팝아이 유도에 부적합한 아날로그식으로, 팝아이 운용을 위해 Honeywell H-764G GPS/INS가 설치됐다.

마틴 페너

마틴 페너

제17전투비행단 무장사들이 ATM-142를 F-4E에 장착 중이다.

이 미사일은 관성항법유도와 TVM(Track Via Missile)을 조합한 유도 방식을 가지고 있다. 이륙 전 표적의 좌표 정보를 미사일에 입력하면 유도부에 업로딩된 좌표 정보와 산출된 항법 정보를 바탕으로 미사일이 자체적으로 비행경로를 찾게 된다.

ATM-142을 장착하고 이륙 중인 F-4E

마틴 페너

마틴 페니

종말유도 전까지는 관성항법유도가 이루어지며, 종말유도 단계에서는 미사일의 데이터 링크 체계와 항공기에 외장 탑재되는 유도용 데이터 링크 포드를 통해 팝아이 미사일과 발사 플랫폼 사이에 이루어지는 TVM 유도로 표적에 돌입한다. 이 과정에서 팝아이 미사일의 전자광학/적외선 영상 시커로 획득한 영상 정보를 통해 후방석 무장 장교가 미사일을 통제한다. 이로서 최대 100㎞ 이상 떨어진 목표물을 1m 이내의 정확도로 타격할 수 있다.

제원은 길이 482㎝, 직경 53.3㎝로 무게가 1,300㎏에 달하며 350㎏ 탄두를 장착해 1.5m 두께 철근 콘크리트를 관통할 수 있다.

AGM-142는 F-15K 에 장착되는 슬램-ER(사거리 278㎞) 및 타우러스(사거리 500㎞) 미사일이 도입되기 전까지는 공군이 장거리에서 북한의 전략 목표물을 정밀타격할 수 있는 유일한 전략무기로 평가됐다.

AGM-142 공대지 미사일의 후속으로 한국형 중거리 공대지 미사일이 개발되고 있으며 FA-50 전투기에 운용될 예정이다.

신구의 조화 - F-4D 와 F-15K 편대가 독도 상공을 비행하고 있다.
같은 제작사 제품인 이 두 기종은 쌍발-복좌-대형기라는 혈통이 닮아 있다.

Pharewell Phirst Phantoms!

4개 전투비행대대(제151, 110, 155, 159 대대) 에서 운용되어 온 F-4D는 노후화와 함께 점차 퇴역의 길을 걷게 된다.

155대대와 159대대는 각각 93년과 97년 해편 후 KF-16으로 기종전환해 제19전투비행단에 재창설됐다. 나머지 2개 대대는 F-15K 전력화 일정에 맞춰 퇴역이 진행돼 2007년 110대대가 해편됐고 이후 F-15K로 기종전환해 제11전투비행단에 재창설되었다. 그리고 최후의 F-4D 운용대대인 151대대가 2010년 6월 16일 공식 퇴역 행사와 함께 해편됐다.

F-4D의 설계수명은 4,000시간으로 18개 부위에 대한 대대적인 기골 보강으로 수명을 8,000시간으로 연장한 바 있었다. 이후 공군은 자체 조사를 통해 F-4D의 경제수명을 9,600시간 정도로 판단했고, 후기 도입 기체는 2010년 기준 9,100시간 정도 사용돼 운용이 가능했으나, 부품 확보가 어려워지면서 유지비가 과다하게 소모됨에 따라 퇴역이 결정됐다.

공군

제151전투비행대대는 후에 F-35A 대대로 기종전환해 제17전투비행단에 재창설됐다. 이는 항공역사와 한국 공군의 역사에서 의미가 큰 것으로서, 최초의 합동전투기(JSF)였던 F-4를 이후 유일한 JSF로 등장한 F-35로 대체한 사례이자 한국 공군 최초의 전략적 자산을 한국 공군 최고의 전략적 자산으로 대체한 사례라고 할 수 있다.

고 박명렬 소령과 박인철 대위 부자

55년간의 한국 공군 F-4 운용 역사 속에는 무려 34인의 순직 조종사들이 잠들어 있지만 그 중에서도 가장 안타까운 사연은 고 박명렬 소령과 그의 아들인 박인철 대위의 순직일 것이다. 이는 한국 공군은 물론 세계 공군 역사에서 유례를 찾아보기 어려운 부자 전투조종사의 순직 사례로 기록된다.

고 박명렬 소령은 공군사관학교 26기로 1978년 공군 소위로 임관하여 제17전투비행단 153 전투비행대대 소속 F-4E 조종사로 복무했다. 1984년 3월 14일 한미연합군사훈련 팀스피리트 훈련에 참여, 충북 청원에서 저고도 사격훈련 도중 항공기 추락사고로 순직했다(F-4E, S/N 80-0741, 후방석 고 김윤태 대위). 향년 31세. 당시 주어진 임무는 가상 적 미사일을 회피하는 초저고도 훈련으로 산골짜기 회피기동 및 저고도 사격 훈련 후 기체의 고도 회복이 이루어지지 않아 산악에 추락했다. 유족으로는 부인과 5살 아들 박인철, 3살 딸이 있었다.

아들 박인철은 아버지의 뒤를 이어 공군사관학교(52기) 입교 및 2004년 공군 소위 임관을 거쳐 제20전투비행단 121 전투비행대대 소속 KF-16 조종사로 근무했다. 하지만 안타깝게도 2007년 7월 야간요격 임무를 수행하던 중 전투기가 태안반도 서북쪽 해상으로 추락해 순직하고 말았다.

공군사관학교 내에 있는 기인동체 부자 조종사 흉상

충북남부보훈지청

그리워라 내 아들아 보고싶은 내 아들아
자고나면 만나려나 꿈을꾸면 찾아올까
흘러간 강물처럼 어디로 가버렸나
애달퍼라 보고파라 그 모습이 그립구나
강남바람 불어오면 그 봉오리 다시필까
잊으려도 못잊겠네 상사에 내 자식아

사고 50여일 전인 현충일에 어머니와 함께 국립서울현충원의 아버지 묘소에 참배하고 대를 이은 조국 영공수호의 다짐을 했던 박인철 대위였다.

고 박명렬·박인철 부자는 현재 국립서울현충원에 나란히 안장되어 있다. 위는 고 박명렬 소령의 부모가 아들의 비석에 새겨둔 비문이다.

국립묘지 규정으로는 아버지 옆에 아들을 안장할 수 없다. 하지만 국가보훈처는 이 부자를 나란히 안장하고 '호국부자의 묘'라고 지정해 국가를 위해 목숨을 바친 부자의 희생정신을 기리고 국민들의 귀감이 되도록 했다. 묘비들이 한 치의 어긋남 없이 질서정연하게 서 있는 장병묘역에서 그 질서를 어기고 둘이 나란히 서 있는 묘비는 호국부자의 묘가 유일하다.

또한 동 사고를 안타깝게 여긴 유용원 전 조선일보 기자(현 국회의원)를 중심으로 '유용원의 군사세계'와 사단법인 '한국국방안보포럼'(KODEF)을 통한 모금 운동으로 공군사관학교에 고 박명렬, 박인철 부자가 전투기와 한 몸이 된 형상으로 표현한 기인동체(機人同體) 흉상이 세워졌다. 두 부자의 안타까운 이야기를 담은 서적으로는 차인숙 작가의 '리턴 투 베이스(화남 출판사)'가 있다.

고 박명렬 소령의 순직사고와 관련하여 고 박명렬 소령의 동기생이자 F-4 조종사로 복무했던 은진기 전 기장의 기고문을 소개한다.

오피니언

[기고] 전투조종사의 피는 푸를 것입니다

밴쿠버의 영웅들이 대한민국 국민들을 자랑스럽게 만들었던 그때에 우리는 비통한 소식을 들어야 했다. 비행 훈련 중 꽃다운 나이의 젊은 조종사와 베테랑 조종사 등 3명이 목숨을 잃은 것이다. 그들의 영결식이 있었던 지난 6일은 그 슬픔만큼이나 하늘도 찌푸렸다.

1980년대 초반 F-4 팬텀기 조종사 시절, 동기생이 비행 훈련 중 순직하는 사고가 발생했다. 내가 동기생의 부모님을 병원으로 모셔오는 임무를 맡았다. 당시는 군 관련 사고가 잘 보도되지 않아 일반 국민은 사고를 잘 알 수 없었다. 결국 아무것도 모르는 조종사의 부모님을 모셔 와야 하는데 정말 어려운 일이었다.

새벽에 군복 차림으로 아들의 동기생이 나타나자 부모님은 매우 놀라셨다. 그 부모님은 본능적으로 아들의 사고를 아셨을까. 나는 부모님과 함께 차를 타고 이동하면서 "지금 사고로 입원 중"이라고 거짓말을 해야 했다. 부모님의 충격을 덜어 드리려는 안간힘이었지만 나 역시 본능적으로 부모님이 느끼고 계실 불안감을 알 수 있었다. 서로 극도로 대화를 피해 숨도 제대로 쉬기 어려운 분위기였지만 모두가 가슴으로 슬픔을 품고 있었다. 그날 그 시간을 생각하면 지금도 가슴이 막혀 온다.

영결식이 끝난 다음 날 우리 전투조종사들은 전부 한곳에 모였다. 순직한 조종사들의 뜻을 받들기 위해서라도 우리가 다시 비행훈련에 몰입해야 한다는 결의를 하고 다시 전투기에 몸을 실었다. 그때 푸른 하늘은 너무나 원망스러웠다. 전투조종사가 된 이후 아마도 처음이었을 것이다.

영결식에서 우리를 더욱 가슴 아프게 했던 것이 순직 동기생의 어린 아들이었다. 까만 눈망울의 그 아이가 십수 년 뒤에 주위의 모든 만류를 뿌리치고 공군사관학교에 입교했다. 그리고 아버지의 대(代)를 이어 전투조종사가 되었다. 언론에 나온 그 청년을 보고 우리는 "전투조종사의 피는 푸를 것"이라고 했다. 피가 푸르지 않고서는 아버지를 앗아간 그 푸른 하늘로 다시 날아갈 수 없었을 것이란 뜻이었다.

그 동기생의 아들이 몇 년 전 야간 비행훈련 중 서해 하늘에 몸을 묻고 말았다. 그 어머니를 생각한다. 남편과 아들을 모두 조국의 하늘에 바쳤다. 아들은 시신(屍身)도 제대로 수습하지 못했다. 그대로 아버지가 묻힌 국립묘지에 합장되었다.

조종사들은 동료의 순직사고 후 다시 비행이 시작될 때가 가장 힘겹다. 영결식의 여운이 남아 있는데다 동료가 산화(散華)한 하늘이 갑자기 낯설게 느껴진다. 하지만 전쟁이 슬픔을 이해해 줄 리 없고, 날씨가 좋지 않은 날을 피해 줄 리도 없다. 오직 강하게 훈련된 전투조종사들만이 나라를 지킬 수 있다는 신념(信念)으로 다시 하늘로 향한다. "이제 눈물을 닦자. 그래도 비행 훈련은 계속 되어야 한다."며.

명절을 하루 앞둔 밤에 전투 초계 비행을 하면 전국의 모든 도로가 자동차의 불빛으로 환해진다. 까만 밤에 적막한 조종석에서도 그 불빛 속 자동차에 모여 있을 어느 가족과 그 가족이 만날 고향의 부모님을 생각하면 마음이 풍성해진다. 슬픔을 잊고 다시 비행을 할 수 있는 원동력도 우리가 그 행복들을 지킨다는 자부심 때문일 것이라고 생각한다.

고 오충현 대령, 어민혁 소령, 최보람 대위의 명복을 빈다. 비슷한 시기 헬기 사고로 순직한 고 박정찬 준위, 양성운 준위의 명복도 빈다. 그들 동료의 슬픔을 아는 사람으로서 순직 조종사의 동료들에게도 마음 깊숙한 곳에서 나오는 위로를 드린다. 하지만 아직도 우리는 행복하다. 지켜야 할 푸른 하늘이 여전히 저기에 있다.

은진기 예비역 공군 중령
(전 팬텀기 조종사)
2010. 03. 07

국방부 보도자료 인용

2010년 6월 16일 공군은 이계훈 공군총장 주관으로 제11전투비행단에서 F-4D 퇴역행사를 개최했다. 이 행사를 끝으로 F-4D 도입과 함께 창설됐던 제151전투비행대대(팬텀대대)도 해체됐다.

퇴역식은 F-4D의 고별비행에 이어 F-15K의 임무교대 비행으로 진행됐다. F-4D의 명예로운 퇴역을 축하하는 동시에 최신예 F-15K에게 영공방위 임무를 넘겨준다는 의미를 담았다.

행사장에는 41년간의 비행을 끝낸 F-4D 팬텀기들이 임무 종료를 나타내는 의미로 날개를 접은 채 전시됐다. 특히 F-4D 순직 조종사의 영령을 기리는 '명예의 단상' 의식이 엄숙하게 거행됐다. 조국을 위한 헌신과 희생을 나타내는 빛(양초)과 소금을 비롯한 조종사로서의 임무를 나타내는 헬멧, '빨간 마후라', 조종 장갑을 각각 헌정하는 순서로 진행됐다.

마틴 페너

임무 종료 후 날개를 쉰다는 상징으로 주익을 접은 F-4D. 함재형 팬텀과는 달리 공군형 팬텀이 날개를 접은 모습은 흔치 않다.

행사장에는 김인기 전 공군총장을 비롯한 최초 F-4D 조종사들이 참석했다. 이들은 1969년 미국으로 건너가 비행교육을 받고 1969년 8월29일 대구기지에 F-4D 팬텀기를 도입한 최초 요원들이다.

출처 : www.korea.kr/briefing/pressReleaseView.do?newsId=155549001

공군

2010년 6월 16일 F-4D 퇴역식에서 제151전투비행대대 소속 주성규 소령과 최호성 대위가 이계훈 공군참모총장에게 임무종료 보고를 하고 있다.

최초의 F-4 대대인 151 대대의 유구한 전통과 화려한 전적을 다양한 트로피들이 보여주고 있다.

마틴 페너

Pharewell Philm Phantoms!

RF-4C 또한 퇴역의 길에 들어섰다. 1964~1966년 생산분 F-4C를 개조한 만큼 기령은 도입 당시에도 25년에 가까웠고 베트남 참전 기체들도 포함되어 노후도가 높은 상황이었다. 그러나, 정찰기의 특성상 전투기와 같은 고난도 기동이 적어 기체 피로도가 상대적으로 적기 때문에 중고 기체라고 하더라도 운용하는데 큰 무리는 없었다.

기존 8,000시간의 기체 수명은 기골 보강 사업 등을 통해 12,000시간까지 연장 운용하다 2014년 2월 28일 마지막 비행을 거쳐 3월 3일 정식으로 퇴역식을 거행하고 대대는 동년 6월에 해체됐다.

출처 : 마틴 페너

공군

은퇴하는 RF-4C 정찰기에 화환을 걸어주는 제131전술정찰비행대대 장병들

공군

마지막 비행 후 착륙 중인 RF-4C 정찰기. 퇴역식을 위해 특별 디자인 된 일명 '정찰선비'(Spook 마스코트)가 그려져 있다.

공군

제131전술정찰비행대대 소속 RF-4C 정찰기들이 F-16 전투기와 우정비행을 하고 있다.

훈련 중 적외선 대공미사일을 피하기 위해 '플래어(Flare)'를 발사하고 회피기동을 하는 RF-4C

제131전술정찰비행대대는 미군의 RF-4C MIMEX 도입 당시인 1989년 11월 창설되었고18대의 RF-4C정찰기를 배치했다. 1990년 7월 미군으로부터 전술정찰임무를 이양받고, 1991년 1월부터 정식 정찰임무를 시작했다. 한국공군은 스페인 공군에 이어 전세계에서 최후의 RF-4C를 운용한 공군이 되었으며 25년여 간의 운용기간 동안 18년 무사고 안전 비행 기록을 달성했다.

제131전술정찰비행대대장 한병철 중령(공사 41기)은 "팬텀은 가장 완벽한 전투기" 였다며 "미공군과 한국공군에서 무려 50년 가까이 운용된 기종이지만, 131대대원들에게는 어떠한 항공기보다 안전하고 완벽하게 임무를 수행한다는 믿음을 줬다"며 RF-4C 퇴역식 소감을 밝혔다. RF-4C정찰기 은퇴식에 참석한 제131전술정찰비행대대 장병들은 '한라에서 백두까지' 라는 대대 구호를 외치며 RF-4C의 마지막 길을 함께 했다.

은퇴하는 RF-4C와 기념사진을 찍은 제131전술정찰비행대대 장병들

Pharewell Phinal Phantoms!

성능개량 사업이 좌초된 바 있는 F-4E 전력의 유지를 위해 한국 공군은 기골 보강 프로그램을 통한 수명연장을 통해 장기운용에 대비하였다. 하지만 문제는 갈수록 어려워지는 부품 확보였다. 성능개량 사업을 통해 대체되지 못한 구식 APQ-120 레이다의 노후화와 부품 부족은 특히나 항공기 운용에 심각한 문제를 야기했으나 이제 와서 레이다를 교체하거나 개량하기에는 너무 늦은 상황이었다.

월간항공

공군 군수사령부는 F-4 운용국을 대상으로 부품 재고 확보를 타진, 독일 공군 F-4F ICE 잉여 부품 110종과 스페인 공군 RF-4C의 호환 부품을 도입하는 등 팬텀 운영국들과 공조를 강화했다. 또한 국내 민간 업체를 통한 부품 생산을 진행해 부품 60여 종을 국산화했다.

2014년부터는 '장기운용 항공기 관리 대책' 하에 종전보다 짧은 정비주기로 항공기를 세밀하게 정비하고 임무 소요를 줄이는 방향으로 운용하면서 팝아이를 운용하는 타격 임무 위주로 운용범위를 축소하고, 기체에 무리를 주는 급격한 기동이 필요한 공대공 임무 등에 투입하지 않음으로써 F-4E의 전체적인 연간 비행시간을 줄여 나갔다.

F-4E 정비의 가장 중요한 창정비는 1988년부터 대한항공 테크센터에 외주정비를 시행하였으며, 총 437대분의 창정비를 실시하였고 퇴역을 앞두고 2022년 5월 25일 창정비 최종호기 출고 기념식을 개최하고 창정비를 종료했다.

대한항공 뉴스룸

2022년 5월 25일 공군 F-4E 창정비 최종호기 출고

F-4E 전력들도 노후화에 따른 도태가 현실화됐다. 1998년에는 157 대대가 해편된 후 1999년 KF-16으로 기종전환해 제20전투비행단에 재창설됐고, 2012년에는 F-4E 작전가능과정(CRT) 전담대대였던 156 대대가 해편됐다.

이들 MIMEX 운용대대가 해편되면서 신조 직도입기 운용대대인 152, 153 대대가 투톱 체제로 운용되다가 2017년 152 대대가 해편되면서 F-35A로 기종 전환 및 재창설에 들어감에 따라 153 대대는 한국 공군 최후의 F-4 운용대대로 남게 됐다.

동년 152 대대 기체 중 일부를 흡수한 153 대대는 수원기지 제10전투비행단으로 편입됐다. 153 대대는 26대 정도를 보유하고 있었으나, 2022년 추락사고 여파로 2023년부터는 1978년 도입된 PP2 도입된 기체들 중심으로 운용기체 수를 감축해 기존 계획보다 1년 앞서 2024년 6월 전 기체가 퇴역하게 됐다.

"Break Now!" 153 대대 소속 최후의 F-4E가 Flare 투발과 함께 기동하고 있다. 적색 AIM-9P4 훈련탄에 주목. 공군

역사의 아이러니
- 박정희 대통령과 최후의 팬텀, 그리고 그 후예 F-35의 도입

- *박정희 대통령, F-4 도입에 산파 역할하고 최초의 F-4 비행대대(151대대) 창설에 참석*
- *최후 직도입분 F-4E는 미 본토 최후 생산기로 박정희 대통령 서거 하루 전에 한국 공군 인도*
- *F-4 대체기인 F-35는 박근혜 대통령이 도입 결정, 151대대에 최초 배치*

대한민국 근현대사에서 잘 알려져 있듯 1960년대 당시 당대 최강의 전투기였던 F-4 전투기를 한국이 도입하게 된 것은 박정희 대통령의 강력한 의지와 외교력이 가장 큰 역할을 했던 것이 사실이다. 당시 소위 '게임 체인저' 무기체계로서 한국 공군은 물론 대한민국 국방력의 위상을 획기적으로 바꾼 항공기가 바로 팬텀이었다. 1969년 당시 박정희 대통령은 한국 공군 최초의 F-4 비행대대인 151대대 창설식에도 직접 참석 및 치하하는 등 깊은 관심을 보였다.

이후 박정희 대통령의 꾸준한 관심과 지원으로 한국 공군의 F-4 전력은 지속적으로 확장되었으며, 서방 제트 전투기로서는 최대 생산량을 자랑하는 F-4의 역사적인 미국 본토(세인트루이스 소재 맥도널 더글라스 공장) 최종 생산기체(제5,057번째 생산분)가 한국 공군에 도입되었다(시리얼 넘버 80-0744, 제153 전투비행대대 배치). 역사의 아이러니일까. 이 '최후의 팬텀'이 한국 공군에 인도된 날은 1979년 10월 25일, 박정희 대통령 서거 바로 전날이었다.

이 최후의 팬텀은 공교롭게도 1985년 10월 15일 비행사고로 소실되었다. 이로서 '최후의 팬텀' 타이틀은 80-0743기가 물려받아 한국 공군 팬텀 역사의 마지막까지 함께 하게 된다.

세월이 지나 2014년 박근혜 정부에서 제3차 FX 사업의 결과로서 F-35 도입을 결정했다. F-35는 한국 공군 역사에서 F-4에 이은 진정한 게임 체인저 무기체계라고 할 수 있다. 한국 공군의 진정한 양대 게임 체인저 전투기들을 박정희-박근혜 대통령 정부에서 각각 도입을 결정했던 것이다. 한국 공군 최초 도입분은 최초의 F-4 대대인 151대대에 배치되었다. F-4의 F-35 대체는 세계적으로도 초유의 사례로 기록되었다(2019년 비슷한 시기에 일본 항공자위대 또한 F-4EJ를 F-35A로 대체). 이후 한국 공군 최후의 F-4 대대인 153대대는 20대 추가 도입되는 F-35A Block 4 기체로 재창설될 것으로 예상된다. 이로서 한국 공군 F-4 최초이자 최후의 비행대대들은 F-35로 그 전통을 이어가게 된다.

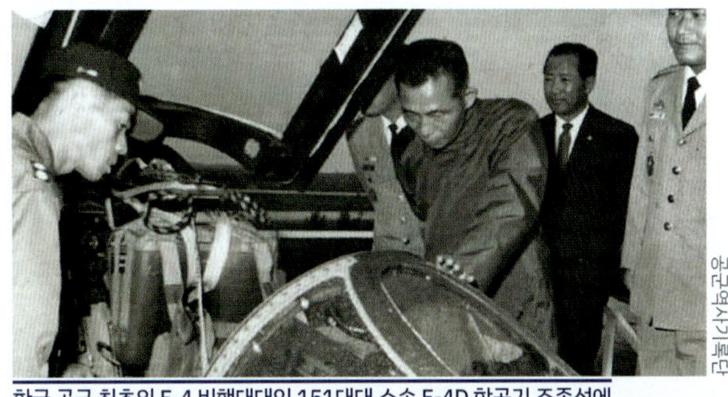
공군역사기록단

한국 공군 최초의 F-4 비행대대인 151대대 소속 F-4D 항공기 조종석에 대한 설명을 듣고 있는 박정희 대통령

공군

미공군 마킹을 하고 F-15C와 시험비행 중인 F-4E(80-0744). 후에 한국 공군 최후의 직도입 F-4로서 제153전투비행대대에 배치된다.

공군

한국 공군 최후의 F-4 비행대대인 153대대 소속 최후의 팬텀들 위로 그 후예 F-35가 날고 있다. 항공 역사상 유일한 합동타격전투기 격인 이 두 기종은 한국 공군 역사상 진정한 게임 체인저이기도 하다.

안녕, 팬텀! Phabulous Phantom Phorever!

한국 공군은 무려 55년간(1969~2024)의 복무를 마치고 퇴역하는 최후의 F-4를 위해 전례 없는 고별 행사를 준비했다. 2024년 3월부터 6월까지 'F-4 고별 엘리펀트 워크(Elephant Walk)' - 'F-4 마지막 실사격 "굿바이 팝아이(Good-bye, Pop-eye)' - '팬텀 필승편대, 49년 만의 국토순례 비행' - '공군참모총장 팬텀 지휘비행' - 'F-4 팬텀 퇴역! 불멸의 도깨비, 역사 속으로' 라는 각각의 테마로 사상 초유의 행사들이 기획되어 국민들의 성원과 공감 속에서 성공적으로 진행되었다. 이는 F-4 팬텀의 역사와 공헌을 기억하고 감사의 마음을 나누는 귀감으로 평가받았던 특별 고별 행사들이었다.

F-4 고별 엘리펀트 워크 - 전 기종 전투기 참가한 첫 엘리펀트 워크 공군 프레스킷 인용

대한민국 공군은 2024년 3월 8일 수원기지에서 '24 자유의 방패(Freedom Shield) 연습과 연계하여 압도적 공군력을 과시하는 '엘리펀트 워크(Elephant Walk)' 훈련을 실시했다.

엘리펀트 워크는 공군력의 위용과 압도적인 응징 능력을 과시하기 위해 수십 대의 전투기가 최대 무장을 장착하고 활주로에서 밀집 대형으로 이륙 직전 단계까지 지상 활주하는 훈련이다. 수십 대의 전투기가 대형을 갖추어 이동하는 모습이 마치 코끼리 무리의 걸음처럼 보인다 하여 엘리펀트 워크란 이름이 붙여졌다.

특별히 이번 엘리펀트 워크는 6월 F-4E 팬텀의 퇴역을 앞두고 공군의 모든 전투기들이 '큰형님' 격인 팬텀의 명예로운 은퇴를 축하하고 기리는 의미를 더해 시행됐다. 이날 훈련에서 F-4E 8대가 선두에 나서고, F-15K, KF-16, F-16, FA-50, F-5, F-35A 전투기들이 뒤를 이었다. 총 33대의 전투기가 엘리펀트 워크 대형을 구성했다. 그동안 엘리펀트 워크 훈련은 단일 비행단의 전력으로 실시해왔다. 우리 공군이 보유한 전 기종의 전투기가 참가한 것은 이번이 처음이다.

선두에서 엘리펀트 워크를 이끈 F-4E는 공대지 미사일인 AGM-142H(Pop-eye, 팝아이), AGM-65D(Maverick, 매버릭)와 MK-82 500파운드 폭탄 등을 장착하고 그 위용을 선보였다.

F-4E 뒤로 10.5톤에 달하는 무장량과 3,800여 km의 항속거리를 자랑하는 F-15K 5대, 전천후 다목적 전투기로 공군의 주력을 이루는 KF-16·F-16 5대, K-방산의 대표주자로 폴란드, 필리핀 등 4개국에 수출된 국산 전투기 FA-50 5대, 전방 및 수도권 지역의 즉각 대응전력인 F-5 5대가 차례로 위용을 드러냈다. 여기에 F-35A 스텔스 전투기 2대가 엘리펀트 워크 대형 상공을 저공비행(Low Pass)으로 통과하며 이날 훈련의 정점을 찍었다. 저공비행을 마친 F-35A는 착륙 후 대형에 합류했다.

공군

'큰 형님'을 앞세우고 사상 최초로 공군의 모든 전투기 기종이 엘리펀트 워크에 참여하고 있다. 공군의 대표적인 '게임 체인저' F-4와 F-35가 지상과 공중에서 세대 교체를 상징하고 있다.

훈련 참가 조종사인 제10전투비행단 153 대대 김도형 소령은 "길이 기억될 팬텀 전투기의 마지막 현역 시절을 함께 하게 되어 너무 뜻깊게 생각합니다. 한 소티, 한 소티에 역사적인 의미를 담아 최선을 다하고 있습니다. 곧 다른 기종으로 전환하겠지만 팬텀 조종사였다는 자부심으로 대한민국을 굳게 수호하겠습니다."라며 소회를 밝혔다.

한편, 이날 이영수 공군참모총장은 엘리펀트 워크 현장을 방문해 훈련에 참가한 요원들을 격려했다. 이 총장은 '55년간 대한민국을 수호해 온 팬텀, 그리고 팬텀과 고락을 같이해 온 팬텀맨들에게 뜨거운 박수를 보낸다'며, '유종의 미를 거둘 수 있도록 퇴역하는 그때까지 최선을 다해달라'고 당부했다. 또 '오늘 엘리펀트 워크 훈련이 보여준 것처럼, 적의 어떠한 도발도 압도적으로 대응할 수 있는 능력과 태세로, 국민들에게 믿음을 주고 적에게 두려움을 주는 공군이 되어야 한다'고 강조했다.

F-4 팬텀 마지막 실사격 "굿바이 팝아이 (Good-bye, Pop-eye)"

F-4E 팬텀이 2024년 4월 18일(목) AGM-142 팝아이(Pop-eye) 공대지 미사일을 실사격했다. 이번 AGM-142 실사격을 끝으로 F-4E는 마지막 실사격 훈련을 성공적으로 마쳤다.

AGM-142는 F-4E의 상징과도 같은 대표적 무장으로, 약 100km 떨어진 표적을 1m 이내의 오차범위로 정밀타격할 수 있는 공대지 미사일이다. 특히, 표적으로부터 5km 지점부터는 조종사가 직접 미사일의 방향을 조절하여 명중률을 향상할 수 있다. 유명 만화 캐릭터 때문에 우리나라에서는 '뽀빠이

최후의 AGM-142 발사. "Good-bye, Pop-eye!"

미사일'로 불리기도 한다.

AGM-142는 2002년 한국 공군에 처음 도입됐다. AGM-84H 슬램이알(SLAM-ER) 공대지미사일이 2007년 실전 배치되기 전까지는 원거리에서 평양의 목표물을 정밀타격할 수 있는 유일한 전략무기였다.

한국 공군에서 AGM-142를 발사할 수 있는 전투기는 F-4E가 유일하다. 앞서 F-4E는 4월 5일 MK-82 공대지폭탄 실사격 훈련도 성공적으로 실시했다. 3대의 F-4E가 각각 10발의 MK-82 폭탄을 투하하며, 압도적인 폭격 능력을 선보였다. F-4E는 MK-82 폭탄을 최대 24발 장착할 수 있다.

훈련에 참가한 조종사 제153전투비행대대 김도형 소령은 "실사격 훈련을 통해 어떤 표적이라도 즉각 강력하게 타격할 수 있는 자신감을 얻었습니다. 한때 최강의 전략무기였던 팝아이의 마지막 실사격을 맡게 되어 남다른 감회를 느낍니다. 적들을 떨게 했던 '팝아이 미사일'은 역사 속으로 사라지지만, 이 미사일의 강력한 위용과 이 미사일을 운용하며 가졌던 자신감은 팬텀맨들의 가슴 속에 계속 남아있을 것입니다."라고 소감을 밝혔다.

주익 하면 2, 8번 스테이션의 TER (Triple Ejector Rack)에 12발, 동체 중앙 5번 스테이션의 MER (Multiple Ejector Rack)에 6발 등 총 18발의 MK-82 폭탄을 장착한 채 택싱 중인 F-4E. 스테이션 1, 9 번에 연료탱크 대신 MER을 추가하면 최대 24발의 MK-82를 장착할 수 있다.

공군

'팬텀 필승편대', 49년 만의 국토순례 비행

한국 공군 F-4E 팬텀 4대가 49년 만의 국토순례 비행을 성공적으로 실시했다. 이영수 공군참모총장이 '필승편대'로 명명한 F-4E 팬텀 4대는 5월 9일 대한민국의 영공 곳곳을 순회하며 국민의 사랑과 성원에 대한 감사의 메시지를 전했다. 1969년 팬텀이 도입된 후 55년을 한결같이 수호해 온 곳들이다.

'필승편대'라는 명칭은 1975년 방위성금으로 구매한 F-4D 5대에 박정희 대통령이 직접 부여한 바 있다. F-4 퇴역을 한 달 가량 앞둔 이 날, 필승편대는 경기도(수원, 평택), 충청도(성환, 천안, 청주, 충주), 경상도(울진, 포항, 울산, 부산, 거제, 대구, 사천), 전라도(여수, 고흥, 가거도, 군산) 등 전국을 누비며 팬텀의 역사와 대한민국 근현대사의 주요 거점 상공을 고별 비행했다.

'필승편대' 전투기들은 팬텀의 과거 도색을 복원해 그 의미를 더했다. 동체측면의 스페셜 마킹도 눈길을 끌었다. 편대 전투기 4대 중 2대는 한국 공군 팬텀의 과거 도색이었던 정글무늬(Jungle Camouflage Pattern)와 연회색(Light Gray) 도색으로, 2대는 현재의 진회색(Dark Gray) 도색으로 비행했다. 또한, 동체 측면에는 '국민의 손길에서, 국민의 마음으로'라는 기념 문구와 함께 팬텀의 아이콘인 '스푸크(Spook)'가 그려졌다. 문구 왼쪽에는 빨간마후라와 태극무늬를 더한 스푸크가, 오른쪽에는 조선시대 무관의 두정갑(頭釘鉀)을 입은 스푸크가 F-4E의 상징적 무장인 AGM-142 공대지미사일을 들고 있는 모습이 눈길을 끌었다.

공군

'스푸크'는 팬텀 최초 개발 당시, 기술도면 제작자가 항공기의 후방 모습을 보고 착안해 그린 캐릭터로, 팬텀을 운용한 여러 나라에서 사랑받았다. 팬텀을 후방에서 바라봤을 때 마치 서양의 전통적인 유령(Phantom)과 흡사해 보여 생겨난 캐릭터다. 밑으로 처진 수평 꼬리날개는 유령이 눌러쓴 모자로, 두 개의 엔진 배기구는 유령의 두 눈처럼 보인다 (위의 그림 왼쪽부터 오리지널, 빨간마후라, 조선 무관 두정갑 스푸크).

공군

포항제철 상공을 비행 중인 필승편대. 153대대 최후의 기체들로 한국공군 팬텀 역대 도장을 특별히 선보이고 있다. 선두기는 제공미채, 중앙의 두 기는 현용 Egypt One 위장도장에 퇴역식 특별문구, 후미 기체는 SEA (South East Asia, 일명 베트남 위장)도색을 하고 있다.

먼저, 필승편대는 모(母)기지인 수원기지 활주로를 박차고 힘차게 이륙했다. 1975년 대한민국 정부는 온 국민이 한반도 내 안보위기를 극복하기 위해 자발적으로 모은 방위성금 중 70여 억 원을 들여 F-4D 구매에 활용했다. 당시 박정희 대통령은 기념비행을 실시한 5대의 팬텀 전투기를 '필승편대'라고 명명했다.

같은 해 12월 12일, 수원기지에서 '방위성금 항공기 헌납식'이 거행됐다. 그리고 필승편대는 국민들의 성원에 감사를 표하기 위해 전국 12개 주요 도시 상공을 비행하는 순회비행을 실시했다.

필승편대는 평택 상공을 지나 천안으로 향했다. 평택에는 굳건한 한미동맹을 상징하는 '캠프 험프리즈(Camp Humphreys)'와 대한민국 서해안 무역의 중심부인 '평택·당진항'이 있다. 충청도에 진입한 필승편대는 옛 성환 비상활주로가 있었던 경부고속도로 북천안 IC쪽을 향해 비행했다.

F-4E 필승편대 주요도시 상공 순회비행

대한민국 경제발전의 대동맥인 경부 고속도로는 1970년 완공됐고, 2년 뒤인 1972년 5월 26일 박정희 대통령 주관으로 'F-4D 성환 비상활주로 이착륙 시범행사'가 개최되었다. F-4D는 이때 고난이도의 비상활주로 이착륙을 성공하며, 최신예 전투기 성능의 우수성을 과시했다. 아울러 국내 기술로 완공한 경부고속도로의 완성도를 증명하기도 했다.

이어 필승편대는 천안 독립기념관 상공을 지나 충주로 향했다. 독립 기념관은 우리나라 자주독립을 위한 투쟁의 역사를 기린 곳이다. 필승편대는 대한민국 공군의 핵심기지로 손꼽히는 충주기지와 청주기지 상공을 차례로 통과했다. 충주기지는 (K)F-16을, 청주기지는 F-35A를 운용하고 있다. 한때 최강의 전투기였던 팬텀은 '공군 주력 전투기' 자리를 (K)F-16에게, '대북 게임 체인저'라는 칭호를 F-35A에게 각각 내주게 된다. 특히, 1979년부터 2018년까지 팬텀이 배치돼 있던 청주기지는 국내에서 가장 많은 팬텀을 운용했던 기지이기도 하다.

충청도와 강원도의 경계를 넘은 필승편대는 팬텀이 주요작전을 펼쳤던 동해안을 따라 포항으로 향했다. 냉전시대 팬텀은 TU-16(1983년), TU-95와 핵잠수함(1984년) 등 우리 영공과 영해를 침범한 구(舊)소련 전력을 식별·차단하며 맹활약을 펼쳤다. 냉전시대 이후인 1998년에도 우리 영공을 침범한 러시아 IL-20 정찰기에 대한 전술조치를 했다.

이어 포항과 울산 그리고 부산, 거제 등 대한민국 중공업과 무역업의 부흥을 이끈 주요 도시들을 지났다. 포항에는 1983년 완공된 포항제철소가 있다. 울산에는 1962년부터 조성되어 우리나라의 석유화학업, 자동차 제조업, 조선업 등을 주도한 울산미포 국가산업단지가 있다.

공군

부산에는 대한민국을 무역대국으로 이끈 세계에서 6번째로 큰 항만 '부산항'이 있다. 조선업 관련 업체 400여 개가 밀집해 있는 거제도는 그 자체가 하나의 거대한 조선소라 불릴 만하다.

경기, 충청, 강원, 경상도를 숨가쁘게 비행한 필승편대는 재급유를 위해 '팬텀의 고향' 대구기지에 착륙했다. 대구기지는 1969년 8월 29일, 미국으로부터 공여받은 최초의 F-4D 인수식이 개최되었던 장소이다. 같은 해 9월 23일에는 최초의 F-4D 비행대대인 제151전투비행대대가 대구기지에서 창설되었다. 1개 대대의 창설식에 대통령이 참석해 축하할 만큼 그 의미와 상징성이 컸다. 이어 제152·153·159전투비행대대가 잇따라 창설되며, 대구기지는 팬텀의 주 기지로 거듭났다. 2005부터 도입된 F-15K는 팬텀의 바톤을 이어받아 대구기지에서 임무를 수행하고 있다.

대구 상공의 필승편대

공군

재급유를 마친 필승편대는 사천 상공으로 향했다. 사천은 KF-21을 개발하고 있는 ㈜한국항공우주산업(KAI)이 위치해 있는 곳이자, 우주항공청이 자리한 도시이기도 하다. 필승편대가 사천 상공에 이르자 시험비행이 한창인 KF-21 2대가 합류해 미래 공군전력으로의 성공적인 전환을 기원하며 함께 비행했다. 이어 F-4E와 KF-21 편대는 충무공 이순신 장군의 구국정신이 어린 여수 등 남해안을 지나 나로우주센터가 위치한 고흥으로 향했다. 외나로도 상공까지 함께 비행한 KF-21 2대는 '대선배' 팬텀의 노고와 활약에 경의를 표하고 사천으로 복귀했다.

공군

남해 바다 상공에서 필승편대와 Flare 를 투발하며 기동하는 KF-21. 우여곡절 끝에 군사원조로 F-4를 도입했던 대한민국은 이제 정상급 전투기 생산국으로 발돋움했다.

남해안을 따라 서쪽으로 비행하던 필승편대는 이윽고 소흑산도로 불렸던 가거도에 이르렀다. 팬텀은 동해뿐만 아니라 서해에서도 뛰어난 작전 수행 능력을 보여줬다. 1971년 소흑산도에 출현한 간첩선을 격침했고, 1983년에는 북한 이웅평 대위가 MiG-19를 몰고 연평도 상공으로 귀순했을 때 퇴로차단과 초계비행 임무를 성공적으로 수행한 바 있다.

이어 필승편대는 서해안을 따라 미 제8전투비행단(이하 미 8비)이 주둔하고 있는 군산기지 쪽으로 기수를 돌렸다. 현재 F-16을 운용하며 한국 공군과 함께 임무를 수행하고 있는 미 8비는 1960년대에 태국에 주둔하며 베트남전에서 맹활약했다. 당시 로빈 올즈(Robin Olds) 대령이 이끄는 미 8비의 팬텀 전투기들은 MiG-21을 수없이 격추하며, 'MiG 킬러'로 불리기도 했다. 이때 이들을 부르던 '늑대무리(Wolf Pack)'라는 별칭은 지금도 미 8비의 닉네임으로 활용되고 있다. 미 8비 전투기들의 수직꼬리날개에 'WP'라고 표기돼있는 건 바로 이 때문이다.

공군

서해안 상공의 필승편대

장장 3시간여에 걸친 국토순례 비행을 마친 필승편대는 수원기지로 복귀했다. 필승편대 제10전투비행단 제153전투비행대대 박종헌 소령은 말한다. “49년 전 국민들의 성금으로 날아오른 ‘필승편대’의 조국수호 의지는 불멸의 도깨비 팬텀이 퇴역한 후에도 대한민국 공군 조종사들의 가슴 속에 영원히 살아 숨쉴 것입니다.”

공군참모총장 F-4E 지휘비행

이영수 공군참모총장은 2024년 6월 5일 수원기지를 찾아 비행단 대비태세를 점검하고, F-4E를 탑승해 지휘비행을 했다. F-4E 팬텀의 퇴역식(6월 7일)을 이틀 앞두고 실시한 지휘비행이었다.

이 총장이 탑승한 F-4E는 가상적기(Red Air) 역할을 하며 공군 주요 전투비행부대의 즉응태세를 점검했다. 이 총장은 일종의 ‘스페셜 에디션(Special Edition)’인 정글무늬(Jungle Camouflage Pattern) 도색이 적용된 F-4E에 탑승했다.

이 총장이 탑승한 F-4E는 수원기지를 이륙해 동·서해와 내륙 지역을 차례로 비행하며 인근 전투비행단 전투기들의 전술조치 능력을 점검했다. 가상적기인 F-4E에 대응해 공군 주요 비행단의 전투기들이 비상출격 하거나 임무전환해 적기를 식별하고 요격하는 훈련을 했다.

공군이 운용하는 F-35A, F-15K, KF-16, FA-50, F-5 등의 전투기들이 이 훈련에 참가했다. 지휘비행을 마친 이 총장은 ‘최근 탄도미사일 발사, GPS 교란, 오물풍선 등 적 도발의 수위와 빈도가 점점 더 심해지고 있다’며, ‘적의 어떠한 도발에도 즉각·강력히·끝까지 대응할 수 있는 태세와 능력을 갖추고 있어야 한다’고 강조했다. 이어 ‘오늘 가상적기 역할을 맡아준 F-4E 팬텀은 이틀 후면 모두 퇴역하겠지만, 우리 공군인들은 팬텀에 깃들어 있던 국민들의 안보 의지와 염원을 영원히 간직해야 할 것’이라고 말했다.

한국공군 역사상 대표적인 게임 체인저 기종인 F-4와 F-35. 이영수 공군참모총장 탑승기 (베트남 위장도색)가 기동하고 있다. 이영수 총장은 F-4의 후계기 F-15K 도입 요원 출신의 정예 전투조종사이다.

F-4 팬텀 퇴역! '불멸의 도깨비', 역사 속으로

공군은 2024년 6월 7일 공군 수원기지에서 신원식 국방부장관 주관으로 F-4 팬텀 퇴역식을 거행했다. 행사에는 이영수 공군참모총장과 역대 공군참모총장이 참석했으며, 강신철 한미연합군사령부 부사령관, 강호필 합동참모차장, 석종건 방위사업청장 등이 참석했다. 유용원, 부승찬, 강선영 의원 등 7명의 국회의원들 및 팬텀과 함께했던 역대 조종사·정비사들과 방산업체 주요 관계자들도 함께 했다.

행사는 개회사, 국기에 대한 경례 및 순국선열과 호국영령에 대한 묵념, 팬텀 출격명령 하달, 전·현직 팬텀 임무요원에 대한 감사장 및 표창장 수여, 공군참모총장 기념사, 국방부장관 축사, 블랙이글스 축하비행, 팬텀 임무종료 보고, 명예전역장 및 화환 수여, 임무 이양 기념 축하비행 순으로 진행됐다.

Dino Van Doorn

이영수 공군참모총장과 신원식 국방부장관

Dino Van Doorn

F-4 순직조종사 명패

순국선열과 호국영령에 대한 묵념 시에는 '호국영웅석'에 조종 헬멧과 태극기를 헌정했다. '호국영웅석'은 F-4 팬텀과 함께 임무를 수행하다가 불의의 사고로 순직한 조종사들을 기리는 자리다. 조종 헬멧은 순직조종사를, 태극기는 그들의 숭고한 희생을 영원히 기억하겠다는 의미를 담았다.

이어 신 장관이 출격명령을 하달, F-4E 2대가 마지막 비행에 나섰다. 이날 비행한 F-4E 2대 중 1대는 한국 공군 팬텀의 과거 모습이었던 정글무늬(Jungle Camouflage Pattern)로 복원한 항공기이다. 공군은 지난 5월 '필승편대'의 국토순례비행을 앞두고, 팬텀 퇴역의 역사적 의미를 더하기 위해 한국 공군 팬텀의 과거 모습인 정글 무늬와 연회색(Light Gray) 도색을 복원했다.

F-4 퇴역식에서 지상전시 중인 (오른쪽부터) F-4D 방위성금헌납기 재현기, RF-4C, F-4E. 방위성금헌납기 재현 항공기로는 110 대대 소속이었던 F-4D (S/N 65-0732) 항공기가 선정되었는데 방위성금이 당시 110 대대 F-4D 도입에 활용되었기 때문이라고 한다.

Tsungfang Tsai

Dino Van Doorn

최후의 팬텀 (80-0743)으로 최후의 임무를 마친 최후의 팬텀 비행대대장 김도형 소령 (공사 56기). 김도형 소령은 최후의 AGM-142를 발사하기도 했으며 이 기체에도 AGM-142를 들고있는 '두정갑 스푸크'가 그려져 있다.

Dino Van Doorn

박세균

쌍발-복좌-대형' 의 '유사 혈통'인 F-15K 옆으로 착륙하고 있는 F-4E

팬텀 전투기들이 웅장한 엔진음과 함께 활주로를 박차고 이륙한 후 팬텀의 역사와 함께한 전·현직 임무요원들에 대한 감사장과 표창장 수여가 진행됐다.

F-4D 팬텀 첫 도입 당시 조종사와 정비사로 활약했던 이재우 동국대 석좌교수(예비역 소장, 89세)와 이종옥 예비역 준위(85세)가 팬텀 전력화에 기여한 초창기 임무요원들을 대표해 감사장을 받았다. 공사 5기인 이 교수는 F-4D 도입요원으로 선발돼 1968년 미 데이비스 몬탄(Davis-Monthan) 공군기지에서 F-4D 비행훈련을 받았고 이듬해인 1969년 F-4D 6대를 처음 인수할 때 전투기를 타고 공중급유를 받으며 태평양을 비행해 대구기지에 내린 조종사들 중 한 명이다. 이 준위도 당시 도미 정비교육 요원으로 선발되어 데이비스 몬탄 공군기지에서 F-4D 정비 교육을 받고 한국에 돌아와 F-4D 전력화 과정에 크게 기여했다.

F-4D 방위성금헌납기 재현기 위로 기념비행 중인 블랙이글스

박승현

힘차게 손을 잡은 조종간에 목숨을 걸고 사랑을 걸고, 영웅 팬텀은 마지막 하늘을 난다. 안녕 팬텀

류지창

공군 제10전투비행단 F-4 조종사 김도형 소령과 정비사 강태호 준위는 팬텀이 퇴역하는 순간까지 유종의 미를 거둘 수 있도록 조종과 정비 분야에서 최선을 다해 준 공로로 국방부장관 표창을 받았다.

감사장과 표창 수여 후에는 이영수 공군참모총장의 기념사와 신원식 국방부장관의 축사가 이어졌다. 이 총장은 '국가안보를 바라는 국민들의 뜨거운 열망과 적극적인 지원으로 도입된 팬텀은 50년 넘게 대한민국의 하늘을 굳건히 지키며 국민 성원에 보답했다'며, '올해 팬텀의 마지막 여정은 공군 역사상 가장 멋진 전투기 퇴역으로 기록될 것'이라고 말했다. 신 장관은 '팬텀과 함께한 지난 55년은 대한민국 승리의 역사였다'며, '자유세계의 수호자인 팬텀이 도입되자 대한민국은 단숨에 북한의 공군력을 압도했으며, 이때부터 북한의 공군은 더 이상 우리의 상대가 되지 않았다'고 강조했다. 또 '팬텀은 죽지 않고 잠시 사라질 뿐'이라며, '대한민국 영공수호에 평생을 바친 팬텀의 고귀한 정신은 세계 최고 수준의 6세대 전투기와 함께 우리 곁으로 다시 돌아올 것'이라고 힘주어 말했다.

마지막 비행을 마친 2대의 F-4E가 활주로에 무사히 착륙한 후 임무 종료 신고를 위해 행사장으로 진입했다. F-4E 전투기가 행사장으로 들어오는 동안 공군 특수비행팀 '블랙이글스'가 행사장 상공에서 화려한 기동을 선보이며 '큰 형님' 전투기의 퇴역을 축하했다.

팬텀의 마지막 임무를 수행한 조종사들은 국방부장관에게 임무종료를 보고한 후 팬텀의 조종간을 장관에게 증정했다. 조종간은 전투기에게 조종사의 의지를 반영하는 중요한 매개체로, 이를 장관에게 전달하는 것은 55년간 이어온 팬텀의 모든 임무가 종료되었음을 상징했다.

행사의 하이라이트는 마지막 임무를 마치고 퇴역하는 팬텀에 대한 명예전역장 수여식으로 신 장관은 팬텀의 그간 공로에 감사를 표하며 명예전역장을 수여하고, 전투기 기수(Nose)에 축하 화환을 걸어주었다.

서준원

신 장관과 공사 29기 예비역 조종사들이 함께 행사장 내 팬텀 전투기 앞으로 이동해 명예전역장을 수여했다. 신 장관과 공사 29기들은 모두 1958년생 동기들이다. 팬텀 역시 1958년 미국에서 출고돼 첫 비행을 했다. 그리고, 신 장관은 최후

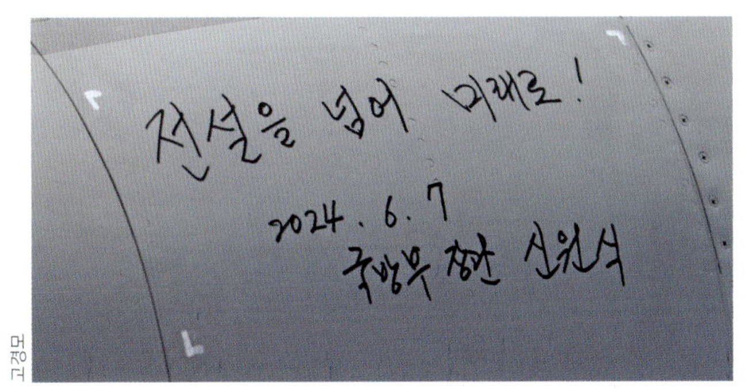

고경모

의 팬텀 기체에 "전설을 넘어, 미래로!"라는 기념 문구를 직접 썼다. 이어 팬텀과 동고동락했던 예비역 장병들, 마지막까지 팬텀과 함께 했던 제153전투비행대대원들을 포함한 수원기지 장병들도 차례로 팬텀과 작별하는 시간을 가졌다.

행사의 마지막 순서로, 팬텀의 임무를 이어받은 '후배 전투기' F-16, KF-16, FA-50, RF-16, F-15K, F-35A가 순서대로 행사장 상공에 진입해 축하비행을 펼쳤다. 먼저 F-16 5대가 총 55발의 플레어(Flare, 적외선 섬광탄)를 발사했다. 팬텀은 1969년 처음 도입돼 55년간 대한민국을 지켰다. 다음으로 KF-16 6대, FA-50 5대가 차례로 진입했다. 이 전투기들의 대수는 1969년 최초도입한 F-4D 6대와 방위성금 헌납기 5대를 각각 상징했다. 이어 1989년부터 2014년까지 운용했던 RF-4C의 임무를 이어받은 RF-16 2대가 진입했다. 그리고 나서 팬텀의 모기지들이었던 대구·청주·중원기지를 각각 대표하는 F-15K, F-35A, KF-16이 편대를 이뤄 비행했다. 마지막으로 팬텀과의 성공적인 세대교체를 상징하는 F-35A 스텔스 전투기 3대가 축하비행의 대미를 장식했다.

팬텀 도입 조종사 이재우 동국대 석좌교수는 "당시 최신예 팬텀을 타고 공중급유를 받으며 대구기지 활주로에 안착시킨 순간을 생각하면 지금도 심장이 요동칩니다. 벌써 55년이 지나 팬텀의 마지막 비행을 눈으로 보니 콧날이 시큰해집니다. 팬텀이 있었기에 KF-16, F-15K, F-35A를 운용할 수 있었고, 한국형 전투기 KF-21도 탄생할 수 있었습니다."라고 소감을 밝혔다. 팬텀 조종사 153전투비행대대장 김태형 중령은 "대한민국 팬텀 대대의 마지막 대대장으로 팬텀의 마지막 순간들을 함께할 수 있어서 영광이었습니다. 팬텀의 임무는 종료되었지만, 적을 압도했던 팬텀의 위용과 지축을 울린 엔진음은 '팬텀맨'들의 마음 속에 영원히 남아있을 것입니다. 팬텀 조종사였다는 자부심으로 앞으로도 대한민국을 굳게 수호하겠습니다."라며 유종의 미를 장식했다.

Dino Van Doorn

sungfang Tsai

팬텀맨들의 마지막 포효

F-4 퇴역은 한 시대가 끝나는 역사적 순간

마이클 롬바르디

Michael Lombardi

보잉 시니어 히스토리언(Senior Historian, Boeing)

Q F-4 팬텀 II 항공기는 보잉과 미국 항공우주 및 방위 산업에 어떤 의미가 있습니까?

밥 리틀(Bob Little) 맥도널(McDonnell) 수석 시범 조종사는 1958년 5월 27일 미주리주 세인트루이스에서 F-4 팬텀 II(Phantom II)의 첫 비행을 실시했으며, 이후 세인트루이스에서 출발하는 마지막 F-4 팬텀 II 도 비행했습니다.

팬텀은 서방세계에서 최초로 선보인 가장 성공적인 초음속 전투기 제품군입니다. 1958년에서 1979년 사이 5,195대의 F-4가 생산되었으며 이중 138대의 생산은 일본에서 라이선스를 받은 미쓰비시 항공기 주식회사(Mitsubishi Aircraft Corporation)가 맡았습니다. 1967년 6월 세인트루이스에서는 한달 간 72대의 팬텀 II를 생산하면서 가장 높은 생산율을 기록했습니다.

당초 해군 함대 방어 전투기로 설계된 팬텀은 공중 우세, 요격, 정찰, 방공 제압 및 지상 공격 등 7가지 업무를 수행하면서 성능을 입증했습니다.

대부분의 다목적 전투기가 일반적으로 한 가지 임무에 능숙하며 다른 임무들도 잘 수행하는 편이지만, 특히 팬텀은 독보적인 성능 덕분에 모든 업무를 성공적으로 수행하는 동시에 지상 및 항공모함 기반의 항공기로 운항할 수 있는 능력을 가진 전투기입니다. 항공기 역사상 팬텀과 같이 뛰어난 성능과 다재 다능한 기능을 동시에 갖춘 경우는 드뭅니다.

맥도널 더글라스(McDonnell Douglas)는 이러한 임무를 수행하기 위해서 12가지 버전의 팬텀을 기존 디자인에서 크게 변경하지 않는 선에서 설계했습니다. 큰 개량 없이 새로운 버전의 팬텀을 개발할 수 있었던 이유는 F-4 전투기를 설계한 재능 있는 엔지니어들의 역량 덕분입니다.

McDonnell Douglas

1958년 5월 27일 F-4 팬텀 II의 첫 비행을 실시한 밥 리틀 맥도널 수석 시범 조종사 팬텀은 미 공군, 해병대 및 해군이 유일하게 같은 시기에 띄운 기종이며, 처음이자 유일하게 미 해군 시범 전투비행단 '블루 앤젤스(U.S. Navy Blue Angels)'와 미 공군 특수비행팀 '썬더버드(Thunderbirds)'에서 함께 운용한 기종입니다.

F-4는 1960년 12월에 처음 도입된 이후 베트남전에서 주력 전투기로 활약했습니다. 20년 후 F-4E는 방공망 제압 '와일드 위즐(Wild Weasel)' 역할을 위해 F-4G로 개조되어 '사막의 폭풍 작전(Operation Desert Storm)'에서 이라크 군 방공 제압의 주요 업무를 맡았습니다. 미 공군 제8전투비행단의 팬텀 '울프 팩(Wolf Pack)'은 대한민국 방위에 동참했습니다.

F-4는 36년간 미국에서의 현역 활동을 마치고 1996년에 퇴역했지만 이후 동맹국들에게 인도됐습니다. 특히 대한민국 공군은 맥도널 더글러스의 세인트루이스 공장에서 생산된 마지막 팬텀 II를 인수받은 영광의 주인공이 되었습니다.

Boeing

미국 세인트루이스 공장에서 대량 생산 중인 F-4

보잉은 빠르게 발전하는 기술 시대에 오랜 기간 지속될 수 있도록 팬텀을 설계한 엔지니어들에게 경의를 표하고 싶습니다. F-4가 개량작업을 통해 수십 년 후에도 효과적인 플랫폼으로 계속 사용될 수 있는 것은 혁신적인 설계 덕분이며, 이러한 공학적 우수성은 오늘날 보잉 엔지니어들에게 계속해서 영감을 주고 있습니다.

Q 세인트루이스에서 5,057번째로 생산된 마지막 F-4를 포함한 대한민국 공군 F-4 전투기의 퇴역에 대해 어떻게 생각하십니까?

대한민국 공군 팬텀 전투기의 퇴역은 슬픈 순간입니다. 오랜 친구를 보내며 다시는 볼 수 없다는 것을 알지만, 수십년간 담당한 역할에 대해 감사하게 여기는 순간이기도 합니다.

개인적으로 팬텀은 '하늘의 요새(Flying Fortress)'라고도 불리는 B-17처럼 기능에서 비롯한 아름다움을 가지고 있다고 생각합니다. 크고 강력하며 위협적인 팬텀은 때로는 '더블 어글리(Double ugly)' 또는 '라이노(Rhino)'와 같이 호의적이지 않은 이름으로 불리기도 했지만 역사상 가장 멋진 전투기 중 하나였습니다.

F-4는 최고의 성과를 내며, 수많은 세계 기록을 세우고 공대공 전투에서 280회의 승리를 기록한 전설적인 전투기입니다. 전투에서 탁월한 성공과 전사로서의 팬텀의 명성은 계속 이어질 것입니다.

F-4 팬텀의 퇴역에 대한 아쉬움은 남지만 F-4보다 더 뛰어난 성능을 자랑하는 차세대 기종인 F-15 '이글(Eagle)'과 '스트라이크 이글(Strike Eagle)'이 팬텀의 우수성을 이어가는 동시에 F-15K '슬램 이글(Slam Eagle)'이 대한민국 공군과 함께 앞으로 보잉과 맥도널 더글러스간의 전투기 왕조를 이어 나갈 것이라는 것을 알기에 당장의 아쉬움을 달랠 수 있습니다.

공군

6월 퇴역을 앞두고 공군의 모든 전투기들과 엘리펀트 워크에 참가한 제153전투비행대대 소속 F-4E

한국 공군 F-4 팬텀 주요 연혁

1950년대

1958 • YF4H-1(F-4 시험기) 초도 비행 성공

1960년대

1965 • ※65년 12월 : 미 공군 취역

1966 • 공군, '공군 5개년 계획서' 대통령 보고 ※F-4D 도입 공식 건의

1967
- (2월 12일) 미 특사(사이러스 밴스) 방한, '한 F-4 도입' 공식 거론
- (3월) 정일권 국무총리, 미 방문 '한국군 장비 현대화' 논의 ※'미 F-4 공급 연구검토' 합의
- (6월 23일) 장지량 공군참모총장, 미 F-4 운용기지 방문 ※미 공군기지 F-4D 탑승

1968
- (5월 28일) 한·미 국방장관 회담 개최, '한 F-4 도입' 확정
- (9월 3일) F-4 도입 관련 '도미 요원' 선발
- (10월 12일~'69년 8월) F-4 도입 관련 총 112명(조종사 16명) 미 데이비스 몬탄 공군기지 파견 교육 (F-4 기종전환 및 교관조종사 과정)

1969
- (7월 10일) 제151전투비행대대 창설(대구기지) ※(9월 23일) 창설식 : 박정희 대통령 주관
- (8월 29일) 최초 F-4D 한국 도착 및 인수식(대구기지) ※최초 인도분 6대 도입/임충식 국방부장관 주관

1970년대

1971 • (6월 1일) 소흑산도(현 가거도) 근해 대간첩작전 격침

1975
- (2월 15일) 소흑산도(현 가거도) 근해 대간첩작전 격침
- (2월 26일) 백령도 근해 대간첩작전 투입
- (12월 12일) 70여 억원이 투입된 방위성금 항공기 헌납식(수원기지)
  ※박정희 대통령이 '필승편대'로 명명한 F-4D 편대 서울 등 12개 도시 상공 비행

1977
- (9월 20일) 제152전투비행대대 창설(대구기지) ※(11월 6일) 17전비 예속, ('17년 8월 25일) 해체
- (9월 20일) F-4E 도입(대구기지) ※최초 인도분 2대
- (9월 20일) 제155전투비행대대 창설(청주기지) ※('91년 9월 17일) 19전비 예속, ('93년 8월 5일) 해체
- AIM-7E 공대공 미사일 도입

1979
- (3월 2일) 제153전투비행대대 창설(대구기지) ※('80년 4월 3일) 17전비 예속, ('17년 9월 25일) 10전비 예속해체
- (3월 2일) Red Flag 훈련 최초 참가 ※(~ 4월 25일) F-4D 3대

1980 년대

1983
- (2월 25일) 서해 상공 귀순 MiG-19 수원기지 유도 ※이웅평 대위 탑승
- (6월 1일) F-4 시뮬레이터실 개관(대구기지)
- (8월 7일) 중국 MiG-21 귀순 방공작전
- (10월 23일) Red Flag 훈련 참가 ※(~ 12월 3일) F-4D 3대
- (11월 5일) 구 소련 TU-16 정찰기 동해 상공 식별·차단

1984
- (2월 17일) 구 소련 TU-95 폭격기 동해 상공 식별·차단
- (3월 22일) 구 소련 핵잠수함 동해 상공 식별·차단

1986
- (2월 21일) 중국 MiG-19 귀순 방공작전

F-16 Peace Bridge 도입

1987
- (12월 18일) F-4D MIMEX 항공기 도입 ※24대 도입('88년 4월까지)

1988
- (11월 1일) 제156전투비행대대 창설(청주기지) ※('91년 9월 5일) 10전비 예속, ('12년 12월 7일) 해체
- (11월 1일) 제159전투비행대대 창설(대구기지) ※('97년 10월 2일) 19전비 예속 및 기종전환

1989
- (11월 1일) 제39전술정찰비행전대 창설(수원기지) ※131전술정찰비행대대 · 항공사진정보대대 · 정찰정비대대, ('89년 12월 18일 부) RF-4C 운용
- (12월 16일) 중국 B-747 민항기 피랍 대응 작전
- (12월 18일) RF-4C 도입 ※18대 도입('90년 9월까지)
- (12월 19일) F-4E MIMEX 항공기 도입(2차) ※30대 도입('91년까지)

1990 년대

1990
- (7월 2일) 한·미 RF-4C 임무 이양(대구기지) ※미 7공군 460전대 전술정찰임무 → 39전대 이양
- (8월 22일) Red Flag 훈련 참가 ※(~ 10월 2일) F-4E 4대
- (12월 1일) 제157전투비행대대 창설(청주기지) ※('99년 2월 1일) 20전비 예속 및 기종전환

1994

KF-16 도입(KFP)

1996
- (10월 21일) 제1회 서울에어쇼 참가 ※(~ 10월 27일) 축하비행, 지상전시, 단기기동시범

1998
- (2월 17일) 러시아 IL-20 정찰기 동해 상공 식별·차단

2000 년대

2002
- AGM-142 공대지 미사일 도입

2004

F-15K 도입

2007
- (5월 8일) 110전투비행대대 F-4D 5만 시간 무사고 기록 수립
- (8월 20일) 151전투비행대대 F-4D 8만 시간 무사고 기록 수립
  ※1985년 10월 29일 ~ 2007년 8월 20일(21년 10개월)

2010 년대

2014
- (2월 28일) RF-4C 퇴역식(수원기지)

2017
- (8월 31일) F-4E 주기검사 최종호기 출고(청주기지) ※총 3,810대 출고(1979년 11월 ~ 2017년 8월)

2018

F-35 도입

2020 년대

2024
- (3월 8일) 고별 엘리펀트 워크
- (4월 18일) 마지막 AGM-142 실사격 훈련 ※MK-82 실사격 훈련(4월 5일)
- (5월 9일) F-4E '필승편대' 고별 국토순례 비행 ※수원·청주·대구·부산·사천·가거도 등 주요 랜드마크 상공
- (6월 7일) F-4E 퇴역식(수원기지) ※신원식 국방부장관 주관

팬텀맨 인터뷰

국민의 염원이 담긴 역사적인 전투기를 맡았다는 자부심으로

자주국방을 위해 전우들의 피를 대가로 도입한 팬텀을
최고의 성능으로 운용하는 것은
공군의 사명이자 명예였다.
지난 55년간 F-4 운용을 위해 조종사와 정비사,
교관 혹은 장비 도입 담당자로, 또 최후의 대대원으로,
열정과 청춘을 바친 주인공들을 만나본다.

이재우, 이영순, 장호근, 은진기, 장영익, 윤기철, 성일환, 이항기, 김헌중, 김기영, 한병철, 박인호, 김태형, 김도형, 임준형, 이동열, 이정민, 류재상

Interview

최초의 F-4 도입 조종사

이재우 장군은 한국공군을 대표하는 1세대 팬텀 조종사들 중 한 명이다. 그 중에서도 최초의 도미 팬텀 도입요원 중 유일하게 생존해 있는 최후의 조종사이기도 하다. 제151전투비행대대장과 제17전투비행단장을 역임했으며 팬텀의 군수 지원을 책임졌던 군수사령관으로서 팬텀과 생사고락을 함께 했던 베테랑 전투조종사다. 6,000여 시간의 전투기 비행시간 중 F-4 비행시간만 3,000여 시간에 달한다.

이재우

예비역 소장
(공사 5기, F-4D/E)

- F-4D 도입은 60년대 후반 불안정한 국제정세와 북한의 1·21 청와대 기습 사건 및 푸에블로호 납치 사건 등 고조된 국가 위기 속의 안보 상황을 간파한 박정희 대통령의 고위 전략과 장지량 참모총장의 적극적인 도입 목표로 가능
- 최초의 도입 요원 8인의 전방석 조종사 중 한 명. 이제는 최후의 생존 조종사
- 팬텀 도입은 한국 공군의 첨단 최신예기 전력 향상으로 위상을 높이고 조종사와 정비사의 우수한 실력을 증명했던 기회
- 한반도 일촉즉발의 순간과 팬텀
- 팬텀은 북한의 육·해·공군 도발의 압도적 억제 및 영공 수호의 핵심 전력으로 활약. 도끼만행사건 등 실전 상황의 국가 위기에 성공적인 사명을 완수한 첨단 전력
- 팬텀 도입은 방공 위주의 한국공군 전력을 공세적 첨단 전략 공군으로 탈바꿈 시켰던 역사적 사건

최초의 도미 F-4 도입요원 14인. 지휘관 요원 2명과 교관 요원 6명을 포함한 전방석 8명과 레이다를 후방석 무기통제장교 6명. 오늘날 이재우 장군은 유일한 생존 조종사이다.

우리는 오직 팬텀기를 원한다

한국 공군이 예상을 초월하여 당시 미 공군의 최신예 전투기였던 F-4C/D를 도입할 수 있었던 것은 1960년대 중후반의 국제 정치적 상황과 국가원수의 혜안 및 전략적 판단력 덕분이었다고 생각합니다. 당시 한반도에는 3가지 중대한 위기상황이 벌어져 전운이 감돌고 있었습니다. 북한군 특수부대의 1·21 청와대 기습 사건, 북한의 미 정보함 푸에블로호 피납 사건 및 미 정찰기 EC-121 피격 사건이었습니다. 상황은 일촉즉발의 전쟁 발발 위기 상황이었습니다. 이 때에 미국의 고차원적인 국가 전략을 자세히는 알 수 없으나 한국을 진정시켜 한반도의 전쟁을 억제하려 했던 것으로 판단됩니다. 미국은 일단 유사시의 승리 보장을 위해 우선 한국군의 전력 증강이 필요하다는 전략하에 박정희 대통령에게 1억불의 군사 원조를 제안해 왔습니다. 그 1억불에 대해 육·해·공군 3군은 각기 자군의 전력 증강을 위한 기대가 대단했었지요. 결국 박대통령께서는 1차적으로 공군의 전력 증강을 결심하셨다고 합니다. 그 때에 장지량 공군 참모총장이 건의드린 기종이 바로 F-4 팬텀이었습니다. 당시로서는 획기적인 건의였지요.

만일 성공만 한다면 한국 공군이 북한 공군에 비해 압도

Interview

최초의 F-4 도입 조종사

적인 우위에 놓일 뿐 아니라 극동지역의 어느 나라보다도 선진화된 첨단 공군이 되는 것이었으니까요.

그러나 당시의 정황으로 보아 팬텀의 도입이 결코 쉽지는 않은 상황이었습니다. 그 당시 팬텀은 미 공군이 월남전에서 북폭을 하며 제공권을 장악하고 있던 최신예 전투기였습니다. 그렇기 때문에 미국이 한번도 외국에 원조해 준 적이 없는 신기종이었으니 한국 공군에 쉽게 줄 리가 없었습니다.

예상대로 미국은 한국의 요구를 교묘하게 거절하는 반응을 보였습니다. 미국 특사가 박정희 대통령에게 다음과 같이 제의하였다고 합니다.

"대통령 각하, F-4 팬텀기는 첨단기술로 이루어진 최신예기이기 때문에 너무나도 조종이 어렵고 정비가 복잡하여 한국 공군에 주어도 운용을 못합니다. 그러니 팬텀 1개 대대보다 공군의 현 주력기인 F-5 전투기 5개 대대를 증강시킴이 더욱 효율적일 것으로 판단됩니다. 그렇게 하시지요."

박정희 대통령께서는 즉시 장지량 총장을 불러 그 사실을 재차 확인하셨다고 합니다.

"미측 설명에 의하면 팬텀기를 주어도 조종을 못할 만큼 어려운 비행기라는데 총장 견해는 어떻소?"

"각하, 한국 공군은 충분한 능력이 있습니다. 미국이 신예기를 주지 않으려는 작전입니다. F-5 기종은 영공 방어 위주의

151비행대대원들과 왼쪽에서 8번째가 당시 이재우 중령

이재우

전술 공군 차원의 기종인 반면에 F-4를 보유하게 되면 강력한 방공 임무 뿐 아니라 후방차단 작전을 위시한 공세적 전략 공군이 되는 것입니다. 반드시 F-4 팬텀기를 받으셔야 합니다."

장총장의 건의는 명확하고 확고했습니다.

따라서, 박 대통령께서는 상황을 정확히 이해하시고 끝까지 F-4를 요구하셨다고 합니다. 대통령을 알현하러 온 미국의 특사에게 팬텀을 주지 않으려면 청와대에 들어 오지도 말라고 이르셨다는 일화까지 있었습니다.

실은 팬텀을 구입하는 것이 아니고 원조를 받는 입장이었기 때문에 강력히 주장하시기에 유리한 입장은 아니었습니다. 그럼에도 불구하고 대통령의 요구는 단호했습니다. "우리는 오직 팬텀기를 원한다!"

미국의 입장에서도 팬텀 지원 판단이 어려웠을 것입니다. 만일 끝까지 거절하면 북한의 도발에 격분하고 있는 박정희 대통령이 어떠한 보복 작전을 구상할지? 그로 인해 불의의 사태가 발생한다면 애초에 기도했던 1억불 군원의 의미가 소멸되는 것은 아닐지? 결국 미국의 판단은, 그럴 바에야 이 기회에 한국 공군의 전력을 강화시켜 대북우위를 확보케 한다면 오히려 안보 상황의 역전에 유리하지 않을까 하는 전략적 판단을 내린 것 같다고 합니다.

드디어 팬텀기 도입이 결정되었습니다. 북한은 물론 주변의 우방국들까지도 매우 놀라워했습니다. 그러면서도 한국의 F-4 도입에 대한 국제적인 부정적 여론은 전혀 없었습니다. 왜냐하면 긴박한 안보 상황에 부합된 타당한 원조요, 필요한 군사력 증강이라는 명분이 분명했기 때문이었습니다. 돌이켜 보면 그 때가 바로 한국 공군 증강의 절호의 기회였습니다. 팬텀기 도입은 오직 박정희 대통령의 영도력과 단호한 결단력으로 이루어진 역사적 쾌거였습니다.

이재우

F-4D 국내 도착 기념 사진. 왼쪽에서 4번째가 당시 이재우 중령

마침내 1개 대대분 18대의 F-4D 항공기가 도입되었습니다. 미국의 우방국 중 영국, 이란에 이어 3번째 팬텀 보유국이 된 것입니다.

항공기의 도입에 따른 일화가 또 있습니다. 군원이었기 때문에 최초로 도입된 항공기는 미 공군이 월남전에서 운용 중이던 일선 항공기를 종합 정비한 항공기였습니다. 그러나 본래 종합 정비를 마친 항공기는 정비 규정 상 필요한 부속품을 전부 교체하면서 새로운 비행기와 똑같은 인정을 받기 때문에 임무 수행에는 전혀 문제는 없었습니다.

우리가 훈련을 받을 때는 C Model이었는데 인수한 항공기는 기능이 많이 향상된 D Model이었습니다. 여러 시스템이 새롭게 발전되어 있었어요. 심지어 전천후 폭격과 전술핵폭격까지 가능한 WRCS(자동 무장 투하 장치)까지 장착되어 있었습니다. 예상 외의 일이었지요. 고맙고 놀라운 일이었습니다.

그 중 한 대는 월남전에서 적기를 격추시키고 그 전과로 붉은 별이 그려져 있는 그대로 들어 왔습니다. 참으로 귀하고 자랑스러운 항공기였습니다. 그러나 인수 후 태극마크를

Interview

최초의 F-4 도입 조종사

이재우

다시 그리기 위해 채색을 하는 과정에서 그 표식이 지워졌어요. 사진 한 장 남기지 못한 것이 지금도 아쉽기만 합니다. 미 공군에 요청했더라면 충분히 추적할 수 있었던 귀한 자료를 잃어버리고 말았던 겁니다.

하지만 변함 없는 그 항공기였기 때문에 신규 조종사의 양성 과정과 다양한 대북 작전에 투입 되어 많은 공헌을 했습니다. 운용과정에서 신기한 일이 있었습니다. 기종 전환 교육을 하는 동안 유난히 사격이 잘 되는 항공기가 있었습니다. 모두들 그 비행기를 타고 싶어 했지요. 특히 사격대회 때는 대 인기였습니다. 이제 와서 생각해 보면 그 항공기가 바로 적기를 격추시켰던 그 항공기였던 것 같습니다.

한국 공군은 그 18대를 기반으로 신예 전투기의 운용 능력을 급속히 함양할 수 있었습니다. 그 후 외부에 장착되어 기동에 제한을 주던 기관총을 기내로 옮김으로써 기동 능력을 크게 향상시켜 성능이 강화된 F-4E 모델의 도입으로 명실 공히 팬텀 강군이 되었습니다. 팬텀의 운용 능력과 배양된 전투 역량은 오늘날 F-15, F-16, F-35 스텔스 항공기를 보유한 강한 공군으로 발전하는 바탕이 되었음은 참으로 자랑스러운 역사가 아닐 수 없습니다.

이 어려운 신기종의 정비 실력도 대단했습니다.

그 당시 탁월한 정비 실력을 인정받았던 감독관 급 정비사들이 미 공군의 팬텀기 정비를 해주고 이란 공군의 정비 지원을 위해 특별 초대되어 획기적인 대우를 받으며 실력을 과시했던 사실 또한 잊혀져서는 안될 자랑스러운 역사라고 생각합니다.

도미 인수 교육 훈련

도입 협상 과정에서 F-4 비행이 너무 어려워 한국 공군이 탈 수 없다는 경고를 받은 바가 있는지라 조종사의 선발 과정은 당연히 엄격하고 어려웠습니다. 무사고 비행 경력과 근무 평가는 물론 영어 시험을 통한 어학 실력 평가도 엄격했으며, F-4는 전천후 전투기이기 때문에 전천후 비행 능력과 레이다 작전 능력까지도 추가되어 더욱 어려웠습니다. 고로 전천후 전투기였던 F-86D 조종사들이 많이 선발되기도 했습니다. 지금에 와서 돌이켜 보면 한 사람, 한 사람 모두가 자랑스러운 베테랑 조종사들이었습니다.

저는 운이 좋았던 것 같습니다. 마침 2년에 걸쳐 Black Eagle 특수 비행 편대장을 했던 경력과 계기비행학교 교관 경력이 가점이 되었는지 최초의 팬텀 인수 선발대로 선정되었습니다. 자랑스럽고 영광스러웠습니다. 결국 지휘관 요원 2명과 교관 요원 6명을 포함한 전방석 8명과 레이다를 운용할 후방석 무기통제장교 6명 등 도합 14명이 선발되었습니다. 정비사들도 항공기의 안전한 정비를 위해 최우수 정비사들이 선발되었습니다.

선발된 조종과 정비팀은 하나로 단합하여 도미 전에 갖추어야 할 모든 준비에 몰두했습니다. 그 당시 대구 기지에 전개되어 있던 미 공군 F-4 대대를 견학하고 수리창을 방문하여 정비 교육을 받았으며 대전 교육사령부를 방문하여 정비통신 교육을 받는 등 만반의 준비를 갖추고 미국으로 출발했습니다.

도미 교육은 텍사스주 샌안토니오에 있는 영어 학교를 거쳐 애리조나주 투산(Tucsan) 기지에서 시작되었습니다.

기지에 도착하기가 무섭게 대장정의 비행 훈련이 시작되었습니다. 베트남전 등에 참전한 미 공군의 베테랑 팬텀 조종사들이 교관으로 배정되어 밀착 교육이 이루어졌습니다. 학생인 나는 당시의 계급이 중령인데 반해 교관은 대위로서 한번은 그가 먼저 경례를 하기에 웃으면서 우리는 교관과 제자 사이이니 계급은 잠시 보류하자고 하며 폭소했던 일이 기억 납니다. 우리는 매일 같이 퇴근 후에 한 장소에 모여 교육받은 내용의 정확한 이해와 다음날의 훈련 성과를 위해 복습하며 오랜 시간 동안 토의를 했습니다. 모두들 열성적이었습니다.

이재우

도미 F-4 전환교육 시 담당 교관과 함께

처음 팬텀을 타고 미국의 하늘을 날았을 때의 감동은 지금도 이루 말로 표현하기가 어렵습니다. 세계 최강의 전투기를 타고 있다는 꿈 같은 사실과 이 비행이 대한민국 공군사에 길이 남을 역사적인 장면이라는 생각 때문이었던 같습니다. 모두가 같은 기분이었다고 했습니다.

항공기의 시동을 걸고 처음으로 이륙했을 때의 일입니다. 관제탑으로부터 이륙 허가를 받고 활주로에 나가 이륙 정대를 했을 때의 순간이었습니다. 한국공군의 F-5 항공기 도입 초창기에 이륙 시 기수가 들리지 않아 사고가 났던 일이 머리에 스치며 '팬텀은 조종하기가 어렵다'는 말을 하도 많이들은 터라 과연 이 육중한 비행기가 부드럽게 이륙할 수 있을까 하는 생각이 머리에 스쳐 더욱 긴장이 되었습니다. 그러나 출력을 증가시켜 소정의 속도에 이르자 항공기는 너무나도 가볍게 떴습니다. 조종 성능도 너무나도 좋았지요. 이제까지 탔던 어느 항공기보다도 탁월했습니다.

그때서야 새삼스럽게 느꼈습니다. 아하! 한국공군에 주어도 조종이 어려워서 못 탄다고 했던 말이야 말로 미국이 팬텀 요청을 포기시키려고 했던 말이었음을 깨달았습니다.

당연히 첨단 신예기일수록 비행도 쉽고 편리하고 성능이 우수한 것이 정답이었습니다. 그 후 교관과의 몇번의 동승 후에 전원이 단독 비행에 성공했습니다. 교육을 담당했던 교관들이 우리보다도 더 좋아했어요. 다른 한편에선, 정비사들이 탁월한 정비 능력을 과시하며 많은 칭찬을 받고 있었습니다.

비행훈련 과정 중에 있었던 일화

훈련 중에 교관들과 ACM(Air Combat Maneuvering, 공중전투기동)이라는 가상 공중전 훈련을 하는 과목이 있습니다. 서로 꼬리를 물고자 하는 기동 훈련으로, 먼저 상대의 꼬

리를 문 자가 승리하는 것이지요. 이른바 개싸움에 비유하여 'Dogfight'라고 부르는 전술로 공중전의 핵심 기동 중의 하나입니다.

착륙 후 훈련 결과를 평가해 보니 6명의 우리 조종사들 중 3명이 승리를 했습니다. 교관들이 놀라워하며 격찬을 했습니다. 제자들이 베테랑 스승을 상대로 감히 50%의 승률을 올렸기 때문입니다. 그후 교관들이 우리들의 기량을 진심으로 인정해주는 듯한 분위기임을 느낄 수 있었습니다.

여기에서 한가지 언급해야 할 흥미로운 사실이 있어요. 우리의 훈련을 담당했던 교관 중에는 월남전에 참전하여 적기를 격추시킨 경험이 있는 조종사가 두 분이 있었습니다. 우리는 그 분들에게 교육 훈련을 받으며 실전 기량을 전수받는다는 사실이 참으로 자랑스러웠습니다. 많은 질의 응답을 통해서 실전 상황과 전투 경험을 듣고 배웠습니다. 큰 행운이었지요.

다음은 그중 한 분이 했던 명답이었습니다. "교관님! 어떻게 적기를 격추 시켰습니까?" 하고 물었더니, "나도 모른다. 기동 중에 어벙한 적기 한 놈이 내 앞에 나타났기에 AIM-7 유도탄을 발사했더니 정확하게 격추되더군! 유도탄의 멋있는 위력이었어!"하며 새삼 자신감이 넘치는 표정을 지었습니다.

공대지 사격에서도 우리의 기량을 입증했던 일화가 있습니다. 처음으로 타는 항공기의 사격인데 기총 사격은 80% 명중했고, 몇 발의 연습 폭탄 중 한 발이 Bull's Eye(표적의 정중앙) 명중률을 보였으니 이 또한 칭찬 받을 만한 성적이었어요. 우연의 성적일 수도 있으나 결과적으로 우수한 성적이니 격찬을 받을 만 했습니다.

훈련 중 한 건의 하자도 없이 전 과정을 전원이 성공리에 마쳤습니다. 훈련을 맡았던 미 공군 측이 대만족했습니다. 우리 또한 한국 공군의 실력을 과시한 것 같아서 자랑스러웠습니다.

이재우

도미 F-4 전환훈련 당시 한국공군 요원들과 미 공군 담당 교관들. 앞줄 맨 왼쪽이 당시 이재우 중령

이재우

드디어 수료식 날이 다가왔습니다. 수료식장에서의 일이었습니다. 예상치도 않게 내가 교육 우등상을 받게 되었다는 것이었습니다. 갑자기 상을 받고 소감을 말하기 위해 마이크 앞에 섰습니다. 순간 미리 알았으면 스피치 준비를 했을 텐데 하는 아쉬움이 스쳤습니다. 그러나 즉석 스피치를 할 수 밖에 없는 상황이었습니다.

실전에서도 최고의 조종사가 되고 싶다!

우선 그동안 수고해주신 교관님들의 노고에 감사한다는 정중한 인사부터 했습니다. 그리고는 "예상치도 않게 우리 팀 모두가 함께 받아야 할 상을 내가 대신하여 받으러 나왔다 생각하고 몇 말씀 드리겠습니다." 하는 순간, 늘 쓰던 영어 표현의 'Not only but also'가 생각이 났습니다. 그래서 나는 "오늘 상을 받게 되어 무한한 영광으로 생각합니다. 그러나 더 나아가 나의 또다른 소망은 훈련 상황에서의 수상뿐 아니라 앞으로 북한 공군과의 실전에서 승리하여 진정한 우승자(Ace)가 되고 싶습니다. 귀국 후에도 그동안 가르쳐 주신 전투 기량을 끊임없이 연마하여 언젠가 기회가 오면 교관님들께 실전 승리의 소식을 전해 드리겠습니다. 재삼 감사드립니다." 하고 스피치를 마쳤습니다. 참석한 모든 분들의 기립 박수를 받았습니다.

수료식이 끝난 후 보상 차원에서였는지 우리에게 그랜드캐니언을 관광시켜 주었습니다. 몇 가지 추가 프로그램도 있었습니다. 그동안의 긴장을 풀며 아름다운 추억을 쌓았습니다.

그러는 동안 한국으로부터 가능한 최선의 방법을 동원하여 가급적 속히 귀국하라는 엄명이 떨어졌습니다. 모든 추가 계획은 취소되고 귀국 준비에 들어 갔습니다. 배로 항공기를 수송하는 것은 너무 늦으니 가능한 최선의 방법으로 귀국하라는 요청이었습니다. 미 공군의 숙고 끝에 공중 급유를 통한 비행이 결정되었습니다.

초유의 공중 급유를 받으며 날아온 역사적인 귀국 비행

우리는 인수 항공기가 준비되어 있던 캘리포니아 Hill 공군기지 F-4 비행단으로 이동했습니다. 항공기는 이미 이륙 준비 완료 상태였습니다. 우리도 도착 즉시 6기의 비행 준비를 완료했습니다. 준비 사항 중에는 식음료에 대한 유의 사항도 있었습니다. 물을 많이 못 마시도록 했습니다. 특히 비

Interview

최초의 F-4 도입 조종사

이재우

151대대에서 비행에 나서는 이재우 당시 중령

행 전 식사는 공식적으로 제공되는 작은 스테이크 한 쪽과 우유 한 잔이 전부였습니다.

도착 다음날 아침 일찍 6기가 이륙했습니다. 1번기에는 미 훈련대대장이 동승했습니다. 이륙 후 모 지점에 도착하니 공중 급유기가 기다리고 있었습니다. 모든 항공기가 1차 급유를 성공리에 마치고 태평양 횡단 비행을 계속했습니다. 공중 급유 비행은 처음이었지만 2차, 3차 급유를 받는 동안 어느 사이에 우리는 급유에 익숙해졌습니다. 한국 공군 최초 공중 급유 조종사들이 된 것이었지요. 태평양 횡단 비행 중이라 아래에 보이는 것은 오직 망망 대해 뿐 가끔 눈에 띄는 작은 섬 몇 개가 전부였습니다. 만일 항공기의 비상 상황이나 기상 상태의 이상으로 급유가 불가능하게 되면 위험한 상황에 처하게 될 것을 생각하면 모든 것이 잘 되기를 기원할 뿐이었습니다.

우려했던 대로 어려운 상황이 발생했습니다. 제 항공기의 급유 장치에 이상이 생겨 급유를 받을 수 없게 되었던 겁니다. 부득이 인근 비행장을 찾아 착륙할 수 밖에 없었습니다 신이 우리를 보호해주고 있음이 분명했습니다. 우리는 운 좋게도 하와이 근처에 접근하고 있었던 것이었지요. 우리는 6기가 함께 비행해야 하므로 하와이에 전원이 착륙했습니다. 착륙 즉시 긴급 정비를 받은 후 우리는 다시 이륙하여 순항을 계속했습니다.

우리는 중간 기착지인 괌 공군 기지에 착륙했습니다. 그대로 한국까지 가지 않고 굳이 왜 괌에 착륙했을까 하는 생각도 들었습니다. 그러나 큰 그림에서 볼 때는 항상 타당한 이유가 있는 법이지요. 첫째는 공중 급유로 처음 장거리 비행을 하는 우리의 휴식이었고, 둘째는 한국에서 인수 준비를 하고 있는 정비와 군수 지원 팀에 시간을 주기 위한 것이었음을 후에 알게 되었습니다.

다음날 이륙하여 안전하게 순항하며 거의 일본 상공 가까이에 왔어요. 곧 학수고대했던 고국 땅에 착륙할 것을 생각하니 가슴이 설레었습니다. 그런데 바로 그 때였습니다. 한국 관제센터에서 급한 목소리로 우리를 불렀습니다. 상부로부터 하달된 명이라고 하며 다음과 같이 교신해 왔습니다. "항공기에 태극기를 그렸느냐? 얼마만큼 크게 그렸느냐? 응답하라." 편대장이 곧 응답했습니다. "미 공군 마크 자리에 같은 크기로 태극 마크를 그렸다."고 했습니다.

잠시 후에 새로운 지시가 왔습니다. "한국으로 오지 말고 오키나와로 가라. 그곳에서 동체에 태극 마크를 그릴 수 있는 한 크게 그리고 내일 귀국하라." 최대의 홍보 효과를 얻기 위함임을 직감할 수 있었습니다.

우리는 곧 기수를 돌려 오키나와로 갔습니다. 오키나와에 착륙한 즉시 미 공군 정비사들에게 태극기를 설명해 주며 최대한 크게 동체에 그려달라고 요청했습니다. 미 공군의 대대장이 있어 최선의 협조를 받을 수 있었습니다. 그들은 낯선 태극기지만 들은 설명대로 성심껏 그려주었어요.

다음 날 우리는 희망찬 폭음을 울리며 귀국 장도에 올랐습니다. 오키나와에서 한국까지는 공중 급유 없이 비행이 가능했습니다. 계획대로 비행한 후 한국 영공에 진입하여 대구기지 상공에 도착했습니다.

한국공군 도약의 역사적인 팬텀기 도입 순간

대구 기지에는 박정희 대통령이 임석하신 대대적인 환영 행사가 준비되어 있었습니다. 관제탑에 도착 보고와 함께 착륙 요청을 하니 우선 도착 인사차 행사장 상공으로 저공 비행을 한번 한 후 착륙하라는 지시가 떨어졌습니다. 기대했던 바였지요.

우리는 멀리 선회하며 고도를 낮추고 500피트의 낮은 고도로 행사장을 향했습니다. 외부 탱크를 사용함에 따라 마침 연료가 많이 남아 있어, 안전 착륙을 위해서는 어차피 일정량을 소모해야 할 상황이었으므로 연료를 외부로 내뿜으며 진입했습니다. 마치 흰색의 연막을 뿜는 듯 장엄했다는 후문이었습니다. 동체에 그린 태극기도 너무나 선명하게 잘 보여 보는 순간 가슴이 뭉클하며 눈시울이 뜨거웠다고들 하더라고요. 저공 비행으로 귀국 인사를 받으신 박정희 대통령께서는 그 순간 얼마나 감개무량 하셨을까? 지금도 짐작할 수조차 없습니다.

착륙 후 항공기의 도열을 마친 우리는 대통령님께 귀국 신고를 했습니다. 신고를 받으신 대통령께서는 환영의 뜻으로 일일이 우리의 어깨를 두드리시며 격려해 주셨습니다. 그 후 151 전대기도 직접 하사해 주시며 영공 수호의 핵심 전력화가 되기까지 많은 관심과 격려를 해주셨어요. 조종사들의 사기와 사명감은 충천했습니다.

팬텀 공군 웅비의 순간은 이렇게 시작되었습니다. 북한의 위협을 일거에 제압하고 동북아의 맹주로 비상하는 순간이었어요. 그 날이 바로 역사적인 1969년 8월 24일이었지요.

'팬탐 강군'이 된 한국 공군

F-4가 도입된 후 단기간에 작전 태세를 갖춘 팬텀 전력은 크고 작은 작전에 투입되어 위력을 과시하며 영공 방어의 선봉이 되었습니다. 모든 방공 작전은 물론 적진 깊숙히 침투하는 후방차단 임무까지 전담했습니다.

무엇보다도 위력을 발휘 했던 가장 큰 임무 완수는 북한 공군의 도발 억제였습니다. MiG-21을 주력기로 보유하고 있던 북한 공군은 우리의 증강된 전력 앞에 힘없이 무력화되었습니다. 팬텀 자체의 탁월한 성능과 전투력의 격차는 이미 월남전에서 입증된 분명한 사실이었기 때문에 그들은 위협을 느끼며 위축될 수 밖에 없었습니다. 공중도발도 자제했습니다. DMZ의 접근 비행도 획기적으로 감소했습니다.

Interview

최초의 F-4 도입 조종사

다음 임무는 방공 식별 구역(ADIZ) 내로 침입하는 모든 미 식별 항적의 격퇴였습니다. 대표적인 예는 동해 방공 식별구역으로 침입하는 러시아 폭격기와 서남해 식별 구역으로 침입하는 중국 폭격기였습니다. 그들은 팬텀의 위력을 익히 알고 있는 터라 접근하여 퇴각 신호를 하면 저항 없이 ADIZ 밖으로 물러 났습니다. 만일 팬텀이 아니고 F-5로 요격했더라면 그렇게 쉽게 퇴각했을까 상상해 봅니다. 그 외에도 공중 도발을 억제한 실전 임무를 여러 번 수행했습니다. 언제나 임무는 성공적이었어요.

대 간첩 작전도 수행했습니다. 충분한 체공 시간의 장점과 기관포 및 유도탄, 확산탄(CBU) 등을 장착한 중무장으로 간첩선 격침에 많은 공헌을 하였을 뿐 아니라 해상 작전을 수행하는 해군 함정을 엄호하며 전천후 임무까지 성공적으로 완수했습니다.

간과할 수 없는 또 하나의 임무는 한미연합 작전 훈련이었습니다. 팬텀의 보유로 미측과 동일한 기종으로 훈련을 함으로써 한미 합동 훈련의 성과를 극대화 할 수 있었습니다.

이 외에도 많은 임무를 수행했는데 다음과 같은 두 가지 실전 상황을 예시함으로써 위기의 안보 상황에서 발휘했던 위력과 성공적인 작전 설명을 대신키로 합니다.

김일성 주석궁을 타격하라!

팬텀 조종사 생활 중 가장 기억에 남는 때가 언제냐고 묻는다면 151대대장 시절이었습니다. 많은 임무 수행을 했지만 가장 극적인 작전 참가는 바로 대 도끼만행 사건 작전 투입이었습니다. 북한의 만행을 응징하기 위해 미국이 전쟁을 불사하는 엄중한 태도로 한미 육·해·공군 전력을 전 전선에 걸쳐 철통같이 배치했었지요. 참으로 일촉즉발의 위기였습니다. 심각한 상황을 대변하듯 판문점 현장과 미국의 펜타곤의 작전망이 직결되어 있었습니다.

당시 저는 대대장으로 중령 시절이었는데 12대의 F-4D 전폭기를 지휘하는 군장기로서 판문점 상공에서 대기비행을

공군

AIM-7E 중거리 공대공 유도탄과 SUU-23 기총 포드를 장착한 한국공군 F-4D. 한국공군은 1977년 AIM-7E를 도입한다.

제151전투비행대대장 시절. 151대대는 대한민국 공군 최초의 F-4 비행대대.

하며 작전 명령을 기다리고 있었습니다. 무장은 팬텀 1기당 Mk82 5백 파운드 폭탄 12발을 장착하고 있었으니 총 144발, 72,000 파운드(약 33톤)에 달하는 대단한 화력이었지요. 명령 일하에 김일성 주석궁을 폭격하는 것이 목표였습니다.

그런 가공할만한 화력을 북한에 투하하고 귀환할 수 있는 무기체계는 F-4 밖에 없었습니다. 우리 조종사들은 목표 완수를 위한 필사적인 각오로 대기 비행을 하고 있었습니다. 이번 만행은 경비지역 내에 있던 적의 경비초소를 가리는 나무의 가지를 치다 벌어진 사건이었으므로 이번에는 아예 그 나무의 몸체를 자르려는 계획이었습니다. 자르는 동안 만일 적이 같은 만행을 저지르려 한다면 분명 전쟁이 일어났을 겁니다. 그런데 그 나무를 다 자를 때까지 미동도 없이 너무나도 잠잠한 상황이었습니다.

모두가 극도로 긴장을 하고 있던 삼엄한 순간에 군사정전위원회 회의장에 '김일성의 사과 편지'가 도착했습니다. 사과에 대한 진정성 여부를 놓고 아측 위원회의 예민한 심사숙고의 시간이 흘렀습니다. 결국 그 편지 내용을 접수한 펜타곤의 전략적 판단으로 상황은 일단락 짓게 되어 종료되었습니다.

우리 편대는 철수 명령에 따라 목표를 이루지 못한 한을 품고 기지로 귀환할 수 밖에 없었습니다. 임무 완수를 위하여 얼마나 세밀하게 목표를 연구하고 외웠던지 많은 세월이 흐른 지금도 부여 받았던 주 목표물의 위치와 모양이 사진처럼 선명하게 떠오릅니다.

Interview

최초의 F-4 도입 조종사

이재우

151대대장 시절

실전 상황에서의 성공적인 해-공 합동 작전

영원히 기록되어야 할 또 하나의 실전 기록이 있습니다. 70년대 중반 쯤에 일어났던 작전 상황이었습니다. 당시 나는 작전 지휘소의 전술통제 처장으로서 작전을 직접 통제했기 때문에 위기 상황을 정확히 알고 있습니다.

백령도 근해에서 임무 수행 중이던 아군 해군함정이 기습적으로 접근한 북한 쾌속정을 격침시킨 후 벌어진 상황이었습니다. 침몰하며 발신한 동료의 SOS를 수신한 북한의 해주와 사곶해군기지의 쾌속정들이 대량으로 우리의 함정에 접근하여 보복하려는 위기 상황이었습니다. 우리 함정은 사고현장을 벗어나 방어 작전을 하기에는 쾌속정보다 속도가 느려 불리했을 뿐 아니라 수적으로 너무 많은 쾌속정을 격퇴시키기에는 어려운 상황이었습니다.

그 때에 해군의 긴급 요청을 받고 출격하여 우리의 함정을 엄호했던 항공기가 바로 팬텀이었습니다. 우리가 출격하여 적 쾌속정이 접근을 하지 못하도록 사격 자세로 위협을 하자 북한의 MiG-21 편대도 출격하여 우리의 함정에 접근해 왔습니다. 시간적으로 대낮이었으나 기상이 좋지 않아 접근이 쉽지 않았습니다만 먼저 와서 전장을 장악하고 있던 팬텀 때문에 아예 우리 함정에 접근조차 못했습니다. 자연히 바다보다 공중전 대결이 벌어질 수 밖에 없는 위기 상황이 되었습니다.

상황은 적보다 우세한 팬텀의 판정승이었습니다. 전 방향(All-aspect) 무기가 없는 재래식 MiG-21은 팬텀의 전 방향 유도탄(AIM-7)의 사거리에 들어 오기 직전에 회피하기에 바빴기 때문입니다. 우리의 지상 관제소 요원들도 참으로 침착하고 탁월했습니다. 정확한 적 항적의 추적으로 우리를 유리한 위치로 관제하는 우수한 능력으로 우리 조종사들의 사기를 드높였습니다. 고마운 일이었습니다. 누가 먼저 발사하느냐 하는 위기 상황의 연속 속에서 해군 함정이 안전하게 남쪽 해역으로 이동하여 포진할 때까지 한치의 틈도 주지 않고 엄호했습니다. 공중 대결은 야간까지 계속되었고 다음날 14시 경까지 이어졌습니다. 발사 명령을 내려야 할 긴박한 상황이 한두 번이 아니었습니다만 적은 우리의 관제 유도를 도청하고 있는 듯 유도탄 최저 발사 거리에 접근하면 긴급히 회피하는 전술로 위기를 모면하고 있었습니다. 이번 작전에 출격한 우리의 총 항공기 수는 수백 소티가 되었습니다. 적이 우리의 전투 능력에 위압당했음이 분명합니다. 결국 위기를 실감한 적의 출격 중단으로 상황은 승리로 종결되었습니다. 이 모든 작전을 승리로 이끈 이희근 작전사령관의 탁월한 지휘력에 깊은 경의를 표합니다.

전쟁 억제력의 보루 팬텀 공군

저는 팬텀의 도입으로 경이롭게 도약한 한국 공군을 높이 평가하며 자랑하고 싶습니다. 왜냐하면 팬텀 도입으로 대한민국 공군은 전술 공군에서 전략 공군으로 근본 체제가 바뀌었기 때문입니다. 그동안 F-86, F-5 등으로 방공 작전 위주로 운용되던 공군이 팬텀으로 인해 전략공군 작전이 가능해졌으며 전천후 작전까지 가능해졌습니다.

옥만호 참모총장은 모든 팬텀 조종사들에게 유사시 타격해야 할 북한의 전략 목표물을 부여했었습니다. 이른바 'Black Book'으로 목표물의 좌표를 정리해 두고 철저한 준비를 했었습니다. 이러한 전략은 전쟁 억제력 발휘에 크게 기여했습니다.

한편 한국 공군은 핵 무장까지 투하 가능한 전천후 자동무장투하장치(WRCS: Weapon Release Control System)와 전방향 공격이 가능한 최신예 레이다 유도 미사일을 장착한 첨단 전천후 공군이 되었습니다. 또한 중무장 장거리 투사가 가능했습니다. 따라서 한국 공군은 동북아시아 공군 중에 맹주로 떠올랐습니다. 특히 우리를 크게 부러워 했던 일본 항공자위대는 우리보다 3년 후에나 팬텀을 도입할 수 있었습니다.

이제 와서 돌이켜 보면 한국 공군의 이러한 발전은 후에 F-16, F-15 및 F-35 등의 신예기를 도입하는데 필요한 모든 바탕을 미리 정립하여 이들의 전력화에 크게 기여했습니다. 도입 이후 완벽한 억제력을 발휘하며 국가 안보를 성공적으로 수호했습니다. 지금도 우리 공군이 대북 전력 우위 확보로 적의 침공 억제를 위해 전력을 다하고 있음이 너무나도 자랑스럽습니다.

이 모든 역사적 사실들은 강력한 공군을 이룩하는데 기여한 초창기 팬텀 조종사들의 가슴 속에 영원한 자부심으로 남아 있을 것으로 확신합니다.

대한민국 공군 'F-4 1호기'인 F-4D-24-MC 64-0931 항공기와 함께
64-0931 항공기는 필승편대 편대장기이기도 했다. 도입 초기의 대형 태극마크에 주의.

Interview

F-4D Red Flag 참가

故 이영순

예비역 대령

(공사 19기, F-4D)

- 1946년 6월 18일 경북 왜관 출생
- 대구상고 졸업(1967)
- 공군사관학교 졸업(1971)
- 국방대학원 졸업(1991)
- 전투조종사로 25년간 근무, 공군 대령으로 예편(1995)
- 공군사관학교 비행교수로 재직

필자 주 : 故 이영순 교수(공사 19기, 주기종 F-4D)의 저서 '하늘이 받아준 사람' 본문을 유족의 동의 하에 게재합니다. 베테랑 F-4 조종사인 이영순 교수와 인터뷰를 계획하고 있었으나 불의의 병환으로 작고하심에 따라 대신 귀중한 역사 사료로서 그의 저서 '하늘이 받아준 사람' 중 'Red Flag' 체험기를 소개합니다. 한국 공군의 F-4는 1979년 6대의 F-4D가 'Red Flag'에 최초 참가하였고 83년 F-4D 3대, 90년 F-4E 4대가 참가한 바 있습니다. 이 글은 83년 F-4D 참가를 기록한 글입니다. 생전 고 이영순 교수님의 F-4에 대한 열정과 긍지를 기리며 이 글을 통해 영원히 기억하고자 합니다.

나는 1983년도에 미국 네바다주에서 실시하는 '레드 플래그(Red Flag)'라는 명칭을 가진 비행훈련에 참가하였다. '레드 플래그'란, 구소련을 상징하는 붉은 깃발을 뜻한다. 붉은 깃발(Red Flag)이 상징하듯이, 이곳에서는 소련을 위시한 공산권 항공전술을 그대로 사용하며, 또한 지상에 설치한 항공기를 위협하는 전자장비들도 최신의 소련 장비로 비치되었고, 공산권 항공전술과 지상위협으로부터 회피하면서 침투하여, 목표물을 공격하고 격파하는, 실전과 거의 같은 훈련을 할 수 있는 조건을 갖추고 있는 곳이다. '탑건(Top Gun)' 영화를 본 사람이면 쉽게 이해하리라 생각한다.

하루의 전술전장에서의 비행훈련을 마치고, 결과를 분석하고, 마감하는 디브리핑(Debriefing)시에 대형 스크린에 대공포나 지대공 미사일에 추적을 받았는지 혹은 추적을 받았으면 회피기동 여부에 따라 격추율의 정도가 시현되는 것이다. 이때 격추 판정율이 큰 것으로 간주된 조종사는 창피

함을 금치 못하고 본인 스스로 심각한 표정을 읽을 수가 있었다.

결론적으로 우리 한국공군이 1차와 2차 나누어 실시한 출격횟수는 총 86회였는데 한번도 격추율에 적용되지 않았던 것은 한국 전투조종사의 우수성을 과시한 결과라고도 할 수 있다. 훈련에 참가한 항공기는 우리 나라에 도입될 예정인 팬텀기 중에 3대를 미국 현지에서 인수하였고 인수와 동시에 선명한 태극마크로 도장하였다. 한국공군의 참가인원은 감독관 대령 1명을 포함한 조종사는(1·2차) 17명이었으며, 정비사 14명으로 총 31명이었다. 나는 2차반 팀리더로 참가하였다. 미공군 요원으로 우리들을 지원하기 위해서 F-4 비행교관 2명과 정비요원 3명이 우리를 도와주었다.

'레드 플래그(Red Flag)' 훈련의 간략한 개요는 다음과 같다.

첫째, 전력구성은

- 청군(Blue Force)팀은 훈련참가를 위해 우리 한국공군을 포함한 미공군에서 전개된 전력으로 이루어졌다.
- 홍군(Red Force)팀은 현지 넬리스(Nellis) 기지에 주둔하고 있는 가상적기로 운용하고 있는 F-5E와 F-15 및 F-16 기종이며, 지상군으로서는 전술사격장에 위치한 적의 대공화기, 샘(SAM, 지대공 미사일), 레이다 등으로 구성되어 있다.
- 백군(White Force)팀은 'Red Flag'의 전체 훈련을 주관하고 임무에 대해 강평하고 분석하는 참모진 부서를 말한다.

둘째, 훈련과목은

- 공대지 과목으로, 후방차단 임무와 근접지원 임무가 주과목이며,
- 공대공 과목으로는, 전투초계, 엄호비행, 전투기 소탕(Fighter Sweep) 및 이기종간 전투기동(DACT)이 있다.

최초 도입분 F-4D 앞에 선 고 이영순 대령

셋째, 참가기종은

- 청군(Blue Force)에는 한국 팬텀(F-4D)을 비롯한 12개 기종으로, 미국에서도 처음으로 F/A-18 10대가 훈련에 참가하여 상당히 주목을 끌었으며, 청군 참가대수는 총 68대였다.
- 홍군(Red Force)의 참가기종은 앞서 언급한 바와 같이 F-5E, F-15, F-16 40대가 참가하였다.

이 훈련의 참가대수는 총 108대가 되기 때문에 넬리스 공군기지에 1백여 대 이상 주기장에 전개되어 있으니 마치 항공기 박람회라도 하는 것 같은 엄청난 규모가 아닐 수 없다.

한 임무를 위한 전력구성은 합동공격군(Package)으로 편성하여, 협동으로 침투와 공격 그리고 생환능력을 극대화하기 위해서 임무를 분담하여, 적의 공중 및 지상의 위협요소를 감소시키고 성공적인 목표공격을 할 수 있도록 되어 있다.

Interview

F-4D Red Flag 참가

전시에 단독공격이란 있을 수도 없으며, 과거의 개념일 것이다. 한 예로, 전형적인 합동공격군(Package) 규모의 편성을 보면 다음과 같다. 맨 먼저 적 지상 레이다 및 샘(SAM)을 무력화시키는 전투기(Wild Weasel)가 투입된다. 그 다음은 적 지상에서 위협하는 레이다 및 통신을 마비시키는 전자교란(ECM) 항공기가 침투되며 그 뒤를 이어서 후방차단을 위해 무장한 항공기에 대해서 엄호기가 같은 편조로 따라간다. 그 이전에 적지 내에서 초저고도에서 공세적 초계비행을 실시하는 항공기에 대해 안전한 우군지역에서 조기경보기(AWACS)가 적기를 탐지하며, 적지에서 연료소모를 많이 하고 이탈하여 나오는 항공기들의 연료를 공급하기 위해서 안전한 지역에서 공중급유기가 항상 대기하고 있다. 이렇게 하여 목표물을 공격하고 후방차단 임무를 마치고 나오면 그 다음은 정찰기가 투입되어 사진을 촬영하여 임무 성공률을 분석하는 것이 한 합동공격군(Package)으로 구성된다.

이러한 각 임무를 수행할 수 있는 기능별 항공기들로 구성되어 있어야 온전한 공중작전을 할 수 있는 것이다.

나는 공세적 초계비행을 처음으로 실감이 나게 체험했다. 적 지역 깊숙한 곳에서 초저고도로 대략 지상으로부터 300피트(=92m) 정도에서 500knot(시속 926km) 이상 속도로 초계비행을 실시하는데 우군 안전한 지역 상공에서는 조기경보기가 초계비행지역 근처 상공을 지나가는 적기를 요격하기 위해서 유도하여 주는 것이 아닌가.

이영순

83년 Red Flag 한국 공군 F-4D 참가팀과 함께 우리들은 적기 6시방향 하방에서 공격하니 기동성이 매우 뛰어난 F-15 가상적기는 전혀 눈치를 채지 못한 상태에서 공중무기 발사거리 이내로 접근하여 격추시키고 난 후 다시 초저고도로 내려오는 임무를 처음 경험하였다. 그러나 초저고도/고속으로 초계비행 하다 보니 연료소모율이 많기 때문에 우리 한국 팬텀기는 15분간 임무를 하고 귀환하지 않으면 안되었다.

디브리핑 시에 왜 한국전투기는 저렇게 빨리 귀환하느냐고 자기들끼리 뭐라고 한마디 하면서 폭소를 터뜨리기에 나는 무슨 말인지는 못 알아들었지만 왠지 불쾌한 기분을 감출 길 없었다. 미 공군기들은 공세적 초계비행을 초기에는 우리와 마찬가지로 15분 정도 하다가 공중에서 대기하고 있던 공중급유기로부터 연료를 재주입받아 다시 침투하여 30분을 더 임무수행을 하고 귀환하는 것이 아닌가. 우리도 빨리 공중급유기와 조기경보기(AWACS)를 보유해야 할 텐데…

Red Flag의 훈련의 열기가 고조되고 임무강평을 위한 전체 모임에서 격추율이 높아지니 사실 각 기종의 전투기들은 적 지상위협 장비에 포착되지 않으려고 위험을 무릅쓰고 최저고도 100ft(약 30m)까지 내려간다. 네바다 주의 사막지역인 공역은 지표면이 해면으로부터 6,000ft가 넘기 때문에, 지표면에서 불과 30m 정도이지만, 목표공격 후 최대속도로 탈출하기 때문에 음속돌파 상태에서 전장(Battle Field) 지역을 이탈하기가 보통이다. 그래서 그 지역에 살고 있는 야생 말과 소들은 귀고막이 다 터진 상태라고 한다. 이렇게 초저고도/초고속으로 기동을 할 수 있는 것은 후방석이 있기 때문에 가능하다.

이영순

Red Flag 훈련에 참가 중인 F-4D와 한국공군 조종사들. 가운데가 고 이영순 대령

Interview

F-4D Red Flag 참가

왜냐하면, 전방석 조종사는 앞에 닥치는 장애물만 회피하여야 하지, 대형을 맞추기 위해 옆 비행기를 보았다가는 지면에 충돌하기 십상이다.

대형유지는 후방석에서 전방석에 인터폰으로 조금 우로 혹은 조금 좌로(Check Right/Left)하면서 전방석을 몰고가야 이런 대형을 유지할 수 있고, 선회지점에 왔을 때는 '급선회(Hard R/L)'을 지시하므로 전·후방석 기능이 얼마나 중요한지 실전에서는 실감하고 남음이 있었던 것이었다. 전투기종이 단좌이면 이렇게 하기가 매우 힘들 것이다. 전장지역의 면적이 남한의 반만큼 넓으니, 모든 임무를 실전과 거의 비슷하게 할 수 있었다.

이러한 한 임무를 수행하기 위해서 넬리스 기지에서는 모든 전투기들의 연료조건이 비슷하기 때문에 청군이든 홍군이든 간에 비슷한 시간에 이륙하고, 같은 시간 내에 30대~40대가 이륙하기 때문에 복수 활주로에서 쉴 새 없이 이륙하였으며, 항공기 상태에 이상이 생겨 이륙을 포기하는 항공기는 모든 비행기가 다 이륙하고 난 후에야 주기장으로 되돌아 올 수 있었다.

USAF

또 우리를 지원해주는 한국정비사는 불과 14명으로 비행지원소티 86회를 하면서 사소한 결함 40여 건은 발생했었으나 임무를 포기(Abort)하는 사례는 한 건도 없었다. 정비요원들의 눈물겹도록 고생한 근면성과 근성에 감사한 마음과 놀라움을 금할 길 없었다. 왜냐하면 우리 한국 비행기 주기장 바로 옆에 미 공군 F-4E기 4대가 전개하여 같이 훈련에 참가하고 있었는데, 항공기 정비지원 요원이 80명이 파견되었으니 어디서 그렇게 한국사람들의 악착성과 사명감이 나올까? 예산을 절감해야 하는 원인도 있겠지만 한국정비사들의 근면함과 우수성에 대해서 미군요원들이 놀라움을 금치 못하는 것이었다.

Red Flag 훈련을 위해 한번에 30~40대가 복잡하게 이륙을 했었지만, 또 귀환하여 착륙할 때도 모두가 비슷하게 몰려오기 때문에 여간 복잡한 상황이 아니다. 공중에서 3마일로 줄을 물고 귀환하기 때문에 영어도 잘 알아들어야 하고, 또 착륙에 실패하면 연료가 다 떨어질 때까지 끼여들 틈이 없으므로 전장(戰場)에서 임무도 실전과 같았지만 이착륙하는 데도 긴장을 조금도 늦출 수가 없었다.

훈련기간 중 항상 우리 임무 중에는 미 조종사 2명 중 한 명이 후방석에 탑승하여 우리들을 지원하여 주었다. 론(Ronn) 소령과 블라톤(Bratton) 대위였는데 블라톤 대위는 좀 특이한 존재였다. 그는 미 육군사관학교(West Point)를 졸업하고 미 육군 장교로 월남전에 참전하여 소대장으로 전투에 참가했는데 그렇게 간절히 항공기 지원을 요청했으나 지원해 주지 않아 큰 피해를 보았으며 고국(미국)에 돌아가면 꼭 조종사가 되어야겠다고 마음먹고 미국역사상 미 육사(West Point) 출신이 공군으로 전군한 사례는 처음 있는 일이었다고 한다. 독일계 미국인으로 영리하였으며 정말 비행

합동훈련 중인 한국공군 F-4D와 미공군 F-111

기 조종기량 면에서도 훌륭한 솜씨(Skill)를 가지고 있었다.

Red Flag 훈련에 우리와 함께 처음 참가한 F/A-18에 대해서 우리는 지대한 관심을 가지고 있었다. 그것은 우리 한국 공군이 장래에 차기기종 선정으로 F/A-18이냐 아니면 F-16이냐 비교하면서 관심이 고조되어가고 있는 실정을 감안할 때, 우리는 F/A-18의 성능과 운영에 대해서 관심을 갖지 않을 수가 없었다.

우리 감독관님께서 이 Red Flag 훈련이 끝나기 전에 별도로 비행계획을 해서 우리 팬텀과 같이 공중에서 성능기동 시범비행을 요청하여 놓았으니 마음의 준비를 해 놓으라고 지시하셨다. 그러던 어느 날 Red Flag 훈련이 일시중단(Stand By) 지시가 전달되었다. 그 이유는 Red Flag 훈련장에 눈이 덮여 목표물을 식별할 수가 없기 때문에 훈련 대기가 선포되었던 것이다. 이 기회에 감독관님께서 F/A-18과 공중전투기동을 해보자고 요청을 하니 여러 가지 핑계를 대면서 훈련을 할 수 없다고 하였다. 대신 F-15와 기동을 해보겠다는 의사가 허락이 되어 갑자기 바뀌어진 비행계획에 합동브리핑이 이루어졌다.

훈련을 주관하는 백군(White Force)의 계획과장(중령)과 우리 감독관님 F-15 조종사 2명(단좌이기 때문에 2대)과 우리 팬텀 2대(4명), 주관제사와 보조관제사까지 10명이 모여, 비행이 진행되는 계획과 기동에 대한 약속사항, 지켜야 할 규칙에 대해서 모임을 가진 후 우리는 별도 브리핑을 실시하였다. 우리의 F-4D 2번기 후방석에는 미군 교관 블라톤 대위가 탑승하기로 하고 우리끼리 약속동작과 전술을 구사하였다. F-15기는 공산권에서 사용하는 간단한 종진 대형을 유지해 줄테니 우리 팬텀이 마음대로 공격을 해보라며 미공군 조종사들은 자신만만한 모습이었다.

블라톤 대위가 나에게 질문하기를, 우리가 공격대형에서 나란히 공격편대 대형(Line Abreast)으로 공격하는데 우리 항공기간의 고도분리는 몇 피트로 할 계획이냐고 하는 것이었다. 우리는 보통 훈련할 때 3천 피트로 분리하기 때문에 나는 5천 피트로 분리하겠다고 했다. 블라톤 대위가 하는 말이 최저 8천 피트(Minimum 8,000ft)는 분리시켜야 한다는데 나는 우리가 모르는 무엇인가가 있음을 직감적으로 느끼며 그렇게 하겠다 약속하였다.

F-15는 레이다 성능이 우수할 뿐만 아니라 기동력이 매우 뛰어나기 때문에, 우리가 공격할 때 2대가 동시에 F-15에 포착되지 않으려고 하면 적어도 8천 피트 이상 분리해야 하는 까닭을 이해할 것 같았다.

넬리스 공군기지에 훈련이 일시 중지되어 아무 비행기도 훈련하지 않는 조용한 가운데 우리 팬텀 2대와 F-15 2대만 이륙하였다.

3단계로 기동시범을 하기로 약속했다. 첫 번째 성능시범은 F-15와 F-4가 한 편대로 비행을 하다가 후기연소(AB)를 작동시켜 급상승하는 기동으로, 시작신호와 동시에 후기연소를 넣고 상승하니 F-15기가 우리 팬텀기에 비해 월등한

Interview

F-4D Red Flag 참가

RF-4C 유지비행. 왼쪽이 고 이영순 대령

이영순

속도로 앞서갔다. 예상했던 일이지만 성능의 큰 차이를 알 수 있었다.

두 번째 기동은 F-15가 6,000피트 앞서갈 때, 뒤에 따라가는 팬텀기가 '기동시작(Begin Maneuver)'이라고 라디오로 신호를 보내면 F-15 항공기가 급선회하여 반대로 우리 팬텀기를 공격하는데 F-15가 뒤돌아 우리와 정면으로 위치를 잡는 데는 불과 5초만에 이루어지며 내 항공기와 서로 교차되자마자 급선회를 하더니 나의 뒤꼬리를 물지 않는가! 나는 감탄사와 아울러 혼잣말로 '정말 할 말이 없구나'라며 우수한 기동력에 놀라지 않을 수 없었다. 마지막 세 번째 기동훈련은 F-15와 F-4 항공기 간 공중전투기동으로 온갖 지혜를 다 모아 서로 격추시키는 기동이었다. 우리 F-4는 공중에서 서로 다시 모여(Join Up) 북쪽 지점으로 가고 F-15는 남쪽 지점에서 서로 공격하는 것이었다. 이제 공중전투기동이 시작되었다. 우리를 지원하는 관제사는 F-15기의 위치와 거리, 정보를 계속 알려 주었다. 나는 2번기를 고도 2만 피트에서 있게 하고 나 1번기는 고도를 1만 피트 이상 분리하여 내가 2번기를 쉽게 확인할 수 있는 고도까지 최대한 하방으로 내려갔다. 우리 팬텀 레이다도 벌써 F-15기를 잡고 있었다. 약 8NM 정면 거리에서 F-15 2대가 내 시야에 들어오는 것이었다. 나는 적기(F-15)를 육안으로 확인했다고 2번기에게 알리고 계속 접근했다. F-15 2대는 아무 기동도 없이 계속 접근해 왔다. F-15가 우리 2번 기는 레이다로 잡았겠지만 1번 기인 나를 잡지 못했기 때문에 그들은 계속해 나머지 한 대인 나를 찾고 있는 모양이었다. 서로가 교차 직전까지 F-15가 기동을 하지 못하는 것은 다른 한 대(#1)를 찾기 전에 무작정 기동을 할 수 없는 상황이었을 것이다. 나는 그들이 보지 못하는 상황을 이용하여 저고도에서 후기연소를 사용하여 F-15의 뒤편 하방에서 접근하여 1차적으로 가상 '사이드 와인더' 미사일을 발사하고 그래도 기동이 없기에 기총 발사까지 하고 있는데 그 때 F-15가 나를 발견하고 급기동 역선회로 나에게 접근해 오는 것이 아닌가! 그렇게 위용이 당당하던 F-15가 나의 기습적인 공격에 완전히 당하고 말았으니 괜히 안쓰러운 생각이 들기도 했다.

서로 '임무 중지(Knock It Off)'를 선언하고 한번 더 전투기동을 하는데, 그 다음은 F-15가 북쪽 지점에서, 우리 F-4는 남쪽 지점에서 두 번째 공중전투 기동을 하였다. 나는 첫 번째와 같은 방법의 전술을 구사하면서도 더욱 자신 있게 고도분리를 더 많이 했다. 마찬가지로 F-15가 나를 발견하지 못하고 기동도 하지 않는 틈을 이용해서 공대공 미사일 공격에 성공하였다.

이 광경은 '레인지 컨트롤 센터' 내에 있는 지상 대형 스크린에 시현되기 때문에 노인호 소령이 참관하여 보니, 소속 미군 조종사들이 무척 당황하는 표정이었다고 하였다. 블라

1980년 미 공군 F-4E와 F-15A
USAF

톤 대위의 조언이 적중하였다. 고도분리를 8천피트 이상 함으로써 F-15기의 레이다 성능이 우수하다 하여도 1번 기인 나는 2번 기를 미끼로 레이다 포착범위를 벗어났으니 우리의 2대를 찾으려고 공격도 해보지 못하고 우리에게 당하고 만 것이었다.

새로운 전술은 항상 상식보다 한 수 위에 있을 때에만 통하는 것이다. 훈련에 참가한 미 해병대 전투기도 우리의 상상을 초월하는 저고도 침투 루트를 계획했으므로 우리들은 감탄을 금치 못하였다. 후방차단 임무로 저고도 침투하는 여러 편대가 침투 루트가 서로 겹치거나 충돌할 위험이 없는가 서로 비교하며 토론하는 편대군 브리핑 시에 "미 해병대 전투기의 침투 루트는 어디에 있는가?"라고 질문하니 그들은 여유 만만하게 금지구역을 표시한 라인이 바로 자기들의 침투루트라고

Interview

F-4D Red Flag 참가

이영순

하여 큰 폭소를 자아냈지만, 그 기발한 착상에 놀라지 않을 수 없었다. 적의 공중 위협이나 지상 위협 장비들이 '설마' 하는 그 허점을 노린 것이 대단한 발상이 아닐 수 없었다. 그러나 그 금지구역을 침범했다가는 엄청난 문책을 면치 못하는 위험성을 내포하고 있기는 하지만 성공률도 크다는 것을 생각하게 하였다.

우리 팬텀기가 F-15와 이기종 공중전투 기동(DACT)에서 성능 면에서는 상대도 안되었지만, 우리들은 F-15기가 제대로 힘 한 번 써보지도 못하도록 하였으니 새로운 전술전기 연마가 얼마나 중요한 사항인가를 다시 한번 깨닫는 계기가 되었다.

그리고 우리 감독관님이 F/A-18과도 기동훈련 기회를 가지려고 노력하고 있는 중에 갑자기 훈련일정이 이틀이나 앞당겨졌다. 그 이유는 추수감사절을 이용하면 연휴를 즐길 수 있기에 우리 한국 조종사들에게 계획된 임무는 거의 마무리 단계에 있었으므로 아무 지장도 없었지만, F/A-18과의 성능기동 시범 비행의 기회가 없어져 못내 아쉬웠다.

매일 일과와 임무시작 전에 전체 브리핑을 실시하는데 제일 먼저 브리핑을 실시하는 것은 정보 브리핑으로 금일 실시되는 전장지역에 적의 위협요소를 분석하여 적의 위협정도가 다소 낮으면(Low Threat) 공격기들은 철저히 고공고각도 사격으로 최저고도 4,500ft를 엄수하였고 적의 위협정도가 높은 지역(High Threat)으로 선포되면 초저고도 고속침투로 지상폭격시에는 높은 고도 노출을 최대한으로 억제하는 것을 보며 세계 곳곳에서 실전 경험한 그들의 모습을 역력히 읽을 수가 있었다.

비행 마지막 날 아침 브리핑 시에 보여줄 것이 있으니 자리에 앉으라는 것이었다. 그것은 다름 아닌 지금까지 Red Flag 훈련 중에 일어난 비행사고들을 영화 보듯이 스크린에 보여주는 것이 아닌가? 첫 번째 장면은 B-52 폭격기가 초저고도에서 급선회를 하다가 한쪽 날개가 땅에 닿으면서 순식간에 폭발해 버리는 장면이었다. 다음은 가상적기 4대와 우군기 4대간의 공중전투기동 장면으로 마치 까마귀 떼들이 모여 있는 것 같은 상황하에서 2대가 공중 충돌하며 폭발해 산산조각 나는 가운데 울리는 유도관제사의 격앙되고 처절한 임무중지 소리가 우리의 폐부를 깊이 찌르는 것 같았다. 이어 F-16 #2번 기가 대지공격 후 고도를 너무 손실하여 지면에 충돌하며 폭발하는 장면 등을 대략 10여 분 스크린 방영을 보고 모든 조종사들은 할말을 잊은 채 깊은 침묵 속에 자리에서 떠날 줄을 몰랐다. 나도 우리 일행들도 이구동성으로 "마치 가슴이 다 식어버린 것 같다"면서 지금까지 임무 성공만을 위해서 다소 비행안전에 소홀하지 않았나 하는 생각과 함께 겁도 없이 아슬아슬하게 임무를 수행했던 지난 비행시간들에 다시 한번 가슴이 떨려 오는 것 같았다.

이 사고장면을 보고 나서 나는 마음속으로 오늘이 마지막 비행인데 정말 조심해야겠다고 다짐했다. 마지막날의 비행이 평소와는 달리 왜 그렇게 겁이 나는지.

이런 계획은 훈련 주관하는 백군(White Force)에서 마지막 날 대부분 조종사들이 기분 내는 비행을 하기 때문에 안전에 소홀하기 쉽고, 불군기 비행을 많이 할 것을 예견하여 이를 미연에 방지하기 위해서 운용한다는 것이었다. 너무나 강렬한 이미지가 심어져 그 후 비행 생활하는 동안 내내 기억에 되살아나곤 했었다.

전투조종사로서 실제 전쟁을 겪어보지 못한 실정에서도 Red Flag 훈련을 통해 신 전술을 개발하고 신무기에 대응하는 강도 높은 훈련을 받고 나니 자신감이 넘쳤고 어떠한 일무도 성공시킬 수 있다고 자부했었다. 그러나 이젠 막상 전투기를 떠나고 내가 가진 모든 지식과 기술을 전투조종사 후배들에게 다 전수하지 못한 것이 못내 아쉽지만, 이제는 후배 조종사 양성에 그 혼(魂)만큼은 확실히 심어놓으리라는 생각은 변함이 없다. 이제 남은 정열을 다 바쳐 후배들의 밑거름이 되고자 다짐한다. 지금까지 내가 걸어온 삶의 길을 되돌아보아도 이보다 더 보람되고 값진 직업이 있겠는가.

이영순

마지막 팬텀 비행

Interview

F-4 전자전 체계 확립

장호근

예비역 소장

(공사 17기, 2,800여 비행시간 중 F-4D 1,200시간)

- 방위사업헌납기 '필승편대' 비행, 한국공군 전자전 장비 사업(KALQ-X) 실무 담당
- 151전투비행대대장
- 주미 대사관 공군무관
- 공군작전사령부 참모장
- 11전투비행단장
- 연합사 정보참모부장
- 공군본부 군수참모부장
- 국방대학교 부총장 등 역임
- 정치학 박사(전북대학교 대학원) 미국 하버드 케네디 스쿨 Belfer Center 연구원
- 주요저서: '예방외교', '6·25전쟁과 정보실패', '미 공군 한국전쟁 항공작전' 등

Q F-4 조종사가 된 계기는 무엇입니까?

광주기지 F-86대대에 근무하던 중, 1974년도에 당시 신예기 F-4D 차출에 선발되어 대구기지 151대대로 전속되었습니다.

F-4는 1950년대 미국의 항공전자 기술이 집약된 우수한 전술폭격기로 F-86을 비행하던 제게는 환상의 전투기였습니다. 특히 출력 면에서 대단했고, 레이다를 포함한 각종 탑재 전자장비는 상상을 초월했습니다.

그러나 고가의 신예기에 대한 특별 배려로(?) 기종전환을 한 지 얼마 안 되는 저같은 비행시간이 적은 젊은 신참 조종사에게는 비행할 기회가 적어서 매우 섭섭했습니다.

Q F-4를 비행하면서 있었던 에피소드 및 가장 기억에 남는 일화는 무엇입니까?

79년도 팀스피릿 훈련 당시(110대대 소령 시절), 미공군의 F-111과 한미연합작전으로 승진사격장(Nightmare Range)에서 실무장을 투하했던 적이 있습니다. 폭격 시 F-111이 장기로 비행하고 F-4D 2대가 요기로 편대비행 하면서, F-111의 유도에 따라 '레이다 폭격(radar bombing)'을 실시했습니다.

국가기록원

방위성금헌납기. '필승편대' 2번기 전방석이 본인

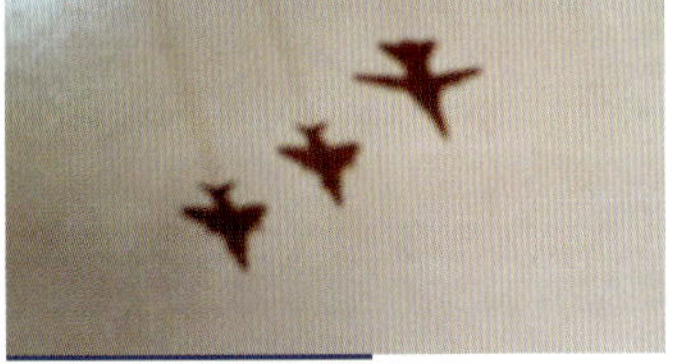
F-111과 F-4 편대비행
(폭격시는 F-111이 장기로
Radar Bombing)

표적 상공 폭격 장면과 폭격결과를 합성한 사진

정호근

비행 후 조종사 기념촬영(맨 좌측이 본인)

Q F-4D 방위성금헌납기 기념비행 편대원으로 비행하셨다고 들었습니다.

151대대에서 대위로 근무하던 시절 방위성금헌납기 4기 편대의 2번기 조종사로 선임되었습니다. '방위성금헌납기' 글씨가 기수부에 크게 도장된 5기(spare 포함)의 F-4D가 대구기지에 준비되었고 '필승편대'로 명명되었습니다. 동 편대의 편대장은 당시 신이열 중령(조간 12기)이었습니다.

필승편대는 지상에서는 물론 공중에서도 수차례 비행 장면을 촬영했습니다. 전방석 조종사 4명은 '방위성금헌납기' KBS 특별방송 프로그램에 출연하기도 했습니다. 우리 돈으로, 게다가 전 국민이 십시일반 모은 성금으로 처음 구입한 세계최강 전투기에 대한 국민적 관심이 굉장히 높았던 걸로 기억합니다.

Interview

F-4 전자전 체계 확립

Eglin 미 공군기지 정문에서 본인

Q F-4 전자전 체계 확립과 국산 전자전 장비 개발에도 기여를 하셨습니다.

1980년대 신참 중령 시절 한국공군 전술기 ECM(전자전) 장비(KALQ-X) 개발의 실무자였었습니다. 이 사업으로 1990년대에 ALQ-88K/AK ECM Pod가 탄생했고, 2000년대에는 ALQ-200K로 발전했으며, 이 장비의 내부장착형이 KF-21의 통합 전자전장비(EW suite)가 되었습니다.

고참 소령으로 대구기지에서 F-4 조종사로 근무하던 1979년 2월 한국공군에서 새로 도입하는 전술기 외부장착용 포드(pod)인 ALQ-87 ECM 장비 교육을 오산 미공군 기지에서 받았습니다. 그리고 1980년 초 공군본부 연구분석부에서 근무하던 중 작전참모부 특수전처 전자전담당관으로 발령이 났었습니다.

특수전처가 신설된 배경은 이러했습니다. 한국군 고위층이 당시 이임하는 한미연합사령관(1976년~1978년 재직한 초대 연합사령관 John W. Vessy 미육군 대장으로 추정)에게 한국군의 취약점이 무엇인가를 충고해 달라고 했더니 다음 세 가지를 조언했다고 합니다.

❶ 한국군은 야간작전 능력이 매우 약하고,

❷ 전자전 및 화생방전과 같은 특수전에 대한 준비가 부족하며,

❸ 병력구조에서 하사관(부사관)과 같은 중간 허리층이 취약하다.

그 후 국방과학연구소(ADD)의 '전술기 ECM 장비(KALQ-X) 개발사업'이 현안으로 떠오르면서 제가 본격적으로 참여하게 되었습니다. 이 사업은 ADD가 전술기에 장착할 외부 포드(pod)만 만들고 내부에 들어가는 전자장비 모듈은 미국의 저명한 방위산업체인 N사가 제작하는 계획이었습니다. 국내개발이라고는 했으나 내부에 들어갈 중요 전자부품은 모두 미국 방산업체에서 제작하는 형식적인 겉치레 국내개발로 생각되었습니다. 그러나 당시의 우리 과학기술 능력으로는 불가능했으므로 해외기술을 습득하기 위한 궁여지책이라고 생각되었습니다. ADD에서는 개발이 완료되자 미국에서 1983년 텍사스주 AFEWES(미공군 전자전평가단)와 플로리다주 Eglin 공군기지에서 부대운용시험을 실시했습니다. 저는 이 시험에 소요군인 공군의 일원으로 참여했었습니다. 시험 결과, 두 곳에서 모두 KALQ-X는 북한이 보유한 SAM(지대공) 레이다와 같은 재래식 위협에 효과가 낮다는 평가가 나왔습니다. 이를 보완하는 것은 기술적으로 가능하지만, 장비의 고출력 증폭관(TWT: Traveling Wave Tube)의 교체를 위해 재설계가 필요했습니다. 따라서 새로운 사업으로 시작할 수 밖에 없었습니다.

중요한 것은 미 공군과 우리 합참 및 ADD의 부대운용시험에 대한 견해 차이였습니다다. 미 공군에서는 AFEWES와

Eglin 기지 시험이 모두 DT(개발 테스트)에 속했고, OT(운용 테스트)는 Edward 기지에서 실제 전술기동을 하면서 실시했습니다.

KALQ-X 사업에 대한 합참의 분위기는 거의 ADD 측으로 기울어 있었습니다. ADD가 미국까지 가서 F-16에 장착하고 비행을 했으니 성공하지 않았느냐 하는 선입견을 품은 것 같았습니다. 이제 공군만 수락하면 양산에 들어가 F-4와 F-16에 장착할 계획이었습니다. 그러나 공군을 대표해서 저는 완강히 반대했었습니다. 이러한 저의 지적에 대해 공군의 지휘관들도 완전히 이해하고 전적으로 저를 지지해 주었습니다.

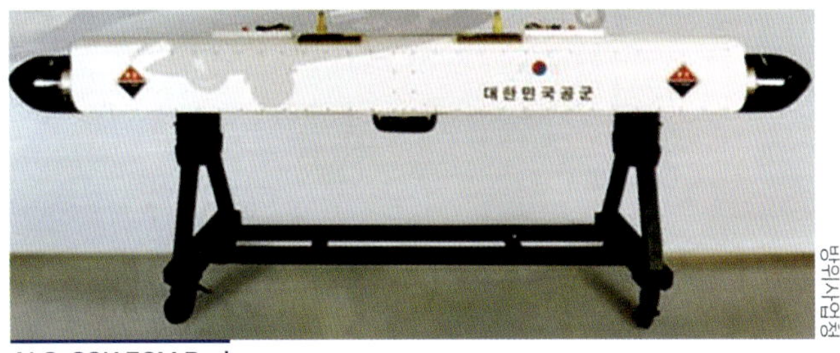

ALQ-88K ECM Pod

방위사업청

40여 년이 지난 지금에도 이 주장에는 변함이 없습니다. 만일 그 당시 실무자로서 문제가 없다고 했다면, 공군 지휘부에서도 동의했을 가능성이 컸습니다. 그리고 모든 일이 ADD가 원하는 대로 순조롭게 진행되었을 것입니다. 그러나 그 결과로 첫째, 한국공군의 F-4와 F-16 조종사들은 북한이 가장 많이 보유한 SAM에는 재밍 효과가 낮은 ECM Pod를 장착하고 유사시에도 비행해야 했을 것이고, 그리고 앞으로도 비행해야 할 것이었습니다. 둘째, 만일 ADD가 원했던 대로 성능보완 없이 사업이 종료되었다면, 40년 전 ADD가 수입 장착한 내부 부품 장비 수준의 전자전 기술에 머물러, 오늘날 KF-21에 장착할 수 있는 수준의 국내 기술 확보는 불가능했을 것입니다.

우여곡절 끝에 사업을 연장하는 쪽으로 결정되었습니다. ADD는 장비보완을 위해 다시 5개년 국방중기계획에 KALQ-X 사업을 반영해야만 했습니다. 저는 1985년 7월 두 번의 전자전 담당관을 끝내고 대구 전투비행단으로 다시 복귀했습니다. 그리고 1987년 2월 F-4D 151대대장 임무를 마칠 즈음, 워싱턴 주미 공군무관으로 선발되었습니다. 국방부 정보본부에서 무관 사전교육을 받기 위해 서울로 온 후, 국방부에 '공군 전자전 사업단'이 설치된다는 소식을 듣게 되었습니다. 초대 사업단장에 저를 내정해 놓았었는데 제가 주미 공군무관으로 선발되어 전자전 사업단장을 정하지 못하고 있다는 소문이 들렸는데 사실이었습니다. 떠난 후에도 지속적으로 관심을 가지고 업데이트를 받았습니다.

KALQ-X 개발/해외시험 종료 후, 1986년 말 국방부 직속으로 전자전 사업단(PMO)이 설치되었습니다. 그 후 PMO에서는 1988년 서울올림픽 안보 상황을 고려하여, 당시 개발된 성능 수준의 제품을 초도생산하기로 일단 결정했습니다. 이것이 'ALQ-88K ECM Pod'였습니다('88'이라는 명칭은 88년 서울올림픽에서 유래). 1987년 보완개발 사업승인 후 시험평가 장소/방법에 대하여 많은 논란이 제기되었고, PMO에서는 미 공군 시험장(Eglin 기지)에서 수행하기 위해 미 정부에 해외시험계획을 수 차례 타진하고 직접 현지를 방문하여 협조를 구했으나 불가능하였습니다. 그래서 개발 일정 및 전력화 시기를 고려하여 일단 국내 전자전 훈련장(KOTAR)을 이용하여 시험평가를 추진하는 방안으로 결정했습니다. 국내 개발 장비의 시험비행 수행을 위해 미국의 감항인증 전문업체 Tracor FSI와 용역계약을 체결하고, 한국공군 F-4와 F-16에 장착하여 비행인증 시험을 실

Interview

F-4 전자전 체계 확립

시했습니다. 그리고 이 업체로부터 비행운영적합성(flight certification)에 대한 권고(recommendation) 서한을 받았습니다. PMO에서는 이 권고를 정책적으로 받아들여 DT를 완료했습니다. 이러한 정책적인 결정은 사업추진 과정에서 또 하나의 큰 전환점이 되었습니다. DT를 마친 후에는 OT를 위해서 공군본부 시험평가처 주관으로 평가팀이 구성되었습니다. 평가팀은 전자전 훈련장 시설과 국내 대공 레이다/함정 레이다/전술기 레이다 등 군에서 운용 중인 실제 레이다를 대상으로 이동형 계측시험설비를 이용하여 실시간 시험평가를 실시했습니다.

이와 같은 여러 우여곡절을 겪으면서 최초로 태어난 한국형 전술기 ECM Pod가 ALQ-88AK입니다. 첨단기술의 전자전 체계를 우리 기술로 개발했다는 것은 ADD는 물론 한국의 방위산업 역사상 커다란 쾌거였다고 생각합니다. 그리고 2004년에는 공군의 신형 전술기 ECM 포드인 ALQ-200K를 개발하여 적기전력화시킴으로써 전력 증강에 크게 이바지 하였습니다.

뒤돌아보건대, KALQ-X 사업은 명견만리(明見萬理)의 혜안을 가졌던 한국공군의 사업수행 의지와 성원 하에 1980년 초 연구개발이 시작되어 장비의 성능과 기술이 혁신적으로 거듭 발전하는 계기가 되었습니다. 'KALQ-X 사업'은 황무지였던 국내 전자전 기술이 40년의 연구개발과정을 거쳐 선진국 수준의 최신 전자전 기술력을 확보하게 된 '마중물(priming water)'의 역할을 해준 것이라고 생각합니다.

최근 KF-21 전투기에 국내 개발 통합 전자전 시스템이 장착될 것이라고 하는 소식을 들었을 때, 40여년 전 개발 당시의 어려움과 쟁점들이 주마등처럼 지나갔습니다. 오늘이 있기까지 중요한 고비마다 큰 결심을 내려준 공군의 지휘관들, 그리고 맡은 임무를 충실히 완수해 준 공군의 전문 요원들에게 이 자리를 빌어 감사의 마음을 전하는 바입니다. 물론 현장에서 땀을 흘리며 무에서 유를 만들어낸 ADD 연구원들과 우리 방산업체의 전자전 전문가들을 생각하면 가슴이 더욱 뭉클해집니다. 또한 첨단 전자전 장비 개발 초기의 어려운 도전 속에 제가 있었고, 핵심 실무자의 한 사람이었다는 데에 대해 자부심을 느낍니다. ADD에서는 KALQ-X 사업을 국내 무기체계개발 사업의 큰 성공 사례로 꼽는다고 들었습니다. 우리 대한민국 공군이나 참여 업체도 같은 생각일 것이라고 생각합니다. 우리 전술기의 생존성과 첨단 방위산업 발전에 절대적으로 중요한 국산 전자전 장비 기술이 지속적으로 발전해 나가길 진심으로 응원합니다.

Q 이제 F-4가 한국공군에서 완전히 퇴역합니다. F-4 조종사로서 남기고 싶은 말씀이 있으실까요?

'나는 F-4로 기종전환을 한 이후 얼마나 항공기를 잘 알고 비행을 했었나?' 하고 자문해 보면서 이 글을 공군 조종사 후배들에게 남기고 싶습니다. 저는 1974년 대위 시절, 당시 최고의 전폭기였던 F-4D 조종사로 선발되어 대구기지 151전투비행대대로 전속되었습니다.

정호근

제151대대(F-4D) 시절의 본인. 당시 대위

잘 알려진 것처럼, 당시 팬텀기는 미국이 1960년대 모든 항공전자 기술을 동원하여 제작한 미 해군 함재기로 미 공군도 보유한 최신예 전술폭격기였습니다. 한국공군이 1969년 도입할 때도 한국은 미국 이외에 영국과 이란 공군 다음으로 전 세계 3번째 보유 국가였습니다. 따라서 저같은 경험이 부족한 신참 조종사는 전환훈련 후에도 비행할 기회는 많이 주어지지 않았습니다. 그래서 많은 불만이 있었어요. 그때는 팬텀의 그 많은 전자장비에 대해 별로 관심을 두지 않고 항공기의 비행특성에만 전념했었던 것 같았습니다. 주변 분위기도 그랬습니다.

어느 날 지휘관의 정신훈화가 있었습니다. 그 시간의 키워드는 '억제(抑制, deterrence)'였습니다. 한국공군의 F-4D 보유는 북한의 위협에 대해 결정적인 전쟁 억제 역할을 하고 있음을 알게 되었습니다. 이것이 당시 팬텀을 보유한 우리 공군의 위상이었습니다. 여하튼 자부심을 느끼고 비행을 했지만, 시간이 갈수록 팬텀의 탑재전자장비에 대해 모르는 것이 많아져 갔습니다. 그리고 내가 무엇을 모르고 있는가를 알 수 있었을 때 쯤 저는 비행단을 떠났습니다.

다행히 저는 F-4 ECM Pod 교육을 받은 적이 있어 한때 '전술기 전자전 분야의 전문가'라는 말을 듣기도 했었지만 잠시였습니다. 이제 전역한 지도 20여 년이 지났지만, 현 시점에서 내가 무엇을 해야 했었나를 다시 생각해 보려고 합니다.

국가목표를 달성하기 위해 군사전략이 있습니다. 그리고 그 아래 이를 수행하기 위한 군사작전, 그리고 전술로 이어집니다. 비행단 수준은 무엇에 해당할까요? 군사작전을 수행할 수 있게 전투능력을 준비하는 단계로, 한마디로 평소 전술·전기 연마입니다. 미군 교리로 말하면 TTP(Tactics, Techniques and Procedures)를 일컫습니다. TTP, 즉 전술, 전기, 절차 중에서 내가 개인적으로 해야 하고 할 수 있는 일은 무엇일까를 생각해 보자는 것입니다. TTP 중에서도 전기·기술(Techniques) 중에서도 혼자서 할 수 있는 일이 있다고 생각합니다. 비행기술이 아니라 탑재 장비에 대한 기술적인 지식 습득입니다. 저는 비행은 했지만 사실상 팬텀의 많고 복잡한 탑재전자장비에 관해 정통하지 못했었습니다. 그래서 최신예 항공기를 비행하는 일선 전투 요원들에게 이렇게 당부하고 싶습니다.

"과학기술의 발달, 특히 인공지능과 드론의 등장으로 최근 무기체계의 발전은 고도로 정밀화되고 복잡해지는 추세다. 최신예 항공기일수록 전문가가 아니면 이해 못할 기술적인 요소가 많을 것이다. 이러한 새로운 미래의 항공전에서 모든 장비가 자동화되어 그 원리를 몰라도 작동하겠지만, 스스로 익힌 탑재 장비에 관한 정통한 지식은 '싸워 이겨야 한다는 투혼(fighting spirit)'의 큰 밑받침이 될 것이라는 점을 명심해야 한다."

Interview

F-4 최우수 조종사

은진기

예비역 중령
(공사 26기, F-4E)

저는 영광스럽게도 1990년도 공군 최우수 조종사로 선정되었습니다. 각 기종 별 우수 조종사가 선발되고 그중 최우수 조종사를 결정하는 방식입니다. 그 배경에는 헌신적으로 임무에 몰입한 같은 대대원의 도움이 있었지요. 또한 각종 검열과 대회에서 좋은 성적을 거두는데 도움을 준 같은 편조가 큰 힘이 되었습니다. 비록 영광은 제가 안았지만 대대원의 헌신과 F-4라는 걸출한 전투기가 없었으면 과연 그런 결과가 있었을지 의문스럽습니다.

은진기

Q 간단한 본인 소개 부탁드립니다.

저는 공군사관학교 26기 출신인 은진기 예비역 중령 입니다. 1974년에 입교하여 1978년 졸업과 동시에 공군 장교로 임관했습니다. 사관학교 4학년 말 비행 훈련에 입과하여, 2년여의 훈련을 마친 후 전투 조종사가 되었습니다. 전투 조종사 초기에는 F-5E/F를 조종했습니다. 약 2년이 지나고 당시 최신예기인 F-4E로 전환하여 제 군 시절의 주력기는 F-4가 되었습니다.

최우수 조종사 선정 후 대한뉴스 출연

Q F-4 조종사가 된 계기와 조종사로서 F-4 항공기에 대한 생각을 부탁드립니다.

당시의 공군 정책으로 500시간 이상의 비행시간과 분대장 이상 비행자격이 되면 신예기로 전환할 기회가 주어졌습니다. 혹은 훈련 비행단에서 조종사 양성 교관을 할 기회가 있었죠. 저는 이왕이면 당시 최신예기였던 F-4로 전환하기로 결심했습니다. 대위 진급이 된 1981년 전환이 결정되었답니다. 당시의 F-4 조종사의 위상은 하늘을 찌를 듯 대단했습니다. 분위기가 F-5 대대와는 사뭇 달랐죠. 뭐랄까... 느긋하고 노련한 분위기를 느꼈습니다. 계급 구조도 상당히 높은 편이었죠.

이착륙하는 F-4를 멀리서 많이 보기는 했지만 가까이에서 본 것은 전환훈련 때가 처음이었습니다. F-5와 단순 비교하니 그 크기가 엄청났습니다. 과연 이렇게 큰 전투기가 공중에서 기동성을 제대로 발휘할 수 있을까 하는 의구심마저 들더군요. 하긴 500파운드 폭탄 24발을 장착하고 투하하려면 이 정도 크기는 되어야겠죠. 가장 F-4에 대해 전율을 느꼈던 순간은 야간비행을 경험할 때였습니다. 이륙하기 위하여 활주로 옆에서 최종 점검하고 있던 순간이 지금도 기억이 납니다. 이륙 전 위치등(Formation Light)을 켠 옆 항공기를 보니 마치 도깨비 형상이었습니다. 큰 항공기에 형광빛이 나는 위치등이 어우러져 범접하기 어려운 모양의 전투기가 된 겁니다. 이륙 시는 최대 출력을 내기 위하여 추가 추력(After Burner)을 사용합니다. 평상시 연료 사용치의 4배가 되는 추력이죠. 활주로에 깔리는 엄청난 불꽃과 함께 땅의 진동이 가슴에 전달되는 진기한 경험이었습니다. 주간 비행을 이미 많이 경험했는데도 야간의 첫 비행은 놀라웠습니다. 간혹 조종사 부인을 위하여 활주로 옆 통제실에 그들을 초청하여 이륙 장면을 관람하는 이벤트를 하곤합니다. 남편이 전투기를 타는 것은 알고 있지만, 야간에 엄청난 진동과 함께 불꽃을 뿜으며 이륙하는 F-4를 본 부인들은 울음을 떠뜨렸습니다. 그리고 이런 도깨비를 몰며 조국을 지키는 남편을 달리 생각하는거죠. F-4는 외양과 성능에서 위용을 보여주는 항공기라 생각됩니다.

윤진기

생도시절 예복

지금은 스텔스를 비롯한 최신예기를 공군에서 운용하고 있지만 당시의 F-4는 그야말로 최신예기였습니다. 새해 육해공군의 대표주자가 나와서 조국 수호에 대해 인터뷰할 때도 당연히 공군에서는 F-4가 나왔죠. 또한 주요 작전에서 F-4가 빠지지 않았고, 북한과의 미묘한 상황에 있을 때 F-4는 중무장을 하고 대기하는 적도 많았답니다. F-4를 타는 조종사는 무척 부담을 많이 느꼈지만 그 만큼 자부심도 남달랐습니다. 지금도 저는 F-4 조종사였던 제 과거가 자랑스럽습니다.

Interview

F-4 최우수 조종사

대위시절 152대대 F-4E와 함께

윤진기

Q F-4를 비행하면서 있었던 에피소드 및 가장 기억에 남는 일화는 무엇입니까?

아마 몇 시간을 얘기해도 에피소드를 다 소화할 수는 없을 겁니다. 전투 조종사 생활은 생각이 복잡하면 안 된다고 생각합니다. 그날 부여된 임무의 성공만을 생각하여 최선을 다하고, 미흡한 부분이 있으면 보완해서 차기 임무에 반영하는 등 임무 전념 체제가 필요합니다. 그러다 보면 사소한 것에서 희열을 느끼고 보람을 찾게 되죠.

폭탄투하 훈련을 예로 들어볼까요? 대개 고각도, 중각도, 저각도로 나누어 폭탄 투하 훈련을 하게되죠. 고각도에서는 약 1.5 킬로미터 상공에서 폭탄을 투하합니다. 가장 큰 변수는 바람입니다. 바람이 어느 방향에서 얼마나 부는지를 파악하여 수정하지 않으면 명중시키기가 어렵죠. 첫 발의 탄착점을 보고 수정을 하여 투하합니다. 투하 후 하늘로 솟구치면서 항공기를 잠깐 틀어 탄착점을 확인합니다. 연습탄에서 나오는 연기로 탄착점을 확인할 수 있죠, 지상에 그려진 큰 표적에서 제일 가운데 써클을 'Bull's Eye(황소 눈)'이라 합니다. 약 20피트의 써클이죠. 그곳에서 연기가 나오면 기내에서는 "얏호!"라는 환호성과 함께 아드레날린이 솟구칩니다. 전투 조종사만이 느낄 수 있는 희열입니다.

공중사격에서도 유사한 경험을 합니다. 적기를 격추시키기 위해서는 물론 미사일이 최고의 무기지만 근접전에서는 기관포도 무시하지 못할 중요한 무기입니다. 미 공군은 최초 베트남전에 F-4를 참전시키며 더 이상 기관포가 필요하지 않다며 전투기에 장착하지 않았습니다. 그런데 막상 공중전이 시작되다 보니 근접전에서는 미사일보다는 기관포가 필요하다는 일선 조종사의 요청에 의거, 기관포를 외부에 장착하기에 이릅니다. 물론 개량형인 F-4E에서는 내부 장착형으로 바뀌었죠. 기관포로 적기를 격추하기 위하여 전투 조종사들은 부단히 훈련합니다. 실제 전투기에 기관포를 쏠 수 없으니 전투기가 가상 표적을 달고 이륙하여 마치 적기같이 공중에서 표적을 펼칩니다. 공격기와 가상 적기는 서로 마주쳐 지나가서 같은 방향으로 선회합니다. 얼마 만에 가상 적기를 격추하는지가 관건이죠. 시간을 단축하여 격추하기 위해서는 5G에서 7G 사이로 중력 가속도를 유지하여 기동해야 합니다. 그 정도 중력 가속도를 유지하면 Black Out이 되어 시야가 캄캄해집니다. 견디다 보면 마치 터널 끝이 보이는 것처럼 점 같은 밝은 빛이 점점 커지게 되죠. 가상 적기를 발견하고 속도를 조절하여 적당한 사거리에 진입하여 조준

Public Domain

Team Spirit 훈련 중인 한미 공군기들. 도입 초기 제공미채 도색의 한국 공군 F-4E와 군산기지 미 공군 8전비 (Wolf Pack) 소속 F-16A가 함께 하고 있다.

한 후 기관포를 발사합니다. 기관포에 표적이 박살나는 장면을 목격하면 온몸이 전율하게 되죠. 이런 사소한 희열이 즐거움이 되고 보람이 됩니다.

저는 전투조종사로의 자질을 갖춘 시점을 DACT (Dissimilar Air Combat Training, 이기종간 전투훈련)을 수료한 때라고 봅니다. 영화 '탑건'에서 전투 조종사의 전투 역량을 향상시키기 위한 탑건스쿨이 나오는데 이를 공군에서 운영한 거죠. 전투기 간 1:1, 1:2, 2:2 전투 기동을 하여 공중전 능력을 향상시킵니다. 그 후에 초저고도로 적진에 침투하는 훈련을 합니다. 약 2달간의 훈련이 자신감을 주는 계기가 되고, 최소한 생존을 할 수 있는 역량을 키웁니다. 지금도 전투조종사는 일정 기간이 되면 의무적으로 입과하며 저는 이 훈련을 수료하고 큰 자신감을 얻게 되었습니다. 이 훈련을 잘 마치고 첫 실전에 가까운 미 공군과의 팀스피리트 DACT에서 F-16 2대를 완벽하게 제압했습니다. 그때의 전율은 잊을 수가 없습니다. 7G로 급가속 선회를 하며 어깨 부근에 피멍이 졌는데 그것도 마치 훈장처럼 자랑스러웠습니다.

비상대기를 하던 중 갑자기 출동 명령이 떨어져 동해로 급발진 한 적이 있었지요. 그런 경우는 대개 영공을 침범한 항적이 있거나 미확인 비행체에 대한 확인이 많습니다. 가서 보니 KADIZ(한국방공식별구역)를 들락거리는 러시아의 Tu-95(별칭 'Bear') 폭격기였습니다. 폭격기에는 자체 방어를 위한 기관포가 앞뒤에 장착되어 있습니다. 기관포를 운

Interview

F-4 최우수 조종사

용하는 사수의 모습이 훤히 보일 정도로 들어가니 기관포의 총구가 우리를 향해 움직이더군요. 매뉴얼대로 요기를 폭격기 옆에까지 들어가게 한 후에 사진 촬영을 하였습니다. 그때 온갖 생각이 들었습니다. 만약 요기에 폭격기가 도발을 하면 어떡할지가 가장 큰 고민이었죠. 나는 모든 무장 스위치를 발사 위치로 두고 긴장 상태를 유지하고 있었습니다. 다행히 도발은 없었고 오히려 러시아 사수가 손을 흔드는 모습이 보이더군요. 남의 나라 영공을 슬쩍 스치며 손을 흔들다니 참 아이러니 했습니다.

그 외 국군의 날 행사와 같이 대규모 공중 퍼레이드를 하며 느낀 일체감, 국내외 군사 주빈들을 초청하여 실무장 폭격을 하며 느꼈던 긴장감, 이 모든 것이 이젠 추억의 한 페이지가 되었습니다.

Q F-4를 떠나보내는 소회를 듣고 싶습니다.

공군에서는 '기인동체'라는 표현을 자주 사용합니다. 곧 전투기와 조종사가 한 몸이라는 얘기죠. F-4는 나와 한 몸이 되어 움직인 전투기입니다. 중위 시절 팀스피리트 훈련이 생각납니다. 당시 F-15를 가지고 훈련에 참가한 미 공군 조종사들이 갑작스레 우리의 전투기와 사진을 촬영하고 있었습니다. 우리는 당시 F-86이라는 한국전쟁에서 사용하던 전투기도 운용하고 있었죠. 사진에서만 보던 본인들의 아버지가 한국전에 참전할 때의 전투기가 있다며 소란을 벌인 겁니다. 그때의 감정이 어떠했는지 이제 이해가 될 듯합니다. 저에게는 F-4는 영원한 전투기입니다. 지금도 꿈에서 간혹 나타나는 전투기가 퇴역한다니 서운하기가 이루 말할 수 없습니다. 한때 최신예기로서 위용을 자랑하던 전투기가 세월이

은진기

152대대 팀스피리트 성공 비어콜

흘러 뒤안길로 사라진다니 세월의 무상함을 느낍니다. 더욱이 153대대는 제가 마지막으로 전투기를 탄 대대입니다. 마지막까지 F-4를 운용하며 명맥을 이어줘서 무척 자랑스러웠는데 이 또한 아쉽군요. 하지만 F-4가 조국 수호에 공헌한 기록은 영원하리라 봅니다.

Q F-4 조종사 출신으로서 남기고 싶은 말씀이 있으실까요?

최근 AI로 복원한 고 박인철 소령과 어머니의 재회가 많은 국민들의 심금을 울렸습니다. 고 박인철 소령의 부친이 제 동기생인 고 박명렬 소령입니다. 부친인 박소령은 F-4로 팀스피리트 훈련 참가 중에 운명을 달리하는 사고를 겪었습니다. 같은 비행단에 근무했던 관계로 저는 그 슬픔을 누구보다 뼈저리게 느꼈습니다. 그 당시 철부지 소년이었던 아들은 가족의 반대를 무릎쓰고 부친의 대를 이어 전투 조종사가 되었습니다. 그는 F-16으로 서해상에서 임무 중 산화했습니다. 제가 알기로 부자가 전투기 사고로 운명을 달리한 일은 우방국에서는 박소령 부자가 유일하다고 합니다. 국가에서는 이 부자의 숭고한 뜻을 기리고자 현충원에 유일한 '호국부자의 묘'를 조성했지요. 저희 동기생들은 해마다 현충일 즈음하여 부자 묘소를 참배하곤 합니다. 오랜 역사를 지닌 전투기는 그 긴 역사만큼이나 영광과 슬픔을 같이 가지고 있나 봅니다.

F-4는 참으로 매력적인 전투기입니다. 그런 전율을 느끼게 하는 전투기를 탄 경험으로 자부심을 느끼고 있습니다. 지금도 지인들을 만나서 대화를 나누다 F-4를 탔다고 하면 공감하고 놀라워합니다. 세상에 태어나서 공군 전투 조종사가 된 아주 작은 확률을 뚫었고, 거기에 F-4를 탄 전투 조종사였던 제 경력은 평생 자존감을 줄 것입니다.

미국 교육시절 은진기 소령

은진기

Interview

F-4 Top Gun

장영익

예비역 준장

(공사 31기, 비행시간 3,200여 시간 중 F-4D/E 비행 2,000시간, 1995년 TOP GUN 선발, F-4E 단기기동 시범비행 조종사)

- 155전투비행대대장(KF-16)
- 38전투비행전대장(KF-16 최초 전환)
- 19전투비행단장

Q F-4 조종사가 된 계기는 무엇입니까?

어린 시절 군인이셨던 부친의 영향을 받아 군문에 들어섰고, 집 근처 육군 비행장의 연락기를 보면서 조종사의 꿈을 가지게 되었습니다. 비행훈련 초등·중등·고등과정과 CRT 과정을 모두 1등으로 수료하고 나자, 상부의 명에 따라 당시 공군 보유기 중 최신예기였었던 F-4E를 운영하는 152대대로 배속받게 되었답니다. F-4 항공기는 세계 항공 전사에서 맹위를 떨치던 혼자서는 운용할 수 없는 다양한 능력의 존재감을 자랑하는 전투기로 생각되며, 그래서 전방석은 '팬' 후방석은 '톰'이라고 항상 생각했었습니다.

Q F-4E 기종으로 탑건의 영예를 안으신 경험에 대해 공유 부탁드립니다.

1995년 152 전투비행대대에서 소령으로 근무하던 중 탑건의 영광을 안았습니다. 그러나 그 전년도인 1994년 152대대는 약 2개월 사이에 6명의 동료를 잃는 너무 큰 아픔을 겪었습니다. 대대원 모두가 비행에 대한 두려움이 팽배하던 시기에, 다시 비행을 시작할 자신감을 가질 동기부여가 절실하게 필요했었습니다. 그래서 사격대회에 임하는 편대원과 함께 남다른 노력을 기울였던 결과, 대대는 최우수대대로 선발되었고, 개인으로는 탑건 선발의 영광도 얻게 되었습니다.

인터뷰 최우수 사격조종사에 뽑힌 장영익 공군소령

비행교육 전과정 수석…평소 '비행 귀재'로 통해

김성걸 기자

"뜻밖의 큰상을 받게 되어 영광입니다. 선·후배 조종사들에게 감사드립니다."

29일 올해 공군 보라매 공중사격대회에서 영예의 최우수 사격조종사(탑건)로 선정돼 국방부장관상을 수상한 제3579부대 152대대 1편대장 장영익 소령(35·공사31기)은 다소 상기된 표정으로 말문을 열었다.

지난달 16일부터 26일까지 열린 보라매 공중사격대회는 공군 전 조종사가 참가한 가운데 공대지 사격, 공대공 사격 등 2개 부문에서 실시됐다.

올해의 공중사격대회는 기총사격 실력을 평가하던 예년방식을 탈피해 현대전에 맞게 미사일 공격능력 평가에 주안점을 두었다. 또 전자 감응장치로 명중여부를 평가해 정확도를 높였다.

장 소령의 좌우명은 '무슨 일이든 최선을 다하자'이다. 그는 "평소 생활에서도 빈틈없이 준비하고 최선을 다하려고 노력한 결과 영광을 안게 된 것 같다"고 말했다.

경주출신인 장 소령은 83년에 소위로 임관해 그동안 F-5 전투기로 5백시간, 지금 조종중인 F-4 전폭기로 2천시간의 비행기록을 보유하고 있다.

장 소령은 그동안 실시된 비행교육 전과정을 모두 수석으로 수료해 '비행의 귀재'로 통한다. 장 소령은 초등비행 과정, 중등비행 과정, 고등비행 과정, 기종전환 및 작전가능 과정, 고등전술전기 초급과정에서 수석을 놓치지 않았다. 또 지난해 육군대학 정규과정에서 우등상을 수상해 지난 5월 참모총장 공로표창을 수상했다.

장 소령은 부인 구육경(32)씨와 함께 미지(8), 은지(4) 두 딸을 데리고 단란한 가정을 꾸리고 있다.

95년 탑건 '팬과 텀' - 팬(장영익 당시 소령)과 텀(류길섭 대위)

Q F-4E 단기기동 경험 보유자이십니다. 팬텀의 기동성은 어떻게 생각하시는지요?

당시 단기 기동 경험자가 아무도 없어서 독학으로 준비해야만 했습니다. 미군들이 운영하던 기동 도해만 보면서 어떻게든 해내야 했던 임무였습니다. 저고도의 특성과 평소 중고도에서 해 오던 기동과 특성이 너무 달랐습니다. 에너지 가감속도가 현저히 빠르고 기동 성능이 뛰어남을 느꼈습니다. 기지 상공 저고도에서 기동할 때 매 순간순간 공포감을 느끼기도 했습니다. 당시 기동을 바라보던 조종사들이 F-4의 기동 성능이 둔하다는 일반적인 인상을 많이 바꾸었다는 얘기를 들었습니다.

Q 152대대만 보유했던 Pave Tack 운용 경험은 어떠셨는지요?

152대대 F-4E 일부 기체에만 운용이 가능했던 AN/AVQ-26 Pave Tack은 당시 한국공군 최초이자 유일한 야간 정밀폭격 장비였고, 대대원의 자부심은 대단하였습니다. 일반 기체들은 LW-33 INS(관성항법장비)를 장비하여 CCIP(Continuously Computed Impact Point) 사격은 가능했지만, 152의 개량 기체들은 AN/ARN-101 DMAS(Digital Modular Avionics System)를 장착하여 LORAN(Long Range Navigation) 시스템을 연동함으로써 정확도가 더욱 향상되어 Pave Tack 운용도 가능했습니다.

실무장 폭격시 그 정확도는 당시 기준으로 획기적이었습니다. 또한 비행 전후 필요한 정보자료의 입출력이 가능한 DTM(Data Transfer Module)이 F-4 대대에서 유일하게 운용되었습니다. 이러한 능력은 유사시 북한 주요 시설 정밀폭격 임무(일명 '살수' 작전)에 핵심적인 역할을 할 수 있는 위상을 가져다주었습니다. 하지만 장비의 크기가 워낙 커서 조작할 때마다 뒤틀리는 저항이 느껴질 정도였습니다. 야간 비행 때에는 신경이 특히 많이 쓰였습니다.

Q F-4를 비행하면서 있었던 가장 기억에 남는 에피소드는 무엇입니까?

야간 시범 사격훈련 지시가 기억에 남습니다. 매향리 사격장에서 야간에 Pave Tack 장비를 이용하여 수평 3,000ft로 지나가면서 연습폭탄 12발을 섬 중앙에 한 개의 캔들만 켜둔 목표물의 앞쪽에서부터 뒤쪽까지 재봉질하듯 명중시켜야 했습니다. 3군 한미 장성들 수십 명이 참관하고 있었기에 부담과 긴장이 상당했습니다. 연습폭탄은 Pave Tack 장비의 유도를 받을 수 없어 상당히 무리한 계획이었는데도 불구하고 결국 임무를 완수할 수 있었습니다(웃음).

장영익

Q F-16과 F-4를 어떻게 비교하시는지, 그리고 어떤 기종에 더 애착이 가시는지요?

F-4는 F-16이 탄생하기 전 모든 무기체계를 종합적으로 체계 개발하는 모체 역할을 했다고 생각합니다. 그래서 F-16을 타는 동안 항상 F-4 시절 공부했던 무기체계 원리와 지식이 평생 소중한 자산이 되었습니다. 더 어렵고 구식이었지만 힘들 때 함께 했던 F-4에 더 애착이 가는 이유는 왜일까요?

Q 2024년 6월 전기 퇴역하는 F-4를 떠나보내는 소회는 어떠신지요?

만감이 교차하면서 무엇보다 전폭기라는 이름으로 너무 긴 시간을 여러 번의 수명 연장을 통해 혹사당했던 전투기였다는 생각이 듭니다. 적정 시기에 신규 전투기 도입 사업이 이루어졌어야 했다고 생각합니다.

Q F-4 기종이 한국공군에 어떤 의미를 가지는 기종이라고 생각하십니까?

어려웠던 시절 국민의 십시일반 정성껏 모은 방위성금으로 F-4D 방위성금헌납기를 도입해야 했던 우리나라가 이제는 KF-21 국산 전투기 개발까지 해낸 나라가 되었습니다. F-4는 그 역사 속에서 한국공군에 현대 공군력의 기반을 만들어 주기 위해 긴 시간을 지탱해 줌으로써, 자국산 신예기로의 전환에 적극 이바지하여 가교역할을 해 준 원동력이었다고 생각합니다.

Q 그 외 F-4에 자유로운 말씀 부탁드립니다.

종종 해외 출장에서 F-4 조종사였다고 하면 같은 경험을 가진 조종사들이 금방 하나가 되어 그들로부터 자랑스럽다고 얘기를 듣곤 했습니다. 조종사에게는 비행과 운용이 어려운 전투기였지만 탑승 때마다 느끼는 듬직하고 푸근한 느낌은 영원히 잊히지 않을 겁니다.

"팬텀, 그 동안 수고했고 지금의 내가 이렇게 소회를 적을 수 있도록 지켜줘서 정말 고맙다."

정영익

155대대 시절 F-4D와 함께. 도입 초기의 SEA 위장 도색에 주목.

Interview

F-4 시험비행조종사

윤 기 철

예비역 준장

(공사 34기, 비행시간 3,900시간 중 F-4 비행 3,700시간, F-4 교관 및 시험비행조종사)

- 전 공군대학 군사운용 무기체계 교관
- 합참 비서실 정책과 정책분석담당
- 공본 정책실 정책조정과장
- 방공포병학교 학교장
- 공군전투발전단장
- 교육사령부 참모장 역임
- 논문 '시스템에 의한 항공 역학적인 조종불능상태 진입의 예방에 관한 연구(F-4D/E 항공기를 중심으로, 1998년)'

Q 윤기철 장군님은 공군 조종사로서 대부분의 비행시간을 팬텀과 함께 하셨습니다.

전투조종사로 근무하면서 거의 팬텀만 조종했습니다. F-4 기종에 대해서는 할 건 거의 다해 봤다고 해도 과언이 아닙니다. 비행생활을 시작하는 소위 시절부터 팬텀 후방석을 2년 간 경험하고 전방석으로 전환했으니 전후방석을 모두 경험했지요. F-4D/E 두 기종 모두 조종했으며 F-4 교관조종사이자 237회의 시험비행을 한 시험비행조종사로서 3,700시간의 비행시간을 기록했습니다. 그 과정에서 많은 항공기와 조종사를 앗아간 조종불능상태 진입(Out of Control)의 예방에 대한 연구에 집중하여 관련하여 새로운 이론을 정리한 논문을 발표하고 이론을 전파, 예방 절차를 마련해서 더 이상의 사고를 예방했던 특별한 경험이 있습니다. 저는 팬텀을 무척 사랑했던 조종사로, 저의 형도 팬텀 조종사(공사 30기 윤기성 대령)였습니다(웃음).

Q 팬텀에 대한 깊은 애정이 느껴집니다.

F-4는 최고의 걸작 전투 폭격기(전폭기)라고 생각합니다. F-4 전투기는 중무장이 가능한(8톤) 항공기로 무장장착과 연료소모에 따른 무게중심(Center of Gravity)의 변화가 큰 관계로 조종 특성이 예민하고 까다롭게 느껴지는 항공기입니다. 그러나 저속/고영각 기동을 제대로 이해하고 소화할 수 있다면 미그기를 격추할 수 있는 훌륭한 전투기라 할 수 있습니다. 현대 항공역학 이론을 본격적으로 현실화한 전투

200회 시험비행 기념사진

기로 조종하면 조종할수록 그 매력에 푹 빠지게 됩니다. 일단 강력한 추력의 쌍발 엔진을 장착하고 있어 추진력 사용을 위한 스로틀(Throttle) 사용시 반응이 빠르고 강력합니다. 특히 엔진의 반응성이 빠르고 추력이 강력해서 매력적입니다. F-4 항공기 엔진은 고도마다 엔진 흡입구의 공기 조절 램프가 적절하게 작동하여 엔진 실속(Engine Stall)을 방지하는 등 최적의 엔진 가동이 이루어지도록 설계되어 있습니다.

F-4 항공기는 항공모함의 갑판이라는 극히 짧은 활주로에서의 운용과 대량의 폭탄 탑재를 위하여 항공기의 무게중심 변화가 필요하였는데, 연료 탑재 및 소모 과정에서의 무게중심 변화를 고려한 연료 시스템을 천재적인 중국계 미국인 엔지니어가 설계한 작품이라고 알고 있습니다. 이 작업을 마치고 미쳐버렸다는 소문도 있지요(웃음).

막강한 무장 능력은 F-4 항공기의 가장 큰 장점이자 매력인데 무장을 대량 장착해도 무게중심을 고려한 무장 장착위치의 변경과 연료탑재 설계가 우수해서 이착륙 성능, 특히 이륙거리의 증가에 큰 영향을 미치지 않는다는 겁니다. 강력한 레이다는 F-5 전투기와 같은 작은 표적도 약 50마일(80km)에서 탐지할 수 있습니다.

또한 자동차의 파워 스티어링 같은 개념의 벨로우(Bellow) 시스템을 채택하여 조종간 사용이 효율적입니다. 고속일 때는 묵직하고 저속일 때는 F-5 조종간보다도 가벼워 조종하기 쉬운 장점을 가지고 있습니다. 다양한 속도 영역에서 조종성과 안정성의 균형을 자랑하지요.

특히 F-4 항공기가 가지고 있는 가장 큰 장점은 전후방석 임무가 다른 복좌 전투기라는 점이라고 생각합니다. WSO(Weapon System Officer, 무장운용장교)라고 하는 고성능 컴퓨터보다 우수한 조종사가 후방석에서 임무를 담당해 주니 전방석 조종사는 조종에 집중할 수 있고 CRM(Cockpit Resource Management, 조종석 자원 관리)이 잘 관리된다면 단좌로 운영되는 항공기에 비해 작전운용 능력이 배가되는 장점이 있습니다. 특히 저 같은 경우는 전후방석을 모두 경험하여 항공기 운용성을 극대화할 수 있었다고 생각됩니다.

Q F-4D/E 양 기종을 다 비행하시고 156대대에서 MIMEX(잉여물자도입기) 항공기도 비행해 보셨습니다. 기종마다 느껴지는 가장 큰 차이점은 무엇일까요?

F-4D가 남자라면 F-4E는 여자라고들 합니다(웃음). F-4D 항공기는 가속력과 파워가 특징으로 기동성능이 비교적 제한된다면, F-4E 항공기는 기동성 및 안정성 향상 목적의 개량된 Slat의 도입으로 고난이도 기동(High AOA) 시에도 공기흐름의 박리를 방지하여 줌으로써 실속을 늦춰줍니다. 고난이도 기동시 F-4D는 비포장 도로를 달리는 기분이고, F-4E는 포장된 도로를 달리는 기분이라고 할 정도의 차이가 있습니다.

Interview

F-4 시험비행조종사

저는 F-4D와 F-4E 두 기종 비슷한 비행시간을 보유하고 있습니다. 156대대의 항공기들은 미맥스(MIMEX) 기체들로 '미군이 맥스로 쓰다가 버린' 항공기라는 농담이 있을 정도로 중고 기체들이었습니다. 동체에서 30mm 기총탄이 박혀 있는 것을 다 제거하지 못하고 그대로 기체 표면만 땜질하여 비행하였던 항공기도 있을 정도였습니다. 다만 후기 블록 항공기다 보니 개량된 장비가 적용되어 있는데, 그 중 특이할 만한 것은 동체 중앙 하부에 장착하는 고성능 연료탱크(High Performance Center Tank)였습니다. 비대칭적인 G 제한이 없는 600갤런짜리 대형 외부 연료탱크이다 보니, 기존 운용하고 있었던 날개 하부 양쪽에 달고 다녔던 370갤런짜리 연료탱크에 비해 항력과 무게가 감소되어 기동성이 상당히 향상되는 장점이 있었습니다. F-4 항공기의 최대 장점 중 하나는 체공시간입니다. 외부 연료탱크 3개 장착 시 3시간 40분의 장시간 체공도 가능합니다. 이 정도면 전략폭격기라고 해도 과장이 아닐 것 같습니다(웃음).

Q 그렇다면 F-4의 단점은 무엇이라고 생각하십니까?

F-4는 당시 인간이 만든 최고의 걸작 전투 폭격기(전폭기)로 알려졌었습니다. 그러나 20톤이 넘는 항공기로 무장과 극히 짧은 활주로의 항공모함에서 운용을 위해 설계되다 보니, 무장의 장착과 연료의 소모에 따른 무게중심(Center of Gravity)의 변화가 큰 관계로 조종 특성이 예민하여 다른 항공기에 비해 조종특성이 까다로우며, 이로 인해 쉽게 항공역학적인 조종불능상태에 진입되는 특성을 가지고 있습니다.

또한 항공기의 안정성을 증가시켜 주기 위해 장착된 보조 조종시스템(Stab Aug System) 결함이 발생하였을 경우, 고난이도 기동 중 비정상적인 작동으로 인해 조종사가 조종간을 좌우로 사용하지 않아도 조종면인 Aileron이나 Rudder가 작동하여 항공 역학적인 조종불능상태에 진입하게 만드는 결함이 있었다는 것을 모르고 있었습니다.

이로 인하여 항공기 손실은 물론 조종사들까지 목숨을 잃어야 했던 많은 비행 사고들이 있었습니다. 문제는 이 보조 조종시스템이 결함이 있을 경우 보통의 비행에서는 결함을 보이지 않다가 고난이도 기동시 결함을 나타내어 항공역학적인 조종불능상태에 빠지게 하고, 어렵게 회복하더라도 다시 항공역학적인 조종불능상태에 빠지게 한다는 것입니다. 그 결함 원인을 찾아내고 결함을 수정할 수 있도록 절차를 만든 게 제가 집필했던 '시스템에 의한 항공 역학적인 조종불능상태 진입의 예방에 관한 연구'입니다.

월남전쟁 중 한 미군 F-4 조종사는 월맹의 미그기와 공중 전투기동 중 의도하지 않은 항공 역학적인 조종불능상태에 진입되어 싸워 보지도 못하고 추락하여 포로로 잡힌 실제 사례도 있습니다. 심지어는 적기에게 꼬리를 물려 방어기동 중에 의도하지 않은 항공 역학적인 조종불능상태에 진입하게 되어 어렵게 회복하고 보니 적기는 자연스럽게 따돌려

(미 공군의 사고 사례) 105대의 F-4 비행사고 (1977.2.1.-1989.11.30.)

사고 원인	비율
CONTROL LOSS	45.7%
GROUND COLLISION	32.4%
LAND/TAKE OFF	5.7%
MID AIR	7.6%
OTHER	8.6%

※ 출처: 시스템에 의한 항공 역학적인 조종불능상태 진입의 예방에 관한 연구 (F-4D/E 항공기를 중심으로, 윤기철)

윤기철

져 생존할 수 있었다는 웃지 못할 전투보고 자료도 있습니다. 미국은 1977년에서 1989년 사이 손실한 F-4 항공기 비행사고 중 무려 45.7%를 항공역학적인 조종불능상태에 의한 사고로 손실하였습니다. 절반 가까이나 되는 손실률인데 다른 기종에서는 볼 수 없었던 독특한 사례였습니다.

한국공군은 1969년부터 F-4 기종을 운용해 항공 역학적인 조종불능상태(Out Of Control)에 진입된 이후 회복하지 못하고 지면이나 해상에 충돌한 비행 사고로 잃은 항공기가 10대나 되며 12명의 조종사가 순직했습니다. 안타깝기 이를 데 없지요.

여기에 F-4 조종사들 중에 비록 중사고는 당하지 않았더라도 항공역학적 조종불능상태 진입 내지는 초기 단계까지 진입된 이후 회복한 사례 건수를 합하면 더 많은 항공역학적 조종불능상태가 조종사들을 괴롭혀 왔던 것이 사실입니다. 조종사들이 F-4 항공기를 조종하면서 가장 크게 심적인 부담을 느끼고 있는 것은 고난이도 기동 중 조종사의 의도와 무관하게 항공역학적인 조종불능상태에 진입되는 것이었습니다.

Q F-4의 항공역학적인 조종불능상태 진입 특성에 대해 상세한 설명 부탁드립니다.

독특한 물리적 구조를 가지고 있는 F-4 항공기는 높은 받음각에서의 Roll(횡전) 기동시 나타나는 상반각 효과(Dihedral Effect)와 Adverse Yaw 특성 때문에 Aileron이 아닌 Rudder를 사용해야 하며, Aileron만 사용시 증가하는 받음각의 한계를 초과하지 않도록 유의해야 하는 특성이 있습니다. 설계상의 받음각 한계를 초과하거나 높은 받음각 상태에서 Aileron의 사용은 실속이나 Adverse Yaw에 진입

한국공군 항공역학적인 조종불능에 의한 F-4D/E 사고

순번	일시	기종	임무	사고 개요 및 원인
1	71. 9. 6	F-4D	T-R	전환훈련 LOOP 기동 중 정점부근에서 OUT OF CONTROL 진입
2	73. 7.20	F-4D	P-D/T-AC	전투기동 중 부적절한 AILERONS의 사용으로 ADVERSE YAW/OUT OF CONTROL 진입
3	80. 6.12	F-4D	T-AG	사격후 PULL UP 중 좌로 급경사 지면서 배면자세로 지면에 충돌
4	84. 3.14	F-4E	LFE	POP UP한 후 APEX 고도에서 목표정대 조작 중 OUT OF CONTROL 진입
5	84. 5.23	F-4E	W-A(C/D)	부적절한 패턴에서 과도한 공격조작에 의한 DEPARTURE/SPIN 진입
6	87. 8.13	F-4D	T-AG	POP UP 후 공격 중 SPIN 진입
7	89. 2. 2	F-4D	T-AC	3기 DACM(대 F-5)중 OUT OF CONTROL 진입
8	92. 6.22	F-4E	P-D/T-AC	HEAD ON SET UP 기동 중 OUT OF CONTROL/FLAT SPIN 진입
9	93.10.27	F-4E	T-AC	DACM임무(대 F-5) 공격 기동중 POST STALL GYRATION/OUT OF CONTROL
10	94. 6.10	F-4E	W-A	W-A 임무 위해 이륙 후 WEAPON CHECK 중 DEPARTURE/SPIN 진입
비고	총 사고 00건 : 항공기 파손 00대 OUT OF CONTROL/SPIN에 의한 사고 : 10건(5/F-4D, 5/F-4E).			

※ 출처: 시스템에 의한 항공 역학적인 조종불능상태 진입의 예방에 관한 연구(F-4D/E 항공기를 중심으로, 윤기철)

되게 할 수 있으며 상황이 악화될 경우 실속에 진입하면서 어느 한쪽 방향으로 회전하면서 나선형으로 강하하는 스핀(Spin)으로 발전할 수도 있지요. 경우에 따라서는 받음각의 한계에 가까운 고난이도 기동(High AOA Maneuvering) 중 의도하지 않은 받음각의 한계 초과로 항공역학적인 조종불능상태에 진입될 수도 있습니다.

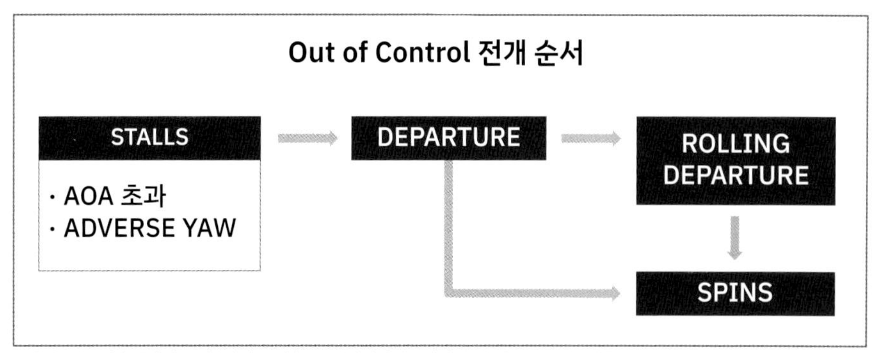

※ 출처: 시스템에 의한 항공 역학적인 조종불능상태 진입의 예방에 관한 연구(F-4D/E 항공기를 중심으로, 윤기철)

이 중 F-4의 대표적인 비행특성 중 하나인 Adverse Yaw는 Aileron 즉 조종간을 사용해 항공기를 원하는 쪽으로 Roll 기동을 할 때, Aileron 사용량이 너무 클 경우 반대 방향으로 Yawing이 일어나는 현상을 말합니다. 이러한 Adverse Yaw는 높은 받음각 상태인 조건에서 받음각이 높을수록 쉽게 나타나며, 또한 Aileron 사용의 과격함에 따라 Yawing의 강한 정도가 결정됩니다. Adverse Yaw 현상이 심하게 되면 초기 시도했던 반대 방향 쪽으로 심한 횡전(Rolling)현상을 함께 수반하게 됩니다.

F-4 항공기의 항공역학적인 조종불능상태(Out Of Control)는 일반적으로 다음과 같은 순서로 전개

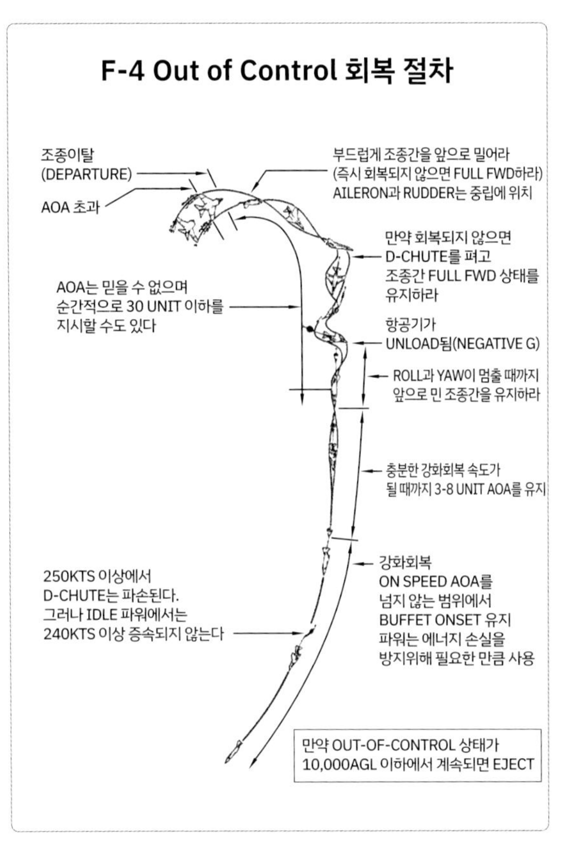

됩니다. 받음각의 제한을 초과하거나 또는 Adverse Yaw 발생에 의한 실속(Stall)이 발생되고 실속으로부터의 발전을 거쳐 조종이탈(Departure)로 이어지고, 즉시 회복 조작을 실시하지 않을 경우에는 상태가 악화되어 Rolling Departure나 Spin에 이르게 됩니다. 그러나 비행 상황에 따라서는 모든 단계를 순서대로 거치지 않을 수 있으며 바로 Rolling Departure나 Spin에 진입될 수도 있습니다. 이를 극복하기 위한 Out Of Control Recovery 절차(그림)가 있지만 조종사가 제대로 조치하지 못하거나 절차로 극복되지 못하는 경우와 보조 조종시스템(Stab Aug System) 결함이 있는 것을 모를 경우 항공기 추락과 같은 사고로 이어지는 것이지요.

Q Adverse Yaw와 Out of Control을 연구하시고 최초로 관련 논문도 저술하시고 극복 방안도 고안하셨습니다.

고난이도 기동중 항공기의 역학적인 조건을 초과하는 Aileron이나 Rudder 사용 시 항공역학적인 조종불능상태에 진입하는 것은 조종사들도 교육을 통해 아주 잘 알고 있습니다. 그럼에도 불구하고 많은 조종사들이 항공역학적인 조종불능상태에 진입하여 항공기가 추락했고, 조종사들마저 순직했습니다.

문제는 보조 조종시스템이 결함이 있을 경우 보통의 비행에서는 결함을 보이지 않다가 고난이도 기동시 결함을 나타내어 조종사가 조종간을 좌우로 사용하지 않아도 조종면인 Aileron이나 Rudder가 비정상적으로 작동한다는 것입니다. 그리고 이로 인해 항공역학적인 조종 불능상태에 진입하게 만든다는 것입니다. 결정적인 문제는 기존에 T.O-1 절차에 의해 수행해오던 보조 조종점검 절차만으로는 시스템의 나빠진 결함을 발견할 수 없었다는 것입니다.

이를 함께 고민해 왔던 저는 어느날 비행후 주기되어 있는 항공기의 방향타(Rudder)가 중립위치에 있지 않고 한쪽으로 치우쳐 있는 모습을 보고 다른 항공기들을 둘러보았는데 모두가 치우쳐 있고, 치우친 방향이 좌우가 아니라 모든 항공기가 똑같이 한쪽 방향으로만 치우쳐 있는 모습을 보았습니다. 이를 보고 연구하기 시작해 항공역학적인 조종불능상태의 진입원인이 항공기의 독특한 특성과 조종사의 과실에 의해서만 발생하는 것이 아니라, 보조 조종시스템의 비정상적인 작동 결함이 있는 항공기의 경우, 조종사가 정상적으로 조종할지라도 고영각 상태가 되면 항공역학적인 조종불능상태로 진입된다는 것을 발견했고, 또한 기존의 점검절차만

으로는 보조 조종 시스템의 결함을 찾아내는데 한계가 있음을 발견하게 되었습니다.

이에 항공역학적인 조종불능상태의 진입 예방을 위해, 예방을 위한 점검절차를 개발하게 되었고, F-4 항공기를 조종하는 한국 조종사들은 물론 세계 모든 조종사들에게 알리고자 논문으로 작성하게 되었습니다. 특히 터키공군도 같은 문제로 고민이 많던 차에 기회가 닿아 저의 연구결과를 공유했는데 매우 놀라워 하면서 감사해 했던 기억이 있습니다.

논문에서는 항공역학적인 조종불능 상태에 쉽게 진입되는 RF-4C나 F-4D/E항공기에 한하여, 1969년도부터 1998년 6월말까지의 사고 자료와 항공역학적인 기존 이론에 대한 새로운 각도의 연구와 1996년 8월부터 1997년 1월까지 비행 조종 시스템에 대한 실제 기능 점검 시험비행을 통해 연구를 지속해 온 끝에 다음과 같은 사실을 발견함으로써, 항공역학적인 조종불능상태에 대한 한계의 실마리를 풀게 되었습니다.

첫째, 기존 이론은 항공기의 시스템이 정상 작동한다는 가정 하에서만 성립이 가능한 이론으로서, 비행 조종 시스템의 비정상 작동에 따라 조종 성능 밖으로 벗어나는 항공역학적인 조종불능상태 진입에 대한 구체적인 원인과 이론은 논문 발표 당시까지 제시되지 못하고 있고, 둘째, 보조 조종 시스템에 대한 지상 점검 장비의 고장 탐구 절차 및 공중 조종

Out of Control 에 대한 새로운 이론

구분	진입조건	경과
인적요인	· 기수가 높은 저속상태에서 부적절한 AOA 회복 조작 · HIGH AOA 상태에서 AILERONS 사용(ADVERSE YAW 진입) · HIGH AOA 상태에서 갑작스런 RUDDER 사용 또는 계속적인 RUDDER 사용(받음각 제한초과) · 기동 중 급작스런 조작(악성 실속 진입)	· STALLS · ADVERSE YAW ⇓ · DEPARTURE ⇓ · ROLLING DEPARTURE · SPINS
비 인적요인	· 보조 조종 시스템(STAB AUG SYSTEM)의 비정상작동 · 항공기 자동 조종 시스템(AFCS)의 비정상작동 · 기체의 RIGGING 불량(누적) ⇒ 항공역학적인 조종범위 내에서 조종사가 조종하고 있는 상황에서의 비 인적요인에 의한 받음각 제한초과 ⇒ (STALL 진입/ADVERSE YAW 진입)	· STALLS · ADVERSE YAW ⇓ · DEPARTURE ⇓ · ROLLING DEPARTURE · SPINS

※ 출처: 시스템에 의한 항공 역학적인 조종불능상태 진입의 예방에 관한 연구(F-4D/E 항공기를 중심으로, 윤기철)

사 점검 절차는 결함에 대한 기준과 결함 구분에 있어서 한계가 있으며, 셋째, 기존의 지상 및 공중 점검 절차 수행에서 정상으로 판정된 항공기의 비행 조종 시스템(또는 자동 조종 시스템)이 일정 이상의 중력 가속도(G-Force)에서 결함을 나타냄으로써, 항공역학적인 범위 내에서 정상적인 조종간의 사용에도 불구하고 받음각의 제한을 초과한 실속이나 Adverse Yaw에 의한 조종이탈 또는 항공역학적인 조종불능상태 진입을 야기한다는 사실을 발견하였습니다.

제가 저술한 연구논문은 항공역학 이론가에게 항공기 체계의 서보 시스템 각각으로서가 아닌 서보 시스템의 복합적 요인이 항공기를 항공역학적인 조종불능상태에 진입하게 할 수 있다는 새로운 사실, 즉, 새로운 이론을 제시했다고 생각합니다. 그럼으로써 조종사의 인적 과실 이외에 시스템의 결함으로 인한 항공역학적인 조종불능상태 진입을 예방하고, F-4 항공기 시스템의 결함을 찾아내어 제거할 수 있는 비행에 적용 가능한 개선 방안을 제시함으로써 사고의 잠재 요인을 사전에 제거하고자 했습니다. 또한 비행 안전에 적극 기여하는 것으로서, F-4 항공기를 탑승하고 있는 모든 조종사들에게 비행중 심적인 대비를 하게 함으로써 시스템에 의한 항공역학적인 조종불능상태 진입에 의한 비행 사고의 가능성을 감소시켜 주어 현존 전력의 무위 손실을 방지하고자 했습니다. 관련 이론의 공유 및 적용 후 우리 공군 F-4의 항공역학적 조종불능상태 진입으로 인한 사고가 상당 부분 감소했다는 면에서 개인적으로 큰 보람을 느낍니다.

윤기철

Q 오는 6월 F-4가 한국공군에서 영구히 퇴역하게 됩니다. 이에 대한 소회는 어떠실까요?

최근 보잉 747 항공기도 퇴역한다는 소식을 들었습니다. 70년 가까이 5천대 이상 생산된 세기의 걸작 전투기를 직접 3,700시간 이상이나 하늘에서 함께하고 조종했었습니다. 아직도 가끔 F-4를 조종하는 꿈을 꾸곤 한답니다. 이제 공원이나 안보 전시관에서나 볼 수 있을 F-4라고 생각하니, 마음이 아려오는 아쉬움을 금할 수 없습니다.

사진 또는 동영상으로나마 자주 볼 수 있는 기회를 얻기 위해 SNS에 F-4를 사랑하는 모임에 가입하였습니다.

Q F-4는 한국공군에게 어떤 의미가 있는 항공기라고 생각하십니까?

F-4 항공기는 초기 국민들의 정성어린 방위성금을 모아 도입하여 운용되었던 의미 있는 전투기로, 50년 넘게 F-4를 조종한 조종사들과 함께 대한민국 영공을 수호한 최고의 전투기였습니다.

안보 전시관이나 공원에 전시될 모든 항공기들이 공군과 협조하여 전투대대에서 실제 운용되었던 외양과 색상 그대로 잘 관리되었으면 좋겠습니다.

Interview

29전대 교관/대대장/전대장

성 일 환

전 공군참모총장(제33대), 제11대 한국공항공사 사장 역임
(공사 26기, F-4E 주기종 2,500여 비행시간)

- 152대대 근무, 29전대 교관/대대장(191대대)/전대장
- 17전투비행단장, 공군본부감찰실장, 공군사관학교장, 공군참모차장, 공군교육사령관, 공군참모총장 등 역임

Q F-4 조종사가 된 계기와 조종사로서 F-4에 대한 생각이 궁금합니다.

수원기지 201대대에서 F-5E/F 조종사로 근무하다가 82년 F-4E 기종전환에 선발되었습니다. F-4E는 당시 한국공군에서 가장 고성능 전투기였지요. 청주기지 17전투비행단 152대대에서 근무했었고 이후 87년 29전대로 이동하여 교관, 대대장, 전대장으로 비행 생활을 했습니다.

저와 몇몇 동기들은 공사 26기 중 F-4E 막차 전환반이었습니다. 후배기수와 함께 전환 교육을 받았습니다. F-4를 처음 접했을 때 항공기가 굉장히 크고 복잡하고 어렵다는 생각이 들었습니다. F-5가 스포츠카라면 팬텀은 탱크 같다고 할까요(웃음). 조종석 높이도 엄청 높았습니다. 조종석에 앉으면 방탄 캐노피 구조로 시계가 좋지 않았습니다. 다재다능한 항공기인만큼 다양한 기능과 장비를 항공기에 집대성했고 지속적인 개량이 이루어져 조종석이 복잡했습니다. 레이다(APQ-120) 성능도 막강하여 200마일까지 거리가 표시되어 있었고 전방향 미사일 AIM-7 운용이 가능했지요. 이전의 F-5 레이다는 탐지거리가 짧고 성능이 제한적으로 주로 기총사격을 보조하는 거리측정 FCR(무장통제레이다) 정도로 사용되었던 것에 비하면 성능과 기능에서 차이가 많아서 공부할 것이 많았습니다.

분명히 F-4라는 기종은 한국공군에게 큰 전환점이 되었습니다. 팬텀은 '무서운 항공기'입니다. 특히 북한이 무서워하던 항공기였지요. 공대공은 전방향 BVR(가시거리외) 공격능력, 공대지는 전폭기로서의 막강한 무장량, INS(관성항법장비)와 각종 전자장비와 연동한 정밀유도 폭탄 및 장거리 무장 투사능력이 북한에 대한 강력한 억제력으로 작용하였습니다. 초기 도입된 F-16은 물론 최신예기였지만 기동성능 외에는 전반적인 작전능력 면에서 F-4를 대체할 수 없었습니다. 나중에 도입된 KF-16은 성능이 크게 향상되었지만

AGM-142 같은 대형 공대지 무장은 F-4에서만 장착 및 운용이 가능했습니다.

Q 29전대 교관/대대장/전대장을 지낸 경험에 비추어 F-4 전술/교리 개발은 어떻게 이루어졌습니까?

한국공군은 오랫동안 'F-5 공군'이었습니다. 저도 F-5 조종사였고 F-5가 전투기 전력의 근간을 이루었으며 F-5를 거쳐 고성능 기종으로 전환을 했었습니다. F-4가 도입되면서 AIM-7 전방향 미사일 도입으로 공대공 전술이 근본적으로 달라졌습니다. INS를 장비한 F-4는 다양한 좌표 지정이 가능하여 혁신적인 작전능력 향상이 이루어졌습니다. 또한 WRCS(Weapons Release Computer System)와 레이저 유도폭탄 운용이 가능하여 이러한 고성능을 최대한 끌어내기 위한 전술개발, 교범작성, 실전적인 조종사 훈련에 초점이 맞추어졌습니다. 29전대에서는 F-4 운용무장에 대한 연구와 실무장 임무도 수행하는데, 그 중 흥미로웠던 것은 F-4의 최대무장장착으로 기억합니다.

Q 29전대 공중전 훈련시 F-4의 기동성은 타 기종 대비 어떠한지요? 특히 격렬한 기동시 F-4의 Adverse Yaw/Out of Control 특성에 부담은 없으셨는지요?

대부분의 경우 29전대에서 ACM(공중전투기동) 훈련시 클린(Clean, 외부장착물이 없는 상태) 조건에서 기동합니다. 일선 전투비행대대 일반 외장 상태일 때보다 항공기의 근본적인 기동성을 경험할 수 있습니다. 실제 교전 상황에 대비하여 내부 연료만 가지고 격렬한 기동을 하므로 비행시간

성일환

152대대 영관장교 시절

도 35분 안팎으로 일선 비행대대보다 짧게 비행합니다. 29전대 훈련에서 DACT(이기종간 전투훈련)는 주로 F-5E/F와 F-4 항공기 간에 이루어지고 F-4E는 F-5E/F 대비 기동성이 약간 뛰어나지만, 주로 기동을 하게 되는 가시거리 이내에서 F-5의 크기가 F-4 대비 약 3분의 1 수준으로 잘 보이지 않기 때문에 F-4 교관 조종사의 스트레스가 많은 편이었습니다. ACMI(공중전투기동장비)에 의한 디브리핑 시 Kill이 되었을 때 화장실에 앉아서 많은 고민을 하곤 했던 기억이 납니다.

F-4 항공기는 특성상 Adverse Yaw에 의한 Out of Control 사고가 많이 발생하였습니다. 그러나 3타 일치 조작을 정상적으로 수행할 경우 그렇게 쉽게 Adverse yaw에 들어가지는 않는 것 같습니다. 물론 교관생활 중에 F-4 교관조종사의 사고를 경험하였지만 저의 교관생활 중 Out of Control 사례는 없었습니다. 그 외 여러가지 이유로 F-4는 상대적으로 조종이 어렵다고 합니다만, 29전대에서 그런 생각은 하지 않았습니다. 다양한 비행경험에 의한 자신감으로 비행에 임했었고 큰 사고는 없었습니다.

Interview

29전대 교관/대대장/전대장

29전대 191대대장 시절 마지막 비행(F-4D)

Q F-4를 비행하면서 있었던 에피소드 및 가장 기억에 남는 일화는 무엇입니까?

이기종간 2대1 전투기동 훈련임무로 훈련장에서 기동 중 F-5 목표기를 2대의 F-4E로 공격기동 중이었습니다. 동료기 간의 라디오 교신이 명확하지 않은 상태에서 목표기에 대해 동시공격이 이루어진 것 같았습니다. 목표기를 공격하기 위해 추적을 시도하고 있는데 바로 앞에서 동료기가 급상승하는 것을 목격하였습니다. 얼마나 가까웠던지 동료기 F-4 등판에 올라탄 것 같았습니다. 비행후 ACMI 장비 디브리핑 시 확인 결과 43피트(약 13m 정도) 거리로 지나갔습니다. 공중충돌 직전까지 갔으며 운좋게 살아 났습니다.

또 한번은 필승사격장에서의 공대지 사격 훈련 때였습니다. 자격유지를 위해 상관이 전방석에 탑승하고 저는 교관으로서 후방석에 탑승했었습니다. 45도 강하 사격 진입 중 항공기가 갑자기 지상충돌에 돌입할 것 같은 깊은 강하각으로 배면 급강하 기동을 실시했습니다. 목표물과 피퍼(Pipper, 폭탄투하조준점) 정렬을 위해 전방석 조종사가 무리한 조작을 했던 것이었습니다. 곧바로 항공기를 180도 roll(횡전) 후 pull-up(상승) 시켜 지상충돌의 위험을 모면했던 적이 있습니다.

Q ‘F-4 팬텀의 고향’이라는 제17전투비행단 단장 재임 경험은 어떠셨는지요?

F-4E가 집중배치된 전투비행단으로서 17비는 정말 많은 임무를 수행했습니다. 특히 업무 난이도가 높은 야간작전이 많았습니다. F-16은 복좌기가 부족하고 캐노피 형상으로 인한 야간비행 중 착각 문제도 있어 아무래도 가장 안정적인 F-4가 주로 야간비행에 투입되었습니다. 또한 ATO(Air Tasking Order, 유사시 공습할 핵심목표물을 지정해 둔 명령; 필자 주)상의 특수 임무도 수행했었습니다. 해결사처럼 주요 임무를 든든히 소화해 낸 F-4E 비행단이기에 조종사들의 자부심도 대단했습니다. 하지만 그만큼 스트레스도 컸습니다. 조종사는 물론 특히 장기운용항공기의 정비소요가 많이 발생해 피로도가 아주 높았습니다. 전 공군에서 17비가 손꼽히는 기피기지였습니다. 병사들은 자대 배치 시 가장 불안해 하는데 정비에 배치되면 더욱 힘들어 했습니다. 자살률도 높았습니다.

항공작전에 관련한 환경 개선에는 한계가 있는 것이 사실이기에, 실질적인 비행단 분위기 쇄신을 위한 지휘관리에 집중했습니다. 단장으로서 직접 내무반을 돌아다니며 격려하고 보다 합리적이고 자유로운 근무환경 및 분위기 조성에 방점을 두었습니다. 일과 시에는 군이라는 조직 문화 속에서 주어진 임무를 확실히 하고, 일과 후에는 가급적 편안히 휴식할 수 있는 문화 속에서 자율적으로 시간을 활용할 수 있도록 했습니다. 군 최초로 ‘병사 동기생 생활관’을 시범도입 했습니다. 후임병사들의 반응은 매우 좋았지만 선임병사들의 불만이 아주 컸으며 부사관들도 군기가 빠진다고 크게 반대했습니다. 그러나 생활관은 일과 후 휴식을 취하는 곳이고 충분한 휴식으로 다음 일과를 충실히 수행할 수 있다는 생각으로 선임병과 부사관, 초급장교들을 설득하였습니다. 또한 ‘군인으로서 일과 중 임무를 철두철미하게 하는 것’을 군기라고 정의내렸습니다. 형식적으로 보여주기 식의 업무는 최대한 없애고, 정말 필요한 업무만을 엄선하여 책임을 다하고 가급적 위임하도록 했습니다.

17전투비행단장 시절 F-4E 비행

성일환

성일환

Interview

29전대 교관/대대장/전대장

이러한 가치관은 29전대에서 오래 근무했기 때문이라고 생각합니다. 계급을 떠나 교관 개인을 전문가로 존중했던 29전대의 문화와 그 가치를 이해했고, 거의 13년간 17전비에 근무하면서 많은 장병들을 알았기에 부대를 지휘관리 하는 데 많은 도움이 되었습니다. 이렇게 부대를 운영한 결과 교육사 수료 병사들에게 17전비 선호도가 점차 상승했습니다.

Q F-4 출신 참모총장으로 2024년 퇴역하는 F-4에 대한 소회는 어떠신지요?

'큰일을 하고 떠나는구나'라는 생각이 먼저 떠오릅니다. F-4 항공기는 공군 역사에서 대들보 같은 역할을 했다고 생각합니다. 처음으로 제대로 된 레이다와 무장을 가지고 공중의 적기든, 바다의 간첩선이든, 막강한 억제력과 공포를 적에게 행사하였습니다. '쌍발-복좌-대형'으로 주야간-전천후-장거리 어떠한 임무이던 언제든 묵묵히 수행해 낸 든든한 전폭기였습니다. 야간 임무를 거의 도맡아 수행했던 '밤의 도깨비'이기도 했습니다. 152대대 야간 스케줄 장교 시절 야간 최대 출격을 계획하던 시절이 생각납니다. 통상 팬텀의 야간비행은 일몰 30분 후부터 시작했습니다. 최대출격 훈련 시에는 1일 3번 야간비행을 수행한 적도 있었습니다. 조종사들은 당연히 힘들었지만 팬텀 조종사로서 자부심이 누구보다도 높았고 웬만한 임무는 묵묵히 도맡아 소화해 냈습니다. 장기운용항공기를 공중에 띄우고 유지하기에 혼신의 힘을 다했고 조종사, 정비사, 무장사, 지원요원들은 정말 수고가 많았습니다.

참모총장 시절에도 여러 가지 복합적인 요인으로 F-4 적기 교체가 늦어지면서 고민이 많았습니다. 특히 조종사 자격유지가 어려웠습니다. 항공기 노후화 정도에 따라 아무래도 비행 빈도와 강도를 줄여나가다 보니 조종사 훈련도 덩달아 줄어들었고, 비행시간이 부족해지면서 조종사 자격유지와 사기저하의 문제가 계속 발생했습니다. 정비도 큰 난제였습니다. 운용유지와 수리부속 예산이 많이 소요되는 것은 물론이고, 부품마저 단종되어 외국에서의 부품 수급까지 추

성일환
공군참모총장 시절 17전투비행단 방문

진했으나 쉽지 않았습니다. 과거에는 정비사들의 소명 의식과 적극적인 대처로 늘어나는 정비 소요를 버텨 왔으나 시간이 지날수록 어려움은 더욱 커져 갔습니다. 무기체계의 도입이란 것이 공군의 뜻대로만 가능한 일이 아니지만, 후속기종 적기 도입이 전력과 인력 운용에 얼마나 중요한 일인가를 F-4 장기운용이 다시금 깨닫게 해주었다고 생각합니다.

이제 그토록 오래 기다려 온 KF-21이 최후의 F-4를 대체합니다. F-4는 후속기인 KF-21의 형상에도 상당한 영향을 끼쳤다고 생각합니다. 특히 쌍발엔진 채택으로 비행 안전성과 대량/대형 무장 탑재를 위한 넉넉한 플랫폼이라는 두 마리 토끼를 잡은 공군의 판단은 F-4 운용 경험에서 나온 것이 아닌가 하는 생각을 해 봅니다. 최후의 팬텀들이 AGM-142 대형 공대지 미사일을 장착하고 마지막까지 전쟁 억제력을 유지해 온 것도 그 반증이라고 생각합니다.

'팬텀이 명예스럽게 가는구나' 하는 생각도 듭니다. 사람도 언젠가는 모두 가듯이 말입니다. 팬텀이 우리 공군의 기둥 같은 역할을 반세기가 넘도록 잘 수행했음을 모든 사람들이 인정하고 그 퇴역을 특별히 준비하고 있습니다. 마지막까지 당차고 든든했던 할아버지 같은 F-4 전투기를 띄우느라 우리 공군 요원들이 노고가 많으셨습니다. 이 자리를 빌어 그 '팬텀 전우들'에게 감사의 말씀을 올립니다.

언젠가 17전비에 방문했을 때 방명록에 남겼던 글을 다시 떠올려 봅니다.

"도깨비의 명성을 영원히!"

Interview

F-4 WSO(Weapon System Officer)

이항기

예비역 대령

(공사 42기, F-4E WSO)

- 152전투비행대대 F-4E WSO(Weapon System Officer)
- 미국 시험비행학교 과정 졸업
- 공군 제52시험평가전대, T-50, TA-50, FA-50, KGGB, ALQ-X 등 개발비행시험 참여
- 공군본부 F-X 공군평가단 시험평가 담당, 방위사업청 F-35A 사업관리요원
- 공군 제17전투비행단 F-35A 전력화 담당
- 현 한국항공우주산업㈜ 근무, KF-21 개발시험비행 담당

Q 본인 소개 부탁드립니다.

예비역 공군 대령으로 공군사관학교 졸업 및 임관 후 제17전투비행단, 52시험평가전대, 공군본부 등에서 약 28년간 조종장교로 근무하였고, 2021년 전역하여 현재 한국항공우주산업(주) 고정익항공기 비행시험팀에서 KF-21 개발시험비행을 담당하고 있습니다.

Q F-4 WSO로 근무하시게 된 계기와 F-4 항공기에 대한 의견 부탁드립니다.

일반장교와 조종사를 선택해야 하는 과정에서 고민은 있었습니다. 그래도 F-4 WSO를 선택한 결정적 이유는 비행에 대한 열망이 더 크지 않았나 생각됩니다. 지금 생각하면 그 당시 어린 초급장교로서 F-4 항공기가 어떤 항공기인지 WSO가 어떤 조종사인지 세부적인 내용을 잘 몰랐고 정보도 부족한 시기였습니다. 따라서 저의 의지, 조종사가 되고 싶은 희망, 동경과 함께 특히 선배님들의 조언이 군에서의 제 앞길을 결정하고 밝은 청사진을 그려보는데 큰 도움이 되지 않았나 생각됩니다. 나중에 안 사실이지만 비행훈련 당시 저에게 적극적으로 F-4 WSO의 임무와 역할, 군에서의 앞길에 대해 많은 조언을 해주신 교관분이 계셨는데 주기종이 F-4E였던 조종사였습니다.

Q WSO로서의 임무 내용과 특성에 대해 설명 부탁드립니다.

WSO는 말 그대로 Weapon Systems Officer입니다. F-4 항공기는 공대공/공대지 임무수행을 위해 다양한 항전장비와 무장을 탑재, 전천후 운영하도록 설계/개발되었으나, 조종사 단독으로 전 체계 운용을 위한 기술적 통합이 제한됨에 따라 후방석에 항법, 레이다, 전자전, TGP(타게팅 포드) 운용 등을 부여하여 WSO가 해당 장비를 전담 운용하도록 되어 있습니다.

공대공 임무에서는 레이다를 활용한 공대공 무장(AIM-7,) 운용 및 전자전 임무를 기본적으로 수행하고, 특히 교전상황에서는 전방석 조종사의 전장상황 판단을 위한 조언을 적극 지원합니다. 공대지 임무의 경우 저고도 또는 중고도 침투를 위한 항법, 무장별 전술운용, 특히 레이저, EO (전자광학)/IR(적외선) 유도 방식의 정밀유도폭탄 운영을 위한 타게팅과 최종유도 임무 등을 수행합니다.

기본적인 각종 항전장비와 다양한 무장운용 외에 비행능력을 구비하여 필요시 전방석을 대신해 비행조종을 지원하며, 특히 비상상황시 전방석 조종사와의 신속하고 정확한 상황판단 하에 적절한 조치가 이뤄지도록 하고 있습니다.

이항기

29전대 시절 152대대 소속 F-4E와 함께. 주익의 AN/ASX-1 TISEO(Target Identification System, Electro-Optical)와 동체 상부의 검정색 AN/ARN-101 DMAS (Digital Modular Avionics System) 안테나 형상으로 PP1 항공기임을 알수 있다.

F-4 WSO(Weapon System Officer)

Q 특히 152대대 소속으로 AVQ-26 Pave Tack, DMAS 등 정밀 유도무장 운용경험은 어떠셨는지요?

Pave Tack과 DMAS (Digital Modular Avionics System) 장비는 그 당시 152대대 항공기에만 장착된 항법 및 TGP(타게팅 포드) 장비로 주 운용목적은 정확한 항법과 센서 연동을 통한 정밀유도폭탄 유도입니다. INS(관성항법장비) 외에 추가적인 통신항법체계와의 통합을 통해 보다 정밀한 항법이 가능하며, Pave Tack TGP와의 연동을 통해 GBU-12, GBU-10과 같은 정밀유도폭탄을 주/야간 운용할 수 있게 해줍니다. 152대대에서만 운영 가능한 특수장비임에 따라 대비태세를 위해 별도의 훈련과 자격을 유지해야 했고 타기종 대비 야간비행 비율이 높았으며, 상부 지시에 의해 실전적인 훈련을 많이 수행했던 것으로 기억됩니다. WSO만이 운영할 수 있는 장비임에 따라 주어진 작전의 성공을 위해 WSO의 숙련도와 상황판단 능력이 매우 중요하였으며, 그만큼 그 어떤 기종이나 대대보다 자부심이 높았고 다양한 정밀유도 무장을 실전적으로 운영할 수 있었던 경험을 많이 쌓을 수 있었습니다.

이항기

Q F-4를 비행하면서 있었던 에피소드 및 가장 기억에 남는 일화는 무엇입니까?

다양한 고난도 임무를 수행하던 152대대에 근무하며 많은 에피소드가 있었으나, 그 중 비행과 관련된 일화는 지금도 선명히 기억나고 생각하면 아찔합니다. 통상 전투조종사면 전술연마를 위해 제29전술개발훈련비행전대(일종의 Top Gun School)에 입과하게 되는데 그 당시 저도 152대대 전방석 상급자와 함께 입과하였습니다. F-4E Crew 개념으로 같이 연구 및 비행준비를 하고, 통상 비행대대에서 수행하지 않는 다양한 전술 비행훈련을 전대 교관들과 실전적으로 수행하였습니다. 그 중 F-4E 3기 공중전투기동 훈련에 돌입했고 1, 2번 공격기에는 입과자, 3번 표적기에는 교관이 탑승한 상황이었습니다. 상호 육안확인이 되지 않은 상태에서 과감하게 교전을 위한 전장 진입기동을 하는 순간, 저희와 교관이 탑승한 항공기 간 'Near Miss(초근접비행)'가 발생하였습니다. 비행대대 생활을 하다보면 가끔 Near Miss가 발생하나 당시는 충돌 직전의 상황이었습니다. 서로 스치듯 교차하는 순간 제가 표적기 교관조종사의 헬멧을 착용한 얼굴을 봤던 것으로 기억합니다. 그때 서로 늦게 보고 회피

기동을 하기는 했으나 '이건 공중충돌이다'라고 생각하고 두 눈을 질끈 감았던 것이 지금도 생생하게 떠오릅니다.

'과욕금지', '제한사항 준수' 등의 제언을 늘 명심하며 개발 비행시험 업무에도 동일하게 적용하고 있습니다.

Q 2024년 6월 퇴역하는 F-4를 떠나보내는 소회는 어떠신지요?

제가 20대 젊음을 바친 F-4가 퇴역합니다. 지금이라도 당장 F-4 WSO로서 임무를 수행할 수 있을 만큼 아직도 생생하고, 최선의 열정을 쏟았던 항공기로서 지금의 제가 있게 해줬습니다. 현역시절 F-35A가 전력화됨에 따라 마지막 F-4E 항공기를 타 기지로 보내며 환송을 해줬던 적이 있습니다. 그때는 비록 다른 기지로 이전하지만 29전대에 F-4E가 전개해 있어 늘 옆에서 그 웅장한 모습을 볼 수 있었고 직접 탈 수 있어서 실감이 가지 않았으나, 지금은 저의 애착 항공기가 영원히 퇴역한다니 깊이 아쉬움이 남습니다. 거의 할아버지 나이의 기체로 장기운용항공기임을 감안하면 지금이라도 최신 기종으로 교체하여 비행안전을 도모하고 국방력을 강화할 수 있으니 다행이라고 생각됩니다. 장기간 F-4 같은 항공기를 안전하게 운영해온 공군의 능력과 저력에 다시 한번 박수를 보내고 싶습니다.

Q 특히 F-4E의 후계기인 F-35 전력화와 KF-21 개발에 참여하시는 감회는 특별하겠습니다.

한 시대 막강한 공대공/공대지 화력과 정밀타격 능력을 바탕으로 공군의 핵심전력을 담당했던 F-4는 퇴역을 하나 후계기인 F-35A와 KF-21은 대한민국의 영공을 수호하는 '보이지 않는 힘'으로서 그 역할을 다할 것으로 믿어 의심치 않습니다. F-4 WSO 근무를 계기로 또 다른 새로운 영역인 비행시험 및 시험평가 분야에 자원하게 되었고 F-35A 도입사업과 현재 KF-21 개발업무까지 수행하게 되었습니다. 쉽지 않은 과정이자 힘든 도전이었지만 개인적으로 영광스럽고 주어진 기회에 늘 감사하게 생각하고 있습니다. F-4E로 비행생활을 시작하여 이를 후계기인 F-35A로 교체하였고 이제 최후의 F-4 전력 교체를 위해 KF-21 개발에 참여하고 있습니다. 공군의 기둥이었던 F-4에 이어 향후 수십 년간 대한민국의 하늘을 책임질 멋진 보라매가 개발되도록 최선을 다하도록 하겠습니다.

공군

Interview

AGM-142 최초 실사격

김헌중

공군본부 정책실장(준장)
(공사 43기, F-4 WSO)

- 2024년 공본 정책실장
- 2021년~2022년 공본 부대계획과장
- 2020년 공군 1전투비행단 작전지원전대장
- 2012년 미 전술데이터링크 연동통제장교(JICO) 자격 획득
- 2006년~2008년 미 아리조나주립대학교 산업공학 석사
- 2002년~2006년 공군 29전술개발훈련비행전대 교관
- 1996년-2002년 공군 17전투비행단 152전투비행대대 조종사

Q 공군 최초의 장거리 공대지 정밀유도미사일인 AGM-142 '팝아이(Popeye)'의 최초 실사격 조종사 중 한 명으로 F-4 기종 뿐 아니라 공군 역사에 큰 전기를 마련하셨습니다.

(이 인터뷰는 2003년 5월 1일 실시된 팝아이 최초 실사격의 21주년을 목전에 둔 시점에 이루어졌다; 필자 주)

1994년 남북회담 시 북측 대표단장의 "서울을 불바다로 만들겠다!"라는 협박에 북한의 도발에 강력하게 대응을 할 필요성에 따라 일명 '팝아이' 공대지 미사일을 도입하게 되었습니다. 이 대형 미사일은 당시 이스라엘에서 개발/운용 중이었고 장거리에서 발사되어 북한의 지하 요새도 한 번에 뚫을 수 있는 강력한 공대지 무장이었습니다. 이 팝아이를 미 공군이 B-52에 도입하면서 미 공군 무기 명명 원칙에 따라 AGM-142 '해브냅(Have Nap)'이라고 부르기도 했습니다.

'팝아이(Popeye)'라는 이름은 미사일을 만들고 보니 원거리에서도 표적이 너무 선명하게 보이는 성능을 강조하는 명칭으로 '미사일의 눈이 튀어나왔다' 또는 '미사일의 뛰어난 성능을 목격한 사람들이 눈이 휘둥그레졌다' 라는 배경 스토리를 가지고 있습니다.

그리고 해브냅은 미사일의 유도 성능이 너무 뛰어나 '발사 이후부터 표적 충돌 전까지 Midcourse 단계에서는 조종사가 할 일이 없어서 낮잠을 자도 될 정도'라는 의미에서 지어진 것이라는 설이 있습니다.

대위 시절 152대대 소속 F-4E와 함께

23년 전 대위 시절, 이스라엘로 출발하면서 공군본부로부터 엄중한 시기이므로 사명감을 가지고 하나라도 더 배우고 '훔쳐서라도 가져오라'는 밀명을 받고 이스라엘에 갔던 게 기억납니다.

뒤돌아 보면 크게 두 가지 의의가 있었다고 생각합니다. 최초 실사격 당시에는 표적을 눈으로 보지 못한 상태에서 발사한다는 두려움 가운데 미사일을 발사했던 것, 그리고 미군도 처음엔 여러 차례 실패했던 미사일과 항공기의 인터페이스(interface) 개조를 한번에 성공했다는 것이었습니다. 그동안 우리 공군의 조종사, 무장사, 그리고 항사단 사업 담당자들이 얼마나 많은 노력을 했는지 짐작할 수 있을 겁니다. 무엇보다 미사일이 수십 킬로 떨어진 무인도에 놓인 콘테이너 표적 정중앙을 관통한 것을 보면서 언제든지 출격명령만 내려지면 적 지휘부 창문을 뚫고 제거할 수 있겠다는 자신감이 충만하게 되었던 것이 가장 기억에 많이 남습니다.

Q 최초 수행은 누구나 긴장하기 마련인데 최초 실사격시 어떠셨는지요?

2001년 초 실사격 조종사로 선발되어 실사격 인증 추진 회의, 이스라엘에서의 실사격 조종사 교육, 미공군의 운용요원 교육을 거치고 CDR (Critical Design Review, 상세설계검토)에도 참여했었기 때문에 무기체계에 대한 이해도는 지속적으로 높아졌었습니다. 가장 도전적인 부분은 처음 시도한다는 것이었는데 앞에서 언급했듯 표적을 보지 않은 상태에서의 무장 발사, 그리고 2,200lbs 이상의 비대칭 외장에서의 이착륙 등이 큰 부담이었습니다. 발사 전에는 긴장감과 부담감이 컸지만 발사 후에는 전혀 긴장감이 없었던 것 같습니다.

최초 실사격은 2003년 5월 1일 오전, 오후로 나뉘어 2회에 걸쳐 시행되었습니다. 전방석에는 모두 이동기 대령(당시 소령)이 탑승했고 후방석에는 오전에는 저, 그리고 오후에는 현재 공본 정책실 미래기획센터장으로 함께 근무하고 있는 류기필 대령(당시 대위)이 탑승하여 실사격 임무를 수행하였고 모두 표적에 명중시켰습니다.

F-4E 중 최신 버전을 운용하던 152 및 153대대 기체들이 AGM-142 운용을 위한 개조(INS, 항법입력장치, 양방향 소통 데이터링크 등)를 받았으며 저는 152대대, 류기필 대령은 153대대 소속으로 참가하였습니다.

Interview

AGM-142 최초 실사격

Q 무장 분리 순간 G-Jump 등 특이 상황 발생은 없었는지요? 우리 공군이 도입한 AGM-142G와 AGM-142H는 어떻게 비교하시는지요?

우려와는 달리 2.5G G-Jump 정도만 발생했고 모래 주머니를 떨쳐 버린 듯 가벼워진 느낌이 들었습니다. F-4가 워낙 한 덩치 하다보니 생각보다 영향이 크지 않았다고 할까요(웃음). 미사일 발사 후 데이터링크 포드만 한 쪽 날개에 달고 날아도 큰 영향은 없었습니다. 그래도 대형 고중량 미사일이다 보니 저속 등 특정 비행 영역에서는 항공기 비행 성능에 영향을 미쳐 스틱의 움직임도 달라지는 느낌이 들었습니다.

AGM-142G와 H형을 비교하자면 아무래도 CCD (Charge Coupled Device) seeker를 장착한 후자가 전자보다 성능이 월등히 우수하다고 생각합니다. 열영상 Z-Seeker를 탑재한 G형은 야간에만 장점이 있다고 할수 있습니다.

이스라엘에서 팬텀 조종사 출신 교관으로부터 실사격 교육을 받을 때 창문까지 정밀 조준을 하던 모습이 경이로웠던 기억이 있습니다. 교관의 여자친구 집이었지요(웃음). 제가 최초 실사격 할 때에는 대조를 확실히 하기 위해 표적에 'Phantom Phorever (팬텀이여 영원하라)'를 적어 두었습니다. 미사일에는 'Pride of ROKAF'라고 분필로 적었었습니다. 실탄 외에도 훈련탄인 DATM-142(Dummy Training)과 CATM-142(Captive Training)도 도입되어

김현종

STD (Squadron Training Device)에서 한반도 3D 영상으로 훈련했습니다. 유사시 적의 주요 지휘부를 Stand-off 타격하는 훈련으로 팬텀 조종사들의 자부심이 대단했습니다.

앞서 Have Nap 별칭이 '발사 이후부터 표적 충돌 전까지 Midcourse 단계에서 조종사가 할 일이 없어서 낮잠을 자도 될 정도'라는 의미하고 말씀드렸는데, 사실 발사 전 좌표 입력이 상당히 손이 많이 갑니다(웃음). 표적의 좌표 정보는 물론 Aim Point(조준점)까지도 입력해야 합니다. DTM (Data Transfer Module)을 장비했던 152대대 기체들이 좌표 입력에 더 편리한 점이 있었습니다.

Q 그 외에 Popeye 미사일과 관련한 기억이 있으실까요?

이스라엘에서 교육을 마치고 돌아오던 날이 마침 2001년 9월 13일 이었습니다. 911 사건이 터진 직후였습니다. 앞서 말씀드린 류기필 대령과 교육 정비사 4명이 같이 귀국 중이었는데 보안 검색이 엄중해 항공기를 놓칠까 봐 전전긍긍했던 기억이 납니다. 동료들을 위해 준비한 귀국 선물도 공항 검색대에서 다 뜯어버려 많이 안타까웠습니다.

Q 퇴역하는 F-4 항공기에게 한 말씀 부탁드립니다.

군생활을 함께했던 항공기가 이제 소임을 다하고 떠난다니 서운하고 아쉽습니다. 제 청춘의 추억과 한 시대가 저무는 느낌이랄까요. 저는 제 인생의 가장 좋은 시절은 17전비 알라트(Alert, 비상대기실)에서 다 보냈다고 얘기하곤 합니다. 그 옆에는 팬텀이 항상 함께 했습니다. 군생활 중 팬텀을 통해서 많은 군사적 지식을 쌓아오기도 했습니다. 이것은 저

김헌중

2024년 6월 7일 수원기지 F-4 퇴역식에서 최후의 F-4와 함께한 김헌중 준장

뿐만이 아니라 그동안 팬텀을 주기종으로 임무를 수행했던 많은 선후배님들에게도 마찬가지일 것입니다. 현재와 미래에도 전투기와 조종사들은 바뀌지만 대한민국 영공방위라는 임무는 영원히 바뀌지 않고 유지될 것입니다. 팬텀보다도 훨씬 더 발전된 전투기로 임무를 수행하게 될 후배 조종사들이 국가와 국민이 부여한 영공방위라는 임무 완수를 위해 헌신하고 최선의 노력을 쏟았던 팬텀 선배 조종사들의 정신을 앞으로도 영원히 이어가길 소망합니다.

"Phantom Phorever! Pride of ROKAF!"

무려 55년간 대한민국 영공을 지켜낸
F-4 팬텀의 운용 장면들. 주야간 비행, 정비, 무장,
팬텀맨들과 가족들의 모습을 담아보았다.

PHANTASTIC PHANTOMS

월간항공

❶

❶ 이글루 안 F-4D 정면 모습. 좌우측 공기흡입구의 붉은색 커버는 FOD (Foreign Object Damage) 방지용.

❷ F-4D 노즈의 돌기물은 AN/ALR-69 RHAWS (Radar Homing And Warning System).

❸ 151대대 소속 F-4D의 측면 모습. 두터운 동체와 두꺼운 주익 등 F-4 특유의 거대하고 튼튼한 외형이 잘 드러난다.

❹ F-4D 수직미익에 그려진 스푸크. 기체에 별다른 마크 도장을 하지 않는 한국공군 특성상 이례적인 마킹으로 가운데 11전투비행단 마크가 그려져 있다.
최상단에는 UHF 및 RHAW 안테나가 위치해 있으며 전방 두 개의 돌기물은 각각 Pitot tube(상단) 및 Bellows RAM air inlet(하단).

마틴 페너

❷

3

4

윤형근 사진

마틴 페너

마틴 페너

❶

❶ 후계기 F-15K와 어깨를 나란히 한 151대대의 F-4D. 두 기체의 기수 외양 차이를 발견할 수 있는데 753 항공기는 백색 레이돔과 RHAW 안테나를, 778 항공기는 회색 레이돔과 적외선 센서를 장비하고 있다.

❷ SUU-23 건포드를 장착하고 F-15K와 Taxing 중인 F-4D. 우측 상공에는 F-15K가 이륙하고 있다.

❸ After burner를 켜고 Nose landing gear를 접으며 이륙하는 F-4D. 팬텀 특유의 힘이 느껴진다.

❹ After burner 불기둥을 타고 이륙하는 F-4D. 기수 아래 맹금류가 함께 날고 있다.

③

2

4

마틴 페너

마틴 페너

마틴 페너

❶ 시험비행을 위한 Clean 외장 상태로 이륙하는 151대대 소속 F-4D.

❷ 도입 초기 F-16C Block 32 Peace Bridge 위로 비행하는 F-4D. F-16 PB는 4세대 최신예기였지만 작전능력이 제한되어 F-4에 필적하는 주력전투기의 위상을 가지지는 못했다. 후에 KF-16 Block 52에 이르러 주력전투기로 자리잡게 된다.

❸ 엔진 스모크를 내뿜으며 착륙 어프로치 중인 F-4D. J-79 초기 모델은 불완전 연소로 스모크를 배출해 공중에서 전술적인 불리함을 낳았으나 후기형 모델에서 크게 개선되었다.

❹ 화생방(NBC) 훈련 중인 F-4D. 가공할 북한의 화생방 공격 대비는 한국공군에게 중요한 작전 중 하나이다.

3

4

공군

공군

공군

월간항공

❶ F-4D 활주로 이탈사고. 착륙 중 타이어 고장으로 야기된 사고로, 전후방석 조종사들의 사출 흔적과 분리되어 지상에 떨어진 캐노피가 보인다. 1980~90년대 컬러 국적마크를 도장하고 있다.

❷ 1980년대 F-4D의 APQ-109 레이다를 정비 중인 정비사들.

❸ 공기흡입구에 들어가 J-79 엔진을 점검 중인 정비사.

❹ 1980년대 엔진 베이에서 작업 중인 정비사들.

❺ 비행 상태의 'Iron Bird'로 작동 상태를 점검 중인 F-4E.

월간항공

❶ 정비 점검 중인 F-4E. 동체 상부의 유압 계통과 하면의 엔진 Piano Hinge에 주목.

❷ 정비 점검 중인 F-4E. TISEO 구조와 Slat Fairing의 디테일에 주목.

❸ 152대대 F-4E 무장현황란에 정보 기입 중인 정비사. 고폭소이탄(High Explosive Incendiary, HEI)과 CATM-142 팝아이 훈련탄 장착 중임을 알 수 있다.

❹ 4발의 AIM-9P4를 장착 중인 152대대 F-4E. 그 위의 노란색 원형 구조물은 TISEO 커버. 주익 뿌리 근처 노란색 케이블은 정전기 사고 방지를 위한 Static Discharger Cable(항공기 정전기 방출선). 바닥에 놓인 검정색 전선은 EPC(Electrical Power Cartridge) 케이블이며 그 위에 Access Door 26L(External Electrical Power Receptacle)이 열려 있다.

❶ 1980년대 AIM-9P3 Sidewinder 공대공 미사일을 점검하는 153대대 조종사.

❷ 1980년대 F-4E M61A1 기총 훈련탄을 장착 중인 무장사들.

❸ F-4E 장착 대기 중인 AIM-7M Sparrow 중거리 공대공 미사일.

❹ 1980년대 F-4E에 장착된 AGM-65A Maverick 공대지 미사일 시커를 점검 중인 153대대 조종사.

3

월간항공

4

공군

❶ ❷

❶ 1980년대 초반 비상활주로 상공을 날아가는 F-4E.

❷ 1980년대 팀스피리트 훈련중 비상활주로에 한국공군 F-4D가 미공군의 F-15A, F-4E, OV-10과 함께 주기되어 있다.

❸ 1996년 서울에어쇼 참가차 방한한 러시아의 SU-30MK 및 SU-37 전투기들을 에스코트하는 F-4E.

공군

3

❶

②

3

공군

1. '콤비'로 이동 중인 370 갤런 연료탱크. F-4에는 기본 외장으로 장착된다.

2. 최대무장 MK-82 500lbs 통상 폭탄 24발을 장착한 F-4E. 실제로는 운용되지 않는 무장 패턴이나 F-4의 가공할 무장 능력을 보여준다.

3. 죽변 비상활주로에서 AIM-7E 2발을 장착한 채 힘차게 이륙 중인 F-4E. 80년대 제공미채 도장.

4. 1980년대 Team Spirit 훈련 중 비상활주로에 주기중인 F-4D/E 위를 비행 중인 미공군 B-52 전략폭격기. F-4D/E 모두 제공미채 도장 중이다.

공군

4

❶ 태극마크를 한 한국 공군의 귀순 획득기 MiG-21과 MiG-19를 지나가는 미공군 제51전투비행단(OS) 소속 F-4E. 오산기지의 F-4E들은 후에 MIMEX 항공기로서 한국 공군에 인도된다.

❷ "스크램블!"
'아라트룸(Alert Room, 비상대기실)'에서 긴급 출격 중인 153대대 전투조종사들. 1980년대의 작전 모습으로 조종사들은 어깨에 38구경 권총과 실탄으로 무장하고 있다.

❸ 출격준비가 완료된 153대대 F-4E 조종사

ROKAF 67 224
ROKAF 67 228

❶ 이글루에서 동시 출격 중인 153대대 F-4E 항공기들.

❷ 선봉 152! 주먹을 불끈 쥐고 자신감을 표현 중인 152대대 소속 F-4E 조종사.

❸ 이륙 준비 중인 29전대 소속 F-4E (152대대 PP1)와 F-5F (112 대대). 두 기종의 크기 차이가 확연하다.

❹ 당당한 체구에 늘씬한 기수의 상반적 디자인을 보여 주는 F-4E. 152비행대대의 PP1 항공기로 주익 TISEO와 동체 상단의 검정색 AN/ARN-101 안테나로 식별가능하다.

❶

마틴 페너

❷

❶ 비행 중인 F-4E의 하면 실루엣.

❷ F-15K, KF-16 전투기들과 비행 중인 F-4E PP1. 3세대 기체와 4세대 장비를 갖추었던 F-4는 한국공군에서 이들 4세대 전투기들로의 전환에 허리 역할을 해 왔다.

❸ 설산을 배경으로 비행 중인 F-4E 편대. AIM-7M과 AIM-9P3로 무장 중이다. 90년대의 컬러 국적 마크에 주목.

❹ 석양 속 활주로 위의 F-4 Pipper.

❶ 29전대 MiG-19와 비행 중인 F-4E. 도입 초기의 제공미채 도장에 사자머리와 대대 마킹이 생략되어 있다.

❷ 석양 속의 F-4E. 비행 중인 항공기와 출격 준비 중인 항공기가 대조를 이룬다 .

❸ 노을을 배경으로 이륙 중인 도깨비들.

❹ 야간 비행을 준비 중인 F-4E PP1 항공기들. 쌍발-복좌-장시간 체공 능력 및 입증된 작전능력으로 F-4는 한국 공군의 야간비행에 가장 많이 투입된 기종이다.

공군

1

공군

2

4

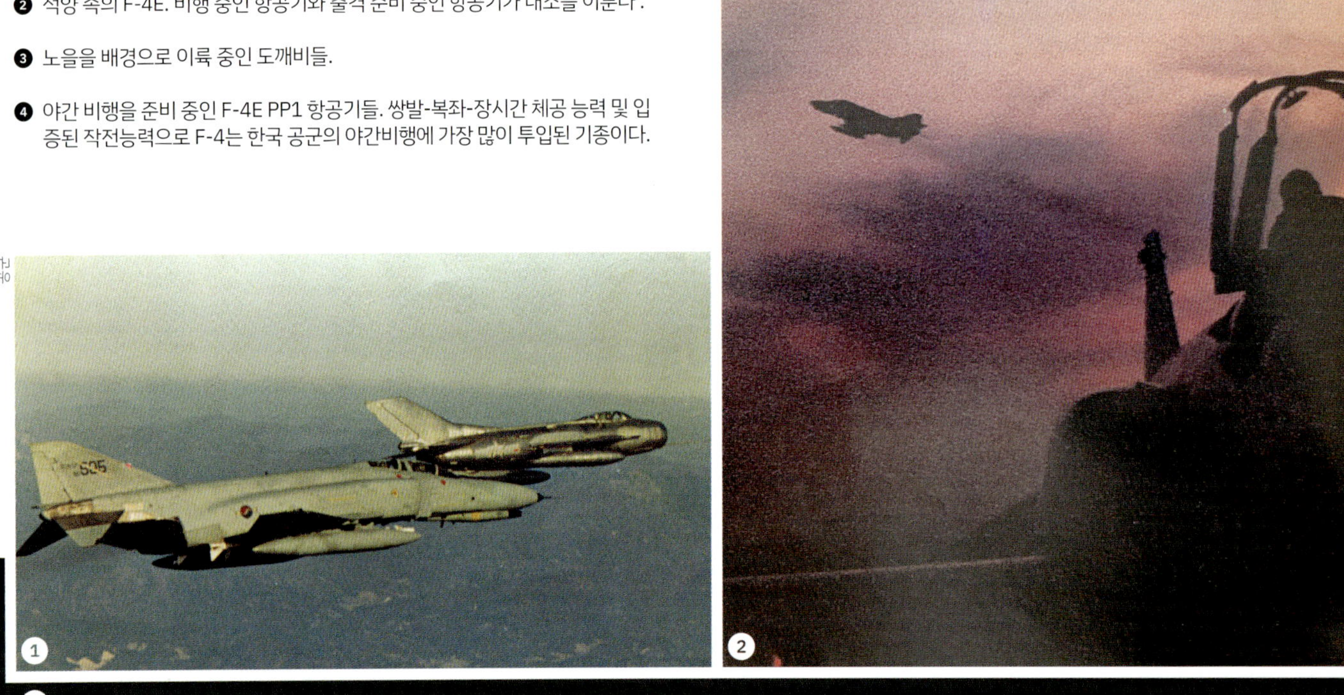

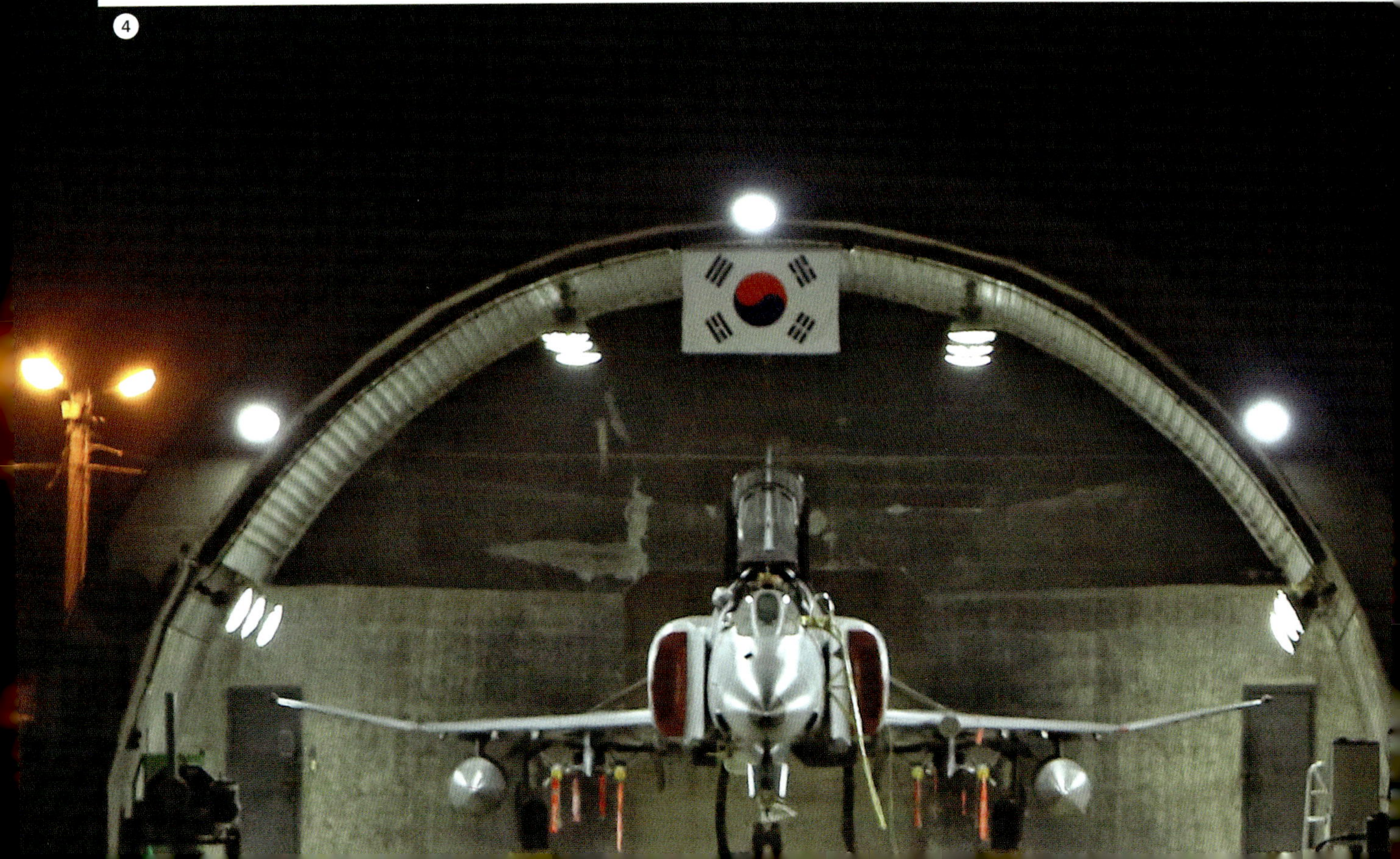

3

AIM-9P4 훈련탄을 장착하고 야간비행에 나서는 F-4E.

마틴 페너

501

공군

❶ 야간비행을 준비하는 F-4E. 저명도 편대등과 비행등이 도깨비불의 성시를 이룬다.

❷ F-4E의 비행등과 활주로등이 어루어져 화려한 불야성을 만든다. 화려함 속에는 목숨을 건 긴장감이 함께 숨겨져 있다.

❸ 차가운 밤하늘을 달구는 도깨비불

3

공군

공군

월간항공

1

4

❷

❸

❶ 151대대 9만시간 무사고 기록을 자축하는 11전비. 조종사 모자의 스푸크 마킹이 흥미롭다.

❷ Phantom Phamily! 152대대 가족 모임.

❸ 152대대 건물 앞에 도열한 영화 R2B 출연 배우들. 청주기지 3개 F-4E 비행대대 (152, 153, 156) 패치를 각각 착용하고 있다.

❹ 청주기지에 도열한 F-4E와 팬텀맨들. 각 종교인들도 한마음으로 비행안전을 기원한다.

Interview

최후의 F-4D 대대장

김기영

예비역 대령

(공사 38기, F-4D/E)

- F-4E 850시간, F-4D 2,100시간 등 총 3,400 비행시간 보유
- 최후의 F-4D 대대장(151대대)

Q 본인 소개 부탁드립니다.

공군사관학교 38기(1990년 임관) 김기영 (예)대령입니다. 저는 비행 교육과정을 마친 후 1993년부터 2023년 전역할 때까지 30년간을 F-4D/E 기종으로 불철주야 영공을 방위했습니다.

F-4 기종에 대한 DART 견인, 야간해상작전, 시험비행 등의 특수자격을 가지고 있으며 고전초급/고전고급(고난도 비행전술훈련)을 모두 수료하였습니다.

2004년 보라매공중사격대회에 전술편대 리더로 참가하여 대통령상의 영예를 대대에 안겼으며 그 해 공군 우수조종사로 선발되었습니다.

Q F-4 조종사가 된 계기와 조종사로서 F-4 항공기에 대한 의견 부탁드립니다.

중·고등학교 시절에 저는, 대구비행장 RWY31 LAST CHANCE 지역이 보이는 곳에서 살았습니다. 야간비행을 위해 이륙하는 항공기 후미의 불꽃을 보며 신기해하며 컸습니다. 아마도 그때부터 팬텀과의 인연이 시작되었던 것 같습니다. 제일 뛰어난 조종사만이 팬텀을 탈 수 있다는 얘기를 많이 들었는데, 어느덧 제가 팬텀을 조종하며 후배를 양성하고 있었습니다.

팬텀은 익숙해지기 전까지는 조종하기 힘든 비행기입니다. 팬텀 도입 초창기에는 3타 일치(Aileron/Rudder/Elevator) 조작 불량 및 항공기 특성파악 미흡으로 Adverse Yaw/Departure/Out of Control/Spin 등의 발생이 잦았으며, 이로 인한 비행사고가 많았습니다.

하지만 자만심을 버리고, 항공기를 좀 더 이해한다면 팬텀의 새로운 매력에 빠지게 됩니다. 팬텀은 집안의 기둥같이 듬직하고, 어떤 일을 시키더라도 다 해낼 수 있으리라는 믿음이 가는 그런 장남 같은 항공기였습니다.

Q F-4를 비행하면서 있었던 에피소드 및 가장 기억에 남는 일화는 무엇입니까?

위험했던 순간이 생각납니다. 장기간 파견 후 복귀한 2기 리더의 비행 적응을 위해 교관인 제가 2기 리더 후방석에서 비행을 하는 상황이었습니다.

저고도 Terrain Masking(지상 장애물 회피) 기동 중 전/후방석의 불일치된 과한 조작으로 PIO(Pilot-Induced Oscillation)에 항공기가 진입되었고, 대략 2회 정도의 사이클 후 회복되었습니다. #2가 #1을 보았을 때, #1의 항공기가 초저고도에서 "산속으로 들어갔다가 올라오고, 들어갔다고 올라오고 했다." 는 겁니다. +7G ~ -1G 정도의 사이클이었습니다. 어떻게 회복되었는지는 모르겠습니다. 아마도 전·후방석 조종사들이 순간적으로 Stick을 놓쳤고, Trim이 적절히 Setting 되어있어서, 항공기가 스스로 회복되었던 것으로 추측됩니다. 아주 위험했던 순간이었습니다.

Q 최후의 151대대장을 역임하시며 F-4D 퇴역 당시의 회고를 부탁드립니다.

151전투비행대대는 F-4D 항공기를 위해 1969년 창대되었고, 2010년 F-4D가 도태될 때까지 장장 41년간 단일기종으로 시작부터 끝의 퇴역까지 최장 기간 운용한 세계 유일의 전무후무한 기록을 세운 대대였습니다. 그러한 역사 깊은 대대를 마지막 임무 완수까지 무탈하게 마무리지을 수 있어서 대단히 영광스러웠습니다.

김기영

151대대 창대기념식 F-4D 항공기 앞에서

Interview

최후의 F-4D 대대장

김기영

Q 2024년 6월 전기 퇴역하는 F-4를 떠나보내는 소회는 어떠신지요?

팬텀은 월남전에도 참가를 했던 불멸의 전투기였습니다. 하지만 기체의 설계수명을 초과한 경제수명까지의 연장 사용, 정비 부품의 확보 애로, 항법장비의 노후화 등 운영상 현실적 어려움이 많았습니다. 또한 요즘 조종사들은 아날로그보다 디지털 계기판을 더 잘 이해하고, 터치스크린을 더 잘 다루는 新세대들입니다.

“It's time to let go.” 영화 ‘Top Gun’에 나온 대사입니다. 주어진 임무를 좀 더 잘 할 수 있는 신세대를 위해 자리를 내어주어야 할 때였으며 시간의 흐름을 받아들여야 할 때인 것 같습니다.

팬텀을 떠나보내는 마음은 아쉽지만, 다음 세대의 항공기에게 조국수호의 역할을 물려 줄 때가 되었다고 생각합니다.

Q F-4 기종이 한국공군에 어떤 의미를 가지는 기종이라고 생각하십니까?

팬텀 도입 시기의 한반도는 일촉즉발의 상황이었습니다. 북한은 언제 어디서든 호시탐탐 기회를 노리던 상황이었습니다.

그때마다 우리 팬텀은 서/남해안의 대간첩선 작전, 동해의 주변국 정찰기/핵잠수함 식별/대응 등에 즉시 투입되어 작전을 완벽히 수행했습니다. 그러하기에 1980년대까지만 하더라도 "필승공군! 팬텀공군!" 이라는 구호가 있을 정도로 '공군하면 팬텀'이라는 인식이 항상 있었습니다. 그만큼 팬텀은 상징적이었으며 그 나라의 국격과도 같았습니다.

김기영

Q 그 외에 F-4에 자유로운 말씀 부탁드립니다.

팬텀은 역사의 뒤안길로 가더라도, 영공방위를 위해 산화한 선배들의 얼과 팬텀을 지금까지 비행한 선/후배 조종사들의 'Fighting Phantom' 정신을 잊지 않았으면 하는 바램입니다.

공군

Interview

최후의 RF-4C 대대장

한병철

예비역 대령

(공사 41기, RF-4C)

- 최초 전투비행대대 배치(제10전투비행단/주기종 F-5 제공호)
- F-4D 기종전환(제11전투비행단)
- RF-4C 기종전환(제39전술정찰비행전대)
- 남부전투사령부 항공통제본부 전투운영과 선임작전통제관(SODO)
- 제131전술정찰비행대대 최후의 대대장
- 공군본부 기획관리참모부 기지발전과장
- 제19전투비행단 작전지원전대장
- 제39정찰비행단 창설준비대장
(2020. 11. 1. 제39정찰비행단 창설)
- 합참 정보본부 수집운영과장
- 합참 전비태세검열실 기동검열관

Q 본인 소개 부탁드립니다.

저는 전투조종사가 되는 꿈을 아주 어려서부터 키웠습니다. 아마도 환경적인 부분도 있었을 거라 생각합니다. 어릴 적 저는 원주비행단의 활주로 연장선에 있는 장막골이라는 곳에서 살았습니다. 당시 매일 머리 위를 떠다니는 비행기(지금 돌이켜보니 O-2라는 공지합동작전 통제기였습니다)를 바라보며 나도 하늘을 날아보고 싶다는 막연한 동경을 가지게 되었습니다. 학창시절에는 7~80년대에 로봇태권 V, 마징가 Z, 그래이트마징가, 그랜다이저 등의 메카물 애니메이션이 한창 유행하였는데, 이즈음에 만약 우리나라에서 과학기술이 발달하고 유인조종 로봇이 개발된다면 전투조종사가 로봇의 조종을 담당할 것이라고 생각하면서 전투조종사가 되기로 마음을 굳히게 되었습니다. 그래서 공군사관학교 진학을 결정하고, 조종훈련의 어려움을 극복하고 전투조종사의 길을 걷게 되었습니다. 돌이켜보면 쉽지만은 않은 과정이었고 때때로 어려움에 봉착하기도 하였지만, 많은 노력을 집중할 수 있는 근간이 되기도 한 것 같습니다.

저는 공사 41기로 임관하여 F-5를 주기종으로 전투조종사의 길을 걷기 시작하였습니다. 약 1년 4개월 정도를 공군의 최전방이라고 일컫는 제10전투비행단에서 근무하던 중 당대 최고의 전투력을 자랑하는 F-4 팬텀으로 기종 전환을

할 수 있었습니다. F-4D 팬텀으로 기종전환에 이어서 바로 유사기종인 RF-4C로 기종전환을 하게되어 RF-4C를 주기종으로 하고 있습니다. 이제 30여년이 넘는 군생활을 되짚어 보면서 팬텀맨으로 영예롭게 살아온 나날들이 자랑스럽기도하고 앞으로도 자긍심을 가지고 살아갈 근간이 될 것입니다.

Q F-4로 기종전환 하게 된 계기는 무엇입니까?

현재 전투조종사들은 LIFT(Lead-In Fighter Training)라는 전투조종사 양성과정을 거쳐 주기종을 받습니다. 제가 전투조종사 훈련과정을 거치던 시기에는 CRT(Combat Readiness Training) 훈련과정을 수료하게 되면 F-5를 주기종으로 거치고 이후 일정조건을 충족하게 되면 성능이 우수한 기종으로 기종전환을 하는 것이 일반적인 방식이었습니다. 제가 기종전환 조건을 충족하게 되었을 당시에는 F-4와 F-16 중에서 선택할 수 있었습니다. 당시 저의 선택은 당연히 팬텀이었습니다. 최신 기체에 대한 유혹도 있었지만 당시 공군이 운영하는 전투기종 중 최고의 전투능력을 보유한 팬텀은 그 무엇과도 대체할 수 없는 자부심 그 자체였습니다.

Q 전투조종사로서 F-4/RF-4C 기종을 어떻게 생각하시는지요?

아마도 모든 팬텀 조종사들은 기체의 매력과 범접할 수 없었던 능력에 깊은 자부심을 가지고 있을 것입니다. 최초의 전방향 공대공 교전능력을 갖추고, 전투기로서는 최고의 공대지 무장장착 및 운용능력을 보유한 명실상부한 초음속 전투폭격기의 시초라 할 수 있습니다. 팬텀 정비사들도 팬텀에 대해 높은 자부심을 가지고 있습니다. 최근의 기체들은 비행제어 컴퓨터가 항공기 조종면의 미세조정을 담당하지만, 팬텀은 서보시스템으로 유압식 기계제어 방식으로 항공기 조종면의 미세조정을 하도록 설계한 마지막 전투기라 할 수 있습니다. 컴퓨터로 제어해야 할 정도로 복잡한 과정을 기계식으로 제어할 수 있도록 설계하였다고 하는 것이 상상이나 되시나요? 팬텀의 유압계통을 설계한 담당자가 설계를 마치고 정신병원에 입원하였다는 우스갯소리가 팬텀 정비사들 사이에 회자되는 것을 전해듣기도 하였는데, 조종사로서 기체계통을 교육받으며 크게 공감이 가기도 하였습니다.

RF-4C 최후비행을 마친 대대원들을 격려하는 한병철 131대대장

Interview

최후의 RF-4C 대대장

RF-4C 정찰기 최초 도입(미 공군 MIMEX 항공기)

Q 한국공군의 RF-4C 도입-운용-퇴역의 역사는 어떻게 되는지요?

한국공군은 1989년 12월 18일 미 공군으로부터 대구기지에서 RF-4C 3대를 인수하여 최초로 운용을 시작하였으며, 1990년 7월 2일에 미 460전대로부터 전술정찰 임무를 공식적으로 이양 받았습니다. 1991년 1월 30일에는 한국공군이 대북 징후감시임무인 BENCH-BOX 임무를 인수하여 최초로 수행하기 시작하였습니다. 2001년 9월 17일에는 BENCH-BOX 임무 1,000회를 달성하는 등 감시정찰 임무를 역동적으로 시행하였습니다. 2009년 10월 15일에 2,033회 BENCH-BOX 임무를 마지막으로 대북 징후감시임무는 후속 전력인 RF-16 새매에 이양하고 전술정찰임무를 전담하게 되었습니다.

2014년 2월 28일에 RF-4C는 최종비행을 실시하였고, 같은해 3월 3일에 공식적으로 비행임무가 종료되어 역사의 뒤안길로 접어들게 되었습니다.

Q RF-4C 비행시 에피소드, 위기 등 기억에 남는 장면은 어떤 것이 있으실까요?

RF-4C는 정찰임무를 전담하기 위한 팬텀의 배리에이션으로 제작된 기체입니다. 이유는 명확하지 않지만 한국 공군은 무장장착이 불가한 상태로 임무를 이양받았습니다. 따라서 대북 징후감시임무를 제외한 대부분의 임무는 공대공/지대공 교전을 회피하기 위하여 초저고도에서 임무를 수행하였습니다. 특히, 전술사격장인 필승사격장에서의 임무는 최고 난이도의 임무입니다. 저는 필승사격장에서 임무를 계획

할 때면 제가 임의로 이름을 부여한 침투경로인 '인디펜던스 데이 계곡[1]'을 침투나 이탈경로로 선호하였습니다. 회피기동의 절정은 계곡사이를 가로지르는 고압선 하방으로 회피해야 하는 비행구간인데, 언제나 텐션 업되고 최고의 주의를 집중해야만 하는 구간이었습니다.

또 한가지 기억에 남는 장면은 전술정찰 비행을 하면서 북한 임남댐과 평화의 댐이 건설되는 장면을 직접 눈으로 확인한 것입니다. 임남댐의 담수규모는 상상을 초월합니다. 정확한 담수량은 알지 못하지만 공중에서 직관적으로 보면 우리의 소양호, 파로호, 춘천댐을 합한 정도의 표면적보다도 넓어 보입니다. 북한은 임남댐 공사를 1986년부터 시작하였으며 2000년 10월에 댐 높이 88m의 1단계 공사를 완료하였고, 2003년 12월에 현재규모인 높이 121.5m, 너비 710m로 본 댐과 여수로 공사를 하였다고 합니다. 평화의 댐은 3단계에 걸쳐 공사가 진행되었다고 알려져 있습니다. 공식적인 자료는 인터넷에서 더 정확하게 알 수 있겠지만 직관적인 측면에서 임남댐이 건설되고 담수하는 과정과 임남댐의 담수표면적이 넓어짐에 따라 평화의 댐이 증축되어 높아지는 과정을 지켜보면서 이른바 적의 수공에 대해서 안도의 가슴을 쓸어내렸던 기억도 생생합니다.

Q 전투기형과 대비하여 RF-4C 전방석과 후방석의 임무는 어떤 특징이 있습니까?

전투기형과 마찬가지로 전방석 조종사는 항공기 조종을 주로 담당하고, 후방석 조종사는 임무장비를 통제하는 임무를 수행합니다. 정찰임무를 수행할 경우 전방석 조종사는 정찰하고자 하는 표적의 성격에 맞게 임무제원을 산출하고 항공기를 조종합니다. 후방석 조종사는 산출된 임무제원을 확인하고 센서를 통제하여 전후방석간 호흡을 맞추어 표적을 획득합니다. RF-4C 레이다는 적기를 요격하기 위한 레이다가 아니고 야간항법을 위해 특화된 장비입니다. 전방석 조종사는 Terrain Follow Mode로 전방 장애물로부터 특정한 안전고도를 설정하여 저고도 비행을 유지하고, 후방석 조종사는 Terrain Avoidance Mode로 비행경로를 유지하고 보정하는 임무를 담당합니다. 굳이 표현하자면 Lantirn Pod 네비게이션 기능의 수동 버전이라 할 수 있겠습니다.

RF-4C 퇴역식에서 제131전술정찰비행대대 대대원들

Q RF-4C 전술정찰 임무시 목표물에 대한 사진 촬영은 어떤 절차로 이루어지는지요?

전술정찰 임무시 사진 촬영은 임무계획과 시행을 구분하여 설명드릴 수 있습니다. 임무계획 시에는 전후방석 조종사가 협력하여 임무제원을 산출하는 것이 최종 목표입니다. 전술정찰 임무 사진촬영은 항공기에 내장된 카메라를 운용하여 이루어집니다. 따라서 폭탄을 목표물에 정확하게 투하하

1) 영화 '인디펜던스 데이'의 시작 부분에서 주인공이 외계 UFO의 공격으로부터 회피하기 위하여 깊은 계곡 사이로 회피 비행하는 장면이 나오는데, 이와 유사한 회피기동훈련을 할 수 있는 계곡이 전술사격장 주변에 위치하고 있어 지대공 위협 회피 훈련에 아주 적합하다고 판단되는 비행경로를 선정하였으며 이 임무경로를 개인적으로 '인디펜넌스 네이 계곡'으로 명명함.

기 위해 공격제원을 산출하는 것과 마찬가지로 부여된 표적의 사진을 정확하게 촬영하기 위해서는 촬영제원 산출이 반드시 필요합니다. 촬영제원 산출의 가장 중요한 2가지는 표적의 크기와 해상도입니다. 지휘소, 교량 등 핀포인트 표적의 경우에는 표적의 크기는 고려하지 않아도 됩니다. 촬영되는 프레임의 크기를 초과하지 않기 때문입니다. 그러나 도로, 송전선 등의 선표적이나 병력이나 장비의 집결지, 산업단지, 상륙목표지역 등 지역표적은 프레임의 커버리지와 해상도를 충족하기 위하여 촬영거리, 진입경로, 임무고도 및 속도를 정확하게 선정하여야 표적 분석이 가능합니다. 지금은 전자광학기술이 발전하여 임무경로를 잘 유지하면 자동으로 보정되어 촬영되지만, RF-4C에 장착된 카메라는 광학카메라이기에 조종사가 정확하게 촬영제원을 맞추어야만 하는 것이었습니다. 해상도는 표적의 분석에 요구되는 최소해상도 요구치를 맞추어야 합니다. 해상도가 낮으면 그만큼 얻어낼 수 있는 정보가 적어지거나 필요한 정보를 얻어내지 못할 수도 있기에 반드시 충족해야만 하는 요소인 것입니다. 요구해상도가 높아지면 표적에 보다 가깝게 접근해야하고 이는 적위협에 노출되는 시간이 증가하는 결과를 초래합니다. 표적지역 주변의 적의 방공화망 구성 분석과 회피계획도 임무계획의 아주 중요한 부분이지만 반드시 극복해야만 하는 과제이기도 합니다. 매우 특이하게도 RF-4C는 어떠한 무장도 장착할 수 없었습니다. 정찰목적으로 파생된 팬텀은 기본방공무장이나 자체보호용 무장도 허락되지 않았습니다. 오로지 완벽한 적위협 회피만이 안전을 보장할 수 있는 유일한 방법이었습니다.

공군

"한라에서 백두까지! 안녕, 팬텀!" RF-4C 퇴역식에서 131대대원 및 가족들과 함께.
정중앙이 한병철 대대장. 퇴역식 행사를 위해 특별히 디자인된 '정찰 선비 스푸크'가 재미있다.

임무시행 시에는 전방석 조종사와 후방석 조종사는 각각 고유의 임무를 수행합니다. 전방석 조종사의 주임무는 항공기 조종입니다. 초저고도로 적위협 회피경로를 유지하여 침투하고 임무계획시 산출된 제원에 따라 항공기를 조종합니다. 후방석 조종사의 주임무는 임무장비 운영과 항법지원입니다. 임무지역까지의 침투는 항법장비의 도움을 받기에 경로유지에 대한 어려움은 다소 적지만 초저고도를 유지하는 데에는 조종사의 비행기량에 따라 유지할 수 있는 높이가 상이합니다. 유지할 수 있는 최저고도가 낮을수록 적위협으로부터 안전은 크게 보장되는 것입니다.

임무지역에 진입하는 IP(Identification Point)부터는 전후방석 조종사간 호흡은 무엇보다 중요합니다. 항법장비는 고유의 오차를 가지고 있기 때문에 단순 참고 밖에 되지 않습니다. IP 지점부터는 정확하게 계획된 지상비행경로를 유지해야만 표적촬영에 성공할 수 있는 것입니다. 임무계획 시 정한 지상참조물을 확인하고 전후방석 조종사간 분담한 임무를 유기적으로 맞춥니다. 전방석 조종사가 정확한 지상참조물 상공을 통과하면 후방석 조종사는 실제지형과 지도를 참고하여 확인하고 보정이 필요하면 전방석 조종사에게 통보합니다. 전방석 조종사가 계획된 지점에서 시간을 체크하고 상승하여 촬영제원을 맞추는 과정에서 후방석 조종사는 제원을 상기시켜 주고 표적의 위치를 지도와 비교하여 전방석 조종사에게 알려줍니다. 계획된 제원에서 후방석 조종사는 센서를 작동시키며 동시에 적의 지대공 위협을 감시합니다. 성공적인 표적획득이 완료되면 즉각 지대공 위협고도 이하로 회피하여 임무지역을 이탈합니다.

이와같이 지금은 임무장비 컴퓨터의 도움으로 이루어지는 것들을 전후방석 조종사가 함께 호흡을 맞추어 시행하였다고 보시면 되겠습니다.

Q 131대대 최후의 대대장으로서 RF-4C를 떠나보냈던 당시를 회상하신다면?

주기종은 날개를 접지만 대한민국 공군은 더욱 향상된 능력을 확보하여 발전을 거듭하고 있습니다. 팬텀은 추억 속에 남아서 저의 향수를 달래겠지만, 전투조종사는 조국의 영공수호에 다시 임하게 될 것이고, 그 의지는 언제나 변함없이 불타오를 것이라 다짐하였던 기억이 생생하게 남아 있습니다.

Q 55년의 역사를 뒤로하고 완전히 퇴역하는 F-4를 떠나보내는 소회는 어떠신지요?

팬텀은 자주국방으로 발돋움 하던 시기에 조국영공을 수호하고 북한 도발에 대하여 억지력을 행사할 수 있었던 핵심전력이었습니다. 이제 최신예 전투기에 그 임무를 이양하고 고된 날개를 접으려 합니다. 하지만 팬텀 조종사들에게는 자주국방과 대한민국의 평화와 안정에 커다란 기여를 하고 떠나는 도깨비같은 존재로 기억에 영원할 것입니다. 이제 팬텀은 역사의 뒤안길로 사라지겠지만, 이를 운용하던 전투조종사들의 희생과 숭고한 노력은 지속될 것입니다.

Interview

최후의 F-4 출신 공군참모총장(F-4 현역 운용 중)

박인호

전 공군참모총장(제39대)
(공사 35기, F-5/F-4/F-16, 3,800여 비행시간)

- F-4D/E 1,700여 비행시간, F-4 교관 조종사
- 제123전투비행대대장(KF-16)
- 공군작전사령부 항공우주작전본부장
- 제19전투비행단장
- 합참 전략기획부장/핵·WMD대응센터장
- 국방부 정책기획관/대북정책관
- 공군본부 정보작전참모부장
- 공군사관학교장(제51대)
- 합참 전략기획본부장
- 공군참모총장(제39대)

Q F-4 조종사가 된 계기와 조종사로서 F-4 항공기에 대한 생각을 부탁드립니다.

F-4의 추가 전력화가 한창이던 시기에 기종전환을 했습니다. 저는 1987~9년까지 F-5A를 조종하고 있었는데 당시 기존 2개 F-4D대대(151, 110)와 2개 F-4E대대(152, 153)에 더해 미 공군에서 사용하던 중고기(MIMEX)가 대거 도입되면서 F-4D 2개 대대(155, 159)와 F-4E 2개 대대(156, 157)가 창설, 무려 8개의 F-4 전투비행대대가 운용되던 시절이었습니다. 신예기로 F-16 Block 32 PB(Peace Bridge)가 도입되어 있었지만 2개 대대(161, 162)만 운용되고 있었고 F-4 조종사에 대한 수요가 급증해 F-5에서 F-4로 전환이 많았던 시기였습니다. 저도 자연스럽게 F-4로 전환을 하게 되었습니다.

처음 F-4를 접했을 때 느낌은 F-5에 비해 항공기가 너무 크고 무거워 보인다는 것이었습니다. '자유롭게 날 수 있을까? 전투기동이 가능할까?' 하지만 그것은 기우였고 진정한 전폭기라고 부를 수 있는 항공기였고 매우 흥미로웠습니다. 공부할 게 많았지만 그래서 더욱 매력을 느꼈습니다. 조종 매뉴얼이라 할 수 있는 T.O.(Technical Order)-1이 F-5의 3배 이상 두꺼웠습니다. 무기체계와 무장 운용을 위한 관련 T.O.-34도 여러 권이었고 공부할 게 정말 많았지요.

또한 팬텀은 조종이 어렵다는 인식이 있었습니다. 그래서 비행사고가 다른 기종에 비해 많이 난다고도 했습니다. 항공기가 굉장히 커서 조종면 작동이 유압식인데 (F-5는 케이블 방식) 조종면이 항공기 크기 대비 작은데다 High AOA(고받음각)에서 Aileron을 사용시 Adverse Yaw(양 날개의 항력 차이로 선회 반대방향으로 yawing이 발생하는 현상)와 Out Of Control(조종불능)에 진입하는 등의 조종 특성도 있습니다. 그런 특성들을 익히는데 시간이 많이 걸리고 조심스러운 마음이 들게 되는 항공기입니다.

저도 팬텀처럼 덩치가 큰데 (웃음) 팬텀 조종석은 F-5보다 좁은 편이라 처음에는 불편한 면도 있었습니다. 오래된 기체이고 최신예기는 아니었지만 그 육중한 생김새, 다양한 작전능력, 강력한 무장장착능력으로 전투기다운 전투기로서 자부심이 있었습니다. 저는 F-4D로 6개월 동안 전환교육을 받고 다시 F-4E로 전환하여 156, 157대대에서 MIMEX 항공기를 조종했습니다. 67, 68년에 생산된 구식 항공기였지만 오히려 외부 연료탱크나 무장 투하능력은 70년대에 도입한 기존의 F-4E 기체보다 나은 면이 있었습니다. 특히 High Performance 600갤론 센터라인 연료탱크를 장착할 수 있었는데, 375갤론 윙탱크를 2개 장착했을때보다 기동성능은 물론 연료효율도 뛰어났습니다.

Q F-4를 비행하면서 있었던 에피소드 및 가장 기억에 남는 일화는 무엇입니까?

3,800여의 비행시간 중 F-4로는 1,700여 비행시간을 가지고 있습니다. 여러 상황들이 있었지만 고기령 항공기여서 비상상황에 수시로 노출되었던 상황들이 기억에 남습니다. 위험한 상황에서 당황스러운 적도 있었지만 비상처치 절차를 잘 수행하여 무사귀환 할 수 있었습니다. 한번은 25,000ft 고도에서 공중전투기동(ACM) 중 갑자기 조종석 내부가 연기로 가득 찼습니다. Electrical Fire(전기성 화재) 발생 상황이었는데 아주 고약한 화학적 냄새가 진동했습니다. 전선줄 연소시 일부러 심한 냄새가 나도록 고안해서 화재 상황 주의도를 높이기 위한 장치입니다. 원래는 조종석의 Vent Knob(분출 손잡이)을 당기면 안되는 높은 고도였지만 조종석내에서 아무것도 볼 수 없는 상황인지라 Vent Knob을 당겼고 수초 만에 연기가 빠져 비상처치 후 착륙했었습니다.

박인호

공군참모총장 시절 153대대 F-4E 지휘비행 전
항공기 외부 점검 중인 박인호 대장. 어깨에는 29전대 패치를 패용하고 있다.

Interview

최후의 F-4 출신 공군참모총장(F-4 현역 운용 중)

박인규

엔진오일 누수로 엔진 하나를 끄고 한쪽 엔진만으로 착륙했던 적도 두 번 있었습니다. 다른 동료기에서 엔진오일이 새는 걸 직접 목격한 적도 있습니다. 팬텀은 엔진이 두 개이기에 엔진 하나로도 착륙이 가능했었고, 쌍발기의 이러한 장점은 KF-21의 설계에도 영향을 미쳤다고 생각합니다. 쌍발기는 엔진 문제로 추락한 사례가 거의 없습니다. 저도 F-16을 조종했지만 엔진 문제가 발생한 F-16은 모두 추락했기에 싱글엔진 항공기를 조종하는 조종사는 엔진 고장에 대한 스트레스가 상당하다고 할 수 있습니다.

Q 팬텀 각 기종(F-4D/F-4E/F-4E MIMEX) 간 차이점이나 선호도는 어떠신지요?

29전대에서 직도입한 F-4E 항공기(PP1 & PP2)들을 모두 조종해 봤는데, 좌측 날개에 TISEO(Target Identification System, Electro-Optical, 공중목표식별 광학장비)가 장착된 PP1은 독특했습니다. 항공기가 스핀에 들어갈 때 TISEO가 달린 좌측으로 들어가는 특성이 있어 다른 항공기보다 스핀방향을 쉽게 판단할 수 있는 장점이 있다고 하죠(웃음). TISEO 광학 카메라가 성능이 우수하지 않아 10마일 내로 접근해야 식별이 가능해 이후 도입된 PP2 항공기에서는 장착되지 않았었지요(필자주: 초기형 광학장비였던 TISEO는 후에 F-14의 전술 카메라 시스템 TCS로 발전하여 널리 활용되었다).

전쟁에 나간다면 F-4D 보다는 F-4E를 타겠습니다. 조종 특성면에서 두 기종의 두드러진 차이점은 High AOA(고받음각) 기동 능력에 있습니다. F-4E는 23~25 unit AOA까지 기동이 가능한 반면 F-4D는 18-19 unit AOA정도입니다. F-4E에는 주익에 슬랫(Slat)이 장착되어 있는데 AOA 15 unit 이상을 초과하면 자동으로 전개되어 AOA 영역을 25 unit까지 기동이 가능케 합니다. 29-30 unit을 초과하면

Out of Control에 진입하게 되는데 이는 F-4D와 동일하지만 F-4D보다 5-6 unit 정도 기동 영역을 더 허락해 주는 것으로 항공기의 기동성능이 F-4D보다 우수하다고 할 수 있습니다. 팬텀의 AOA 상태는 각 unit 영역에 따라 달라지는 청각적인 톤(tone)으로 알려 줍니다. 항공기 상태는 소리를 들으면서 참조하고 시선은 외부를 보면서 기동할 수 있기에 다른 기종보다 유리한 점이 있습니다.

156, 157대대에서 F-4E를 800여 시간 조종했고, 159대대에서 교관 조종사로서 F-4D 전환 교육을 담당하게 되었습니다. 교관 조종사로 3년여 간 800시간을 비행했습니다. F-4에서의 교관 역할은 다른 기종과 달리 상당히 어렵습니다. 전방석과 후방석이 다른 기종이라 해도 과언이 아니기 때문입니다. F-4 조종특성은 전방석 위주로 설계된 항공기라고 할 수 있습니다. 조종간의 Force Transducer(압력변환기)가 전방석 조종간에만 있고 후방석 조종간에는 없으며, 러더도 후방석에서 사용하면 굉장히 뻑뻑하고 움직이는 범위도 작아 후방석에서 조종시에는 힘이 훨씬 많이 들어가고 반응 또한 늦습니다(필자주: F-4 시리즈의 원조인 해군형 F-4는 후방석 조종간이 없으며, 공군형에서 추가되었다). 또한 계기 구성도 전방석과 다르고 레이다, INS 등 무장 운용을 위한 시스템 위주로 되어 있습니다. 또한 애프터버너(Afterburner, A/B)도 전방석에서만 가동시킬 수 있습니다. 전방석과 후방석을 번갈아 타다 보면 A/B를 넣지 않는 실수를 저지르기도 합니다. 그래서 전방석 조종과 후방석 조종은 또 다른 전환이라고 말할 정도입니다(웃음).

F-4의 시계(visibility)는 썩 좋지 않은 편인데 특히 후방석에서는 굉장히 제한적입니다. 후방석에서 정면을 볼 수 있는 시야는 F-4E가 F-4D보다는 조금 나은 편인데 사출좌석의 낙하산 수납부 형상 차이 때문입니다(F-4D는 사각형).

'후방석에서 착륙할때 활주로가 편안하게 다 보이면 항공기가 풀밭에 내린다'는 말도 있습니다. 이러한 특징은 교관 교육시 상당한 애로사항으로 작용해서 처음 후방석에서 이 착륙을 배울 때 여간 고생스러운게 아닙니다. 이러한 전후방석 시야의 큰 차이를 극복하기 위해서는 전후방석간에 말로써 의사소통을 많이 할 수 밖에 없습니다. F-4 교관 조종사는 F-5나 F-16과 달리 레이다, INS(관성항법장치) 조작 등의 후방석 조종사 고유 역할과 교관의 역할을 동시에 수행하면서 CRM(Crew Resource Management)을 해야 하므로 굉장히 독특하고 도전적인 경험이라고 할 수 있습니다. 후방석에서 레이다 등 계기에 집중하다 보면 구토를 하는 경우가 종종 있는데 저는 운좋게도 구토를 한 적은 한번도 없었습니다.

박인호

Interview

최후의 F-4 출신 공군참모총장(F-4 현역 운용 중)

팬텀은 현대 전투기의 표준을 만든 전투기라고 할 수 있습니다. INS, CCRP, CCIP, 레이다 등 현대 전투기에서 운용하는 기본개념을 모두 구현하고 있습니다. 다만 구식장비라 복잡하고 어려워서 2명의 조종사가 필요하고 기본을 철저히 습득해야 합니다. 이처럼 현대 전투기의 기본적인 공대공 공대지 무장 및 전자전 장비도 다양하게 운용하여 그 개념을 두루 이해할 수 있기 때문에 다른 고성능 전투기로 전환할 때 매우 용이합니다. 덕분에 저도 F-16 전환시 이론적인 부분은 쉽게 적응할 수 있었고 F-15의 경우는 더욱 유사할 것으로 생각합니다.

Q F-4와 F-16 도합 3,300여 비행시간이 있으신데 두 기종을 어떻게 비교하십니까?

조종사로서는 F-16이 낫다고 생각합니다. 일단 편하니까요(웃음). 4세대 전투기 F-16은 분명 F-4 다음 세대의 신예기였지만 엄밀히 F-4의 후계기는 아니었습니다. F-4는 3세대 항공기로 탄생하였지만 4세대의 개념이 녹아들어간 특별한 항공기라고 생각합니다. 실제로 전투기의 본가인 미공군에서는 F-4의 공대공 임무는 F-15가, 공대지 임무는 F-16이 물려받아 그 조종사들이 각각 공대공, 공대지 교범을 작성했습니다.

한국 공군에 처음 도입된 F-16 PB(Block 32)는 우리 공군의 차세대 전투기로 도입되었지만 종합적으로 평가하면 F-4를 능가하지 못했습니다. 당시 레이다 유도 공대공 미사일을 운용할 수 없어 '잘 돌아가는 F-5'라고도 했지요(웃음). 후에 도입된 Block 52 KF-16은 성능이 크게 개량되었지만 F-4를 대체한다기보다는 상호보완적으로 운용되었다고 봅니다. 특히 무장탑재능력은 F-4를 따라갈 수 없었습니다.

제가 F-4를 조종할 때 500lbs 폭탄 12발을 장착하고 초저고도로 침투하여 목표물을 타격하는 훈련을 한적도 있으니까요. 일부 F-4 임무는 KF-16으로 전환되었지만 단발엔진 항공기라는 점은 항상 신경 쓰이는 부분이었습니다(개인적인 생각입니다). 이런 여러가지 상황을 종합적으로 고려한다면 실질적으로 F-4를 잇는 전투기는 KF-21 보라매가 될 것이라고 생각합니다.

일선에서 떠나고 가끔 유지비행을 하면서 F-16과 F-4를 번갈아 탈 때가 있었습니다. 두 기종의 조종특성은 상당한 차이가 있습니다. F-4는 High AOA에서 Roll기동을 하려면 Adverse Yaw 특성과 Out Of Control 진입을 피하기 위해 순간적으로 Low AOA(3-8 unit)로 만들어(직각으로 조종간을 사용) 기동하거나 러더를 사용해야 합니다. 반면 F-16에서는 조종간을 직각으로 사용하거나 러더를 사용할 필요가 거의 없습니다. 비행을 마치고 F-4에서 내릴 때면 "내가 이렇게 어렵고 힘든 비행기를 어떻게 매일 2번씩이나 탔지?" 하는 생각이 들곤 했습니다. 그 마음 한켠에는 한때 팬텀 조종사였다는 자부심도 있지만, 후배 F-4 조종사들

박인호

에 대해 미안하며 대견하고 고마운 마음이 자리하고 있습니다. 어렵고 힘든 시간을 함께 보낸 애증과 긍지가 함께 한다고 할까요?

Q 최후의 F-4 출신 참모총장으로 2024년 퇴역하는 F-4에 대한 소회는 어떠신지요?

F-4 팬텀은 '대한민국을 지키는 가장 높은 힘, 정예 우주공군'이 도약하는 촉매제이자 공군의 발전을 견인하는 중추적인 역할을 한 항공기라고 생각합니다. 최초 도입 당시의 우리나라로서는 생각지도 못하게 세계최강의 전투기를 보유하게 되었고 덕분에 대한민국 공군의 수준을 급상승시킬 수 있었습니다. F-4와 함께 현대 항공력의 개념이 도입되고 도약하였으며 이후 차세대 고성능 전투기의 자연스런 적응과 전환을 가능케 한 겁니다. 우리 공군 75년 역사를 되돌아보더라도 F-51 무스탕부터 F-35 라이트닝을 운용하기까지 공군의 튼튼한 허리로 기억되기에 충분할 것입니다. 다만 아쉽게도 비행사고를 많이 경험한 것도 사실입니다. 거의 한 개 대대의 항공기를 잃었고, 순직한 조종사가 34명에 달합니다. 많이 아쉬운 점입니다. 하지만 선배조종사들이 흘린 피는 결코 헛되지 않았습니다. 수많은 절차와 규정, 교범을 보완하여 모든 후배조종사들이 보다 나은 여건에서 안전하게 비행할 수 있는 터전을 만들었기 때문입니다.

F-4 팬텀을 보면 영화 '탑건(Top Gun)'을 보는 느낌입니다. 탑건 1, 2편은 주인공 '매버릭'의 청년장교 시절부터 40여 년에 걸친 한 조종사의 일생을 다룹니다. 영화를 보는 내내 청년 조종사 시절의 열정과 공군을 책임지는 지휘관으로서의 고뇌가 떠올랐습니다. 공군사관학교에 입학하여 40여 년에 가까운 저의 공군생활을 팬텀과 함께 했습니다. 제가 팬텀을 조종하던 시절 저보다 나이가 많은 비행기에 오르면서 "형님, 오늘도 잘해 봅시다!"라고, 그 커다란 동체를 두드리며 얘기하곤 했습니다. 그런 친구이자 형님이 영원히 떠난다고 생각하니 가슴이 뭉클합니다. 마음 한켠이 텅 비는 느낌입니다. 영화 '탑건 매버릭'을 보고 나서 자리에 앉아 한참을 오열했던 적이 있습니다. 탑건 1편 이후 36년이 흘렀는데 여전히 조종간을 잡고 조국을 위해 비행하고 있는 매버릭을 보며, 이젠 전역하여 더 이상 비행할 수 없는 저의 처지가 오버랩 되었기 때문이었습니다. 우리 대한민국 공군과 55년이나 함께 했던 팬텀이 이제 퇴역하면 우리 하늘에서 굉음을 내뿜으며 날아다니는 모습을 다시는 볼 수 없겠지요. 팬텀과 함께 목숨을 걸고 하늘에 도전했던 그 날들에 대한 추억과 아쉬움이 다시금 세차게 몰려옵니다. 팬텀이 퇴역하는 날, 위대한 팬텀의 긴 여정과 큰 헌신에 깊은 존경과 감사, 그리움을 담아 또 한참을 오열하고 있을 것 같습니다.

박인호

F-4E 지휘비행 후 임무 조종사들 및 내리는 눈과 함께

사랑하고 사랑하고 사랑하는 나의 팬텀! 그동안 수고했습니다! 안녕히 가십시오!

최후의 F-4 대대장

김태형
중령
(공사 52기, F-4E, 제153전투비행대대 대대장)

Q 제153대대의 주요 임무와 역할에 대해 소개 부탁드립니다.

153대대는 이름 그대로 전투비행대대이므로, 공군의 임무 중 전투비행대대가 수행해야 하는 임무를 정확히 수행하고 있습니다. 평시에는 최상의 대비태세를 유지하며 다양한 적 도발 상황을 대비하여 조종사 전투 기량 증가를 위해 훈련 비행하고, 전시에는 공대공 임무인 적기 요격 및 격추, 공대지 임무인 배당된 적 표적에 대한 무장투하 등 영공방위 임무 중에서 전투기 임무를 담당하고 있습니다. 특별히 F-4E는 AGM-142 등 공대지 무장 탑재 능력이 탁월하여 항공차단 및 근접항공지원 임무 등 공대지 비행 임무 훈련 또는 작전을 많이 하고 있습니다.

Q 본인 소개 부탁드립니다.

저는 제153전투비행대대 대대장 김태형 중령입니다. 2005년부터 F-4E에 탑승하고 있으며 주기종 시간은 약 1,800시간 정도입니다. 2022년 12월 말에 153대대 제38대 대대장으로 취임하여 약 14개월 정도 대대장 역할을 수행 중이며, 올해 F-4E 퇴역 및 153대대 해편 시까지 마지막 대대장으로서 주어진 영예로운 임무를 다할 예정입니다.

Q 조종사로서 생각하는 F-4E 전투기에 관한 생각을 나누어 주실 수 있을까요?

F-4E를 한마디로 요약하자면 불후의 명작이라고 생각합니다. F-4E 항공기는 60년대 최초 개발 이후 다양한 버전으로 업그레이드되었으며, 다양한 나라에서의 전투비행 경력은 어떠한 전투기보다 뛰어나다고 할 수 있습니다. 21세기 중반으로 치닫는 오늘날에도 F-4E 항공기 성능은 여러 분야에서 여전히 유효함을 보여 이 항공기가 얼마나 명품인지를 보여주고 있다고 생각합니다. 그렇기에 F-4E는 비록 장기운용 항공기이지만 153대대 조종사 모두는 팬텀 항공기에 대해 자부심과 자긍심이 여전히 매우 높습니다.

Q F-4E를 비행하면서 있었던 에피소드, 위험한 순간, 가장 기억에 남는 일화 등은 무엇입니까?

2022년 8월에 있었던 F-4E 항공기 사고가 가장 기억에 많이 남습니다. 제가 직접 겪은 비행 또는 사고는 아니지만, 당시 비행단 항공작전과장으로서, 그리고 후임 대대장으로서 그 항공기 추락을 가슴속 깊은 곳에 간직하고 있습니다. 이유는 그 항공기에 탑승해 있던 조종사의 비상상황 인지부터 대처하는 자세와 의연함, 그리고 신속·정확히 의사결정하는 모습이 너무 멋있었기 때문입니다. 저도 다양한 비상상황을 겪었지만, 비상상황에서 단계별 비상처치 절차수행을

최후의 F-4 대대장

최후의 153대대원들과 함께.
왼쪽부터 이동열 소령(WSO), 김태형 대대장, 김도형 비행대대장. 이동열 소령과는 비행 중 위기의 순간을 함께 극복하기도 했다.

차분하게 진행하기 어려운데, 해당 전투기의 비행 녹화영상을 통해 확인된 조종사들은 항공기 결함을 정확히 인지하고, 관제기구와 의사소통하며, 신속·정확히 항공기를 조작하고, 최후의 상황에서 비상 탈출을 결심 수행하는 과정이 너무나도 모범적이며 군인의 희생정신을 잘 보여줬기 때문입니다. 그 사고 및 비상 처치 모습은 오랫동안 제 가슴과 뇌리에 남아 있을 것입니다.

Q 최후의 F-4E 대대장을 역임하시는 소회를 말씀해 주십시오.

일단 아주 많이 아쉽습니다. 또한 실감이 나지 않습니다. 이렇게 튼튼한 전투기를, 적기와 마주하면 언제나 격추할 수 있는 능력이 여전하다고 자부하는 이 팬텀이 벌써 퇴역해야 한다는 것이 믿기 어렵습니다. 또 항공기 퇴역뿐만이 아니고, 고된 역경을 같이 이겨온 동료 후배 조종사들과도 헤

어져야 한다는 것이 더욱 아쉬움을 더하는 것 같습니다. 한편으로는 우리나라 공군의 영공방위 한 축을 묵묵히 담당했던 F-4E의 마지막 대대장 임무를 수행할 기회를 부여받아 너무나 영광스럽습니다. 훌륭한 F-4E 선배님들이 많았는데, 그분들께 부끄럽지 않도록 마지막까지 안전비행 및 부여된 임무 완수에 최선을 다할 것이고, 대대원 한 명, 한 명 모두가 좋은 추억만 갖고 대대를 해편할 수 있도록 소통과 배려를 기본으로 아름다운 마무리에 최선을 다하겠습니다.

이원익

Q 그 외에 남기고 싶은 말씀이 있으실까요?

우리 팬텀 항공기는 비록 그 수명을 다하여 은퇴를 앞두고 있지만, 팬텀 조종사, 정비사, 무장사들의 노력과 헌신은 영원할 것입니다. 전 공군인 모두가 맡은 바 임무에 최선을 다하고 있지만, 우리 팬텀 요원들이 어려운 비행환경을 극복하기 위해 최선을 다해왔고, 그 결과 자랑스러운 퇴역을 준비할 수 있었습니다. 부디 공군을 아끼는 많은 분의 가슴과 기억 속에 팬텀(II) 전투기가 아름다운 추억으로 영원하기를 기원합니다.

이원익

최후의 F-4 비행대장

김도형

중령

(공사 56기, F-4E, 제153전투비행대대 비행대장)

Q 본인 소개 부탁드립니다.

저는 제153전투비행대대 마지막 비행대장 김도형 소령입니다. 2009년 152대대에서 F-4E 후방석 조종사로 전투비행대대 생활을 시작했고 2017년 F-4E 단일대대 통합 이후 지금까지 153대대에서 근무중입니다. 총 비행시간은 2200시간이고, F-4E 비행시간만 2,000시간이 넘는 베테랑 교관 조종사입니다.

Q F-4E 조종사가 된 계기와 F-4E에 관한 의견을 말씀해 주십시오.

저는 고등비행을 T-50 훈련기로 받았습니다. T-50 훈련기는 모두가 아는 것처럼 고등훈련기로 사용하기엔 부적합하다는 이야기가 나올 정도로 성능이 뛰어난 항공기였습니다. 제겐 이런 점이 오히려 아날로그 항공기에 대한 향수를 불러왔고, 고등비행 수료 후 기종을 결정할 때 고민없이 F-4E 항공기를 선택하게 되었습니다. 지금까지 제 선택에 후회는 없고 정말 잘 왔다는 자부심을 느낄만큼 F-4E는 최고의 전투기이고 제 인생의 전부입니다. 비행을 하면 할수록 이렇게 잘 만들 수 있을까 싶을 정도로 팬텀은 역사상 최고의 비행기라고 생각합니다. 그만큼 조종간도 예민하고 컨트롤하기 어렵지만 이것이 진정한 F-4E의 매력이라고 생각합니다.

Q F-4E를 비행하면서 있었던 에피소드 및 가장 기억에 남는 일화가 있다면 무엇입니까?

수많은 에피소드가 있겠지만 가장 기억에 남는 것은 2017년 통합화력훈련입니다. 총 30발의 실무장을 표적에 동시 투하하는 임무였는데, 대규모 훈련이다보니 각종 화력에 의해 표적지역이 연기로 뒤덮여 보이지 않았습니다. 결국 표적 투하에 고착되어 무리하게 표적지역으로 강하했고, 동료의 Pull Up 지시로 가까스로 지면충돌을 피할 수 있었습니다.

Q 장기운용 항공기를 조종하는 노하우나 대처 방안이라면 무엇입니까?

F-4E 항공기는 장기운용 항공기임은 분명하지만, 결코 노후 항공기라고 생각하지 않습니다. 그만큼 관리가 잘 되어왔고 지금도 다양한 임무수행에 전혀 문제가 없습니다. 우리 공군뿐만 아니라 전세계적으로도 대체 불가 항공기임이 틀림없습니다. 모든 항공기가 마찬가지겠지만 특히 비행특성이 민감한 전투기일수록 과격한 컨트롤보다는 전투기와 교감하며 부드럽게 조작하는 것이 중요한데, 팬텀은 특히나 더 예민한 항공기인 것 같습니다. 제가 생각하는 노하우는 항공기 특성과 매뉴얼을 잘 숙지하고, 항공기가 힘들어하는 시점까지 컨트롤하지 않는 것입니다. 이외에 예측 불가능한 기체 결함같은 경우는 완벽한 매뉴얼 숙지 및 적용만이 답인 것 같습니다.

Q F-4E를 떠나보내는 소회를 말씀해 주십시오.

조종사 생활 17년 중 15년을 팬텀과 함께 했습니다. 겉은 투박하고 거칠어 보이지만, 속은 여리고 예민한 오랜 친구를 보내는 것 같습니다. 그동안 저를 안전하게 지켜줘서 고맙고 함께한 추억 평생 잘 간직하겠다고 얘기해주고 싶습니다.

이원익

최후의 F-4 비행대대원

임준형

예비역 소령
(학군 38기, F-4E)

- 제153전투비행대대 작전계장
- 제10전투비행단 감찰안전실 안전과장
- 공군 소령 예편(2024.02.29)

Q 본인 소개 부탁드립니다.

저는 제153전투비행대대 F-4E 팬텀 조종사 임준형 소령입니다. 2012년 9월 153대대에 배속 받은 후 12년동안 1,300시간여 팬텀을 조종하며 팬텀과 울고불며 애증의 관계에 있는 팬텀맨 중 한 명입니다.

Q 공군의 여러 기종 중에서도 F-4 조종사가 된 계기는 무엇입니까?

일반적으로 조종사들은 고등비행과정 수료 시에 기종을 선택하게 됩니다. 임의적으로 배정이 될 경우도 있지만 제가 수료할 당시에는 수료성적 순으로 기종선택의 기회를 부여하였습니다. 저는 다행히 선택권이 부여되어(고등비행과정 우등상) 주저없이 F-4를 선택하였으며 이에는 두 가지 이유가 있었습니다. 첫번째로는 어린 시절의 동경이었습니다. 저는 대구 제11전투비행단 옆에서 자라 항상 전투기를 볼 수 있는 기회가 있었습니다. 또렷히 기억하는 어린 시절 감동은 웅장한 전투기가 지축을 흔드는 소리를 내며 이륙하는 모습이었으며, 그 전투기가 대구에서 임무를 하던 F-4 팬텀이라는 것을 알게 되었고 언젠가는 저 웅장한 쇳덩이를 조종하는 사람이 되고 싶다는 동경을 항상 가지고 있었습니다. 두 번째로는 팬텀을 정복하고 싶다는 철없는 학생조종사로서의 도전정신이었습니다. 고등훈련 기간 중 많은 교관 조종사분들 중 F-4 출신이 많이 계셨고 특히나 담당교관님께서 F-4 조종사였습니다. 그분들께 항상 들어왔던 이야기는 “지금 타고 있는 T-50과 F-4는 많이 다르다. 조종하기가 아주 힘들고 비행감이 없는 사람에게는 지옥과 다름없는 전투기다.” 였습니다. 그런 이야기를 들을 때마다 ‘내가 가서 팬텀을 정복해 주겠다!’라는 철없는 생각으로 F-4에 지원하게 되

었습니다. 그렇게 F-4로 배속받아 말 그대로 팬텀 때문에 울고 팬텀 때문에 웃고 후회도 하고 감사도 하는 그런 비행생활을 보냈습니다.

Q 조종사로서 F-4 기종에 대한 생각은 어떻습니까?

F-4 기종 관련 개인적인 어려움은 컨트롤이 어렵다는 점입니다. 구체적으로는 이런 것을 들 수 있습니다.

❶ High AOA 에서의 에너지 유지 및 Rudder 사용

❷ Slat의 작동에 따른 에너지 유지. Slat이 나오면서 선회능력은 좋아지나 순간적으로 에너지가 급감하여 증속이 잘 되지않는 구간으로 빠지기 쉽습니다(F-4E 한정).

❸ 전방석 항공기 칵핏 내 뷰에서 캐노피 라인이 앉은자리 눈앞에 있어 이를 피하기 위해 약간 수그려서 비행합니다.

❹ 착륙 시 AOA에 따른 Voice tone이 들립니다. 이때 tone의 빠르기와 높낮이로 구분하는데 정상 착륙 제원을 소리에 의존해서 파악하기가 어렵습니다.

1번과 2번 때문에 진동에 상당히 민감해지고 진동을 느끼는 능력을 키웁니다. 항공기 속도계나 AOA 지시계보다 buffet을 느껴서 선제적으로 조작하는게 더 빠르고 정확하기 때문입니다. 3번 때문에 조종사들은 탑승 전 유독 목 스트레칭을 많이 하고 비행 중에도 귀환할 때는 Auto Pilot 상태에서 몸을 풀고 합니다.

4번 때문에 조종사들은 매일 아침 전체 브리핑 후 Tone을 청취하는 시간을 가짐으로써 각 소리의 빠르기와 높낮이를 구별하는 능력을 키웁니다.

예전 초급지휘관교육과정 중 팬텀에 대해 시험비행기술사 선배님께서 하신 말씀이 생각납니다. 착륙에 대한 항공기의 등급이 있는데 10등급중 9등급 이상은 운용불가이며 팬텀은 8등급이라는 이야기를 들은 적이 있습니다. 실제 확인을 해보진 않았지만 그만큼 팬텀은 어려운 항공기임이 분명합니다. 미소 냉전 시절 초기형 생산시 요구되는 사항이 많았으며, 그 모든 사항을 수용하기 위해 특이한 부분들이 다른 항공기에 비해 많습니다. 하방각으로 꺾인 미익, 하방으로 치우쳐진 엔진추력선, 주익 끝이 상방으로 꺾인 모양, F-4E에서 추가 장착한 Nose Gun으로 인한 긴 기수 형상 등 어떻게 보면 '날지 못하게 생긴' 항공기 같습니다. 또한 실제로 항공기를 운용하면서 팬텀만이 가지는 여러 특징들 또한 인상적입니다. 첫번째로는 고속항공기에서는 잘 사용하지 않는 수직미익 즉 Rudder를 자주 사용한다는 것입니다. 팬텀은 High AOA 상황에서 항공기의 경사각(Bank)을 조절하기 위해 Aileron을 사용하는 일반적 항공기와 달리 Rudder를 사용하게 됩니다. 이 부분이 처음 팬텀을 조종하는 조종사에게는 가장 큰 어려운 점입니다. 두번째로는 Slat의 작동입니다. 팬텀은 저속/High AOA 상황에서 조종성능이 급격히 떨어지게 됩니다. 이에 따라 급선회 시 Rudder를 사용 하는 것이며, 약간의 부주의에 의해서 실속(Stall) 및

임조영

최후의 F-4 비행대대원

그 전조증상인 Adverse yaw가 발생합니다. 이에 따라 F-4E에서는 Slat을 장착하여, 그 전 모델에 비해 이 부분을 많이 보완하였습니다. 하지만 이 Slat이 작동함으로 인해 항공기의 에너지 즉, 속도가 급격히 감소하는 구간이 있으며 조종사들은 이 구간을 최대한 늦게 혹은 진입하지 않게 하기 위해 노력합니다. 또한 팬텀은 이륙과 착륙에 있어서 다른 항공기와 많은 차이를 보입니다. 이륙시 부양속도에 맞추어 조종간을 당겨 이륙하는 일반적 항공기와는 달리 팬텀은 조종간을 최대치로 당긴 상태에서 이륙활주를 시작하다 앞바퀴의 부양이 시작되는 순간 조금씩 조절하여 부양 각도를 조절합니다. 착륙시에도 대부분의 항공기에서 사용하는 Flare 방식이 아닌 함재기와 같이 일정한 접지지점에 착륙해야 할 때 사용하는 Round-out 방식을 채택하여 착륙 전부터 최종착륙 자세를 유지하여 조금 높은 각도로 활주로에 접근을 하며, 착륙시 조종간보다는 엔진 파워를 많이 사용하여 착륙합니다.

하지만 이러한 어려운 점에도 불구하고 팬텀은 시대를 앞선 장비들 또한 많습니다. 관성항법을 가지고 자체적으로 임의의 좌표로 비행을 할 수 있으며, 공대지 사격에 있어서 관성항법 장치를 이용한 시스템 사격이 가능합니다. 또한 레이다를 통한 BVR(Beyond Visual Range) 미사일을 사용할 수 있으며, 폭격기에 비할만한 다량의 폭탄이 장착 가능하며, AGM-65, AGM-142등 단거리/장거리 정밀 유도 미사일 또한 운용이 가능합니다. 개인적으로 많은 항공기를 타 보지는 못했지만 지금껏 타본 항공기들에 비해 팬텀은 분명 구형 항공기입니다. 까다롭고 어려우며 조종사 마음대로 운용하기가 쉽지 않습니다.

10년정도 팬텀을 조종한 저에게 누군가가 "팬텀은 어떤 항공기야?" 라고 물어본다면 저의 대답은 "팬텀은 아직도 '잘' 모르겠는 항공기이다"고 대답할 것입니다. 그럼에도 불구하고 팬텀은 시대를 상징하는 전투기이며, 조종사로서 사랑할 수 밖에 없는 이유는 시대를 많이 앞선 항공기였으며, 조종사가 운용하기에 신뢰도가 있고 튼튼하며 아직도 영공방위에 한 축을 담당할 만큼의 능력이 있으며 퇴역하기엔 너무나 아까운 항공기라는 것입니다.

Q F-4 비행 시의 에피소드, 위기 등 기억에 남는 장면은 어떤 것이 있으실까요?

첫번째로는 Adverse yaw, 즉 실속의 직전에 진입되어 봤습니다. 그 날은 교관 없이 처음으로 고난이도 임무에 투입되는 날이었습니다. 분명히 리더 조종사께서 비행 전 브리핑에서 High AOA 상황 중 유의해야 할 항공기 컨트롤 방법 등을 말씀해 주셨습니다. 하지만 실제 비행 중 25,000피트에서 15,000피트에 있는 적기에 공격을 들어가던 중 수직강하 자세에서 잘못된 조종간의 사용으로 Adverse yaw에 진입이 되었습니다. '왜 항공기가 내 조작에 반응이 없지?' 라는 생각이 들며 Rudder가 아닌 Aileron 을 추가적으로 사용하며 동시에 항공기가 조작의 반대방향으로 일순간에 확 돌아가는 상황이 발생했습니다. 빠르게 해당과목을 종료하겠다고 선언하고 다시 항공기를 안정시켜서 정상임무를 수행했지만 아직도 그때를 생각하면 등골이 서늘함이 느껴집니다.

두번째는 강풍에서의 착륙중 발생한 에피소드입니다. 그 날 기상은 이륙시에도 강풍이 부는 날이었지만 정상 임무가 가능한 날씨였습니다. 정상임무를 실시하고 기지로 귀환 중 관제 주파수에 들리는 다른 항공기의 착륙 실패 및 복행선언을 듣게 되었습니다. 또한 활주로 통제탑에서 갑작스

임준형

F-4E '막비 (마지막 비행)' 후 가족들과 함께.

런 기상변화로 측풍이 제한치에 가깝게 부니 착륙시 측풍착륙법과 파워사용에 유의하라는 강조를 듣게 되었습니다. 착륙접근 중 항공기는 돌풍으로 인해 이리저리 휘청거렸고 진땀을 흘리며 접근했습니다. 착륙 후 속도 처리를 위해 Drag chute(감속낙하산)를 사용하는 순간 항공기가 바람방향으로 휙 돌아가기 시작했습니다. Rudder를 통해 막으려 했으나 효과가 없었고 항공기가 지속적으로 활주로 밖으로 나가려는 순간 여러 생각이 들었습니다. '브레이크를 밟아야 하나', '고속에서 비대칭 브레이크 사용으로 상황이 악화되지는 않을까' 등 순식간에 많은 생각이 들던 중 예전 한 선배님께서 비행전 브리핑시 '착륙중 측풍이 많이 불면 Drag chute를 사용하지 않고 내리거나 이미 사용해서 방향유지에 어려움이 발생했다면 Drag chute를 버리는 것도 생각하라'고 했던 말씀이 떠올랐고 빠르게 Jettison(분리)하여 활주로 내로 들어와 정상 착륙을 완료하였습니다. 아주 짧은 찰나에 발생한 일들이지만 아직도 기억에 남을만한 에피소드입니다.

Q 조종사로서 습관이나 징크스 등이 있으십니까?

저는 개인적으로 기독교 신자는 아니지만 고등훈련 때 개인적으로 힘든 일이 있어 무언가에 이끌려 교회를 잠시 다녔습니다. 덕분에 고등수료를 잘 마치고 전투조종사가 되었습니다. 그때 스스로 하나님과 약속으로 수료시켜 준 의리를 지키겠다 다짐했고 그때부터 비행기를 올라탈 때만은 기도를 하고 탑니다. 기도 내용은 '항상 가진 능력 안에서만 비행하게 해주시고, 하늘에 대해 두려움을 가지고 비행하게 해달라' 와 '제가 능력이 부족할 땐 당신께서 나에게 사자 같은 심장과 독수리 같은 눈과 아가씨 같은 손길을 주셔서 나와 내 동료들을 안전비행으로 이끌어 주십시오' 입니다. 저도 모르는 사이에 겸손함을 잃어가던 중 고등훈련에서 인생의 시련을 겪고 비행에 대해서만은 절대적으로 겸손함을 유지하려고 지금도 매일 비행 때 하는 루틴입니다.

최후의 F-4 비행대대원

임준형

최후의 팬텀 조종사들과 함께. 우측에서 4번째가 임준형 소령.

Q 한국공군의 F-4E는 PP1, PP2, MIMEX 등 다양한 기종이 있습니다. 이들의 차이점과 특징 등을 테크니컬 관점에서 소개 부탁드립니다.

한국 공군에는 여러 팬텀 기종들이 있었습니다. 그중 가장 나중에 도입하게 된 팬텀이 F-4E이며 F-4E에도 3가지 타입이 있으며 그것이 PP-1, PP-2, MIMEX 입니다. PP는 Peace Pheasant 사업으로 북한과의 군비경쟁이 심화되던 70년대 한국공군이 미국의 FMS(Foreign Military Sales)를 통해 1, 2차로 도입한 F-4E block 64와 67 버전으로 편의상 PP-1과 PP-2로 부릅니다. PP-1, 2 항공기 간에는 항법장비와 무장의 차이가 있습니다. 기본적으로 F-4E는 항공기 항법과 폭탄투하 등을 계산할 수 있는 자체 관성항법장치가 있습니다. PP-1은 DMAS(Digital Modular Avionics System)를 채택하고 있으며 PP-2항공기는 INAS(Inertial Navigation Attack System)을 채택하고 있습니다. 이 차이에 따라 항법장비를 담당하는 후방석 조종사는 항공기 타입에 따라 다른 시스템을 자유자재로 작동할 수 있어야 합니다. 또한 무장의 차이로는 F-4E의 LGB(Laser Guided Bomb) 포드의 차이입니다. PP-1은 Pave Tack을 장착하며 특징은 주/야간 모두 사용 가능한 IR 방식의 Seeker Camera를 채택하고 있으며, PP-2는 Pave Spike로 주간에

만 사용 가능한 광학방식의 Seeker Camera를 채택하고 있습니다. 이 두 가지 차이에 따라 Cockpit의 스위치 배열이나 차이가 날 수는 있지만 소정의 교육을 받으면 충분히 두 타입의 항공기를 조종할 수 있는 근본적으로는 같은 항공기입니다. MIMEX(Major Item Material EXcess)는 1989년 F-4E 추가도입을 위한 사업을 통해 도입한 미 공군의 중고 도입분으로 항법장비는 INAS를 사용하며, PP 기체가 장비하던 SPS-1000 RWR(Radar Warning Receiver)에 비해 전 버전인 ALR-46 RWR을 장비하며, 특이하게도 Radar는 AN/APQ-120 V10을 사용하여 PP 항공기의 V7에 비해 출력이 우수하고 AIM-7M 미사일의 성능을 최대로 운용할 수 있었습니다. MIMEX는 중고기로서 먼저 순차적인 퇴역을 시작하여 2015년 530, 533번 항공기를 마지막으로 전량 퇴역하였습니다. MIMEX 항공기는 PP의 주익 추가 연료탱크와는 다르게 동체 하부 가운데 추가연료탱크를 장착하여 PP에 비해 우수한 기동성과 기동한계점을 가지고 있었으며, 과거 미 공군이 운용했음을 유추할 수 있는 Nuclear 투하버튼이 있다는 특징이 있습니다. 이러한 차이점이 있지만 근본적으로는 같은 항공기라서 조종사들이 여러 타입을 동시에 조종하는 것에 큰 어려움은 없었습니다.

Q 공군 역사상 최후의 F-4 조종사 중 한 명으로서 2024년 6월 역사를 뒤로 하고 퇴역하는 F-4를 떠나보내는 소회는 어떠신지요?

모든 것에는 기승전결이 있듯이 저는 팬텀의 '결'을 함께 한 조종사입니다. 처음 153대대에 배속받았을 때 총원은 68명이었습니다. 17전비시절 152, 153대대가 다같이 모이면 결원을 제외하더라도 100여 명이 되는 많은 인원들이 집결하였습니다. 이제는 152대대가 F-35대대로 재창설되어 기존의 팬텀 조종사들이 153대대로 통합되었음에도 불구하고 복좌항공기 대대가 마치 단좌항공기를 운용하는 대대 정도의 규모인 20여 명을 이루고 있습니다. 길다면 길고 짧다면 짧은 10여 년동안 팬텀만을 조종하며 가족보다 더 가까이 생활했던 팬텀이 곧 역사 속으로 사라진다는 사실에 가슴이 많이 아리고 지난 기억들이 순간순간 떠오릅니다.

팬텀을 지원한 것에 대한 후회, 비행생활이 힘들어 무너질 때 자기 일처럼 곁에 있어주던 고마운 팬텀 선배님들......여러 기억들을 저의 추억상자에서 다시 꺼내어 하나하나 다시 곱게 접어 정리를 하고 있는 지금, 어쩌면 그렇게 넘고 싶었던 팬텀은 정복의 대상이 아니라 옆에 있던 친구였으며, 저의 비행생활을 따끔히 가르치던 선생님이었고, 지금의 전투조종사로서 있게 한 나의 애마였던 것 같다라는 생각을 많이 하고 있습니다. 이제 팬텀은 완전히 지기 직전의 붉은 하늘의 노을과 같지만 개인적으로 팬텀이 끝까지 안전하게 임무를 완수해서 영원히 빛나는 하늘의 별로서 빛났으면 하는 바람입니다. Phantom Phorever!

Phantom Phorever!

임준형

최후의 F-4 비행대대원

이동열

소령

(공사 60기, F-4E, 제153전투비행대대 F-4E 후방석 조종사)

Q 본인 소개 부탁드립니다.

공군사관학교 60기 이동열 소령입니다. 2012년 임관 이후 2013년 소위로 대대 전입해서 지금까지 여러 임무를 수행하며 영공을 방위하기 위해 노력하고 있습니다.

Q 후방석 조종사의 시각에서 본 F-4E에 대한 생각을 말씀해 주십시오.

후방석 조종사는 WSO라고 해서 무장통제사라고 생각하시면 됩니다. 사실 후방석은 비행교육 중 평가에서 탈락해 재분류 이후 넘어오게 되는데, 전방석은 탈 수 없지만 후방석으로라도 조종사가 되고 싶어 지원했습니다. 하지만 전방석과 후방석이 맡은 임무가 다르고, 모두 임무에 대한 책임감 및 전문성을 가지고 비행에 임하기 때문에 후방석 조종사라는 자부심을 가지고 대대에서 생활하고 있습니다.

Q F-4E를 비행하면서 있었던 에피소드 및 가장 기억에 남는 일화는 무엇입니까?

현재 대대장인 김태형 중령이 1편대장이실 때 함께 시험비행을 한 적이 기억에 남습니다. 양쪽 발전기 결함으로 순간 모든 전력이 차단되어 엔진소리만 들리고 서로 마이크도 되지 않았습니다. 이후 복구는 되었지만, 순간적으로 너무 당황하여 가장 기억에 남는 것 같습니다.

Q 장기운용 항공기를 운용하는 노하우나 대처방안이라면 무엇입니까?

앞서 말한 것 같은 비상상황은 어느 정도 대비하고 있지만, 예상 못한 결함이 생기기도 하고 항공기 노후에 따라 여러 문제점이 식별되기도 합니다. 이런 문제점들에 대해 좀 더 세세하게 신경쓰면서 비행을 준비하고 임무에 임하는 것이 안전한 비행을 위한 최고의 방법이라고 생각합니다.

Q F-4E를 떠나보내는 소회를 말씀해 주십시오.

앞으로 F-4E를 다시 탈 수 없다는 사실이 너무나도 아쉽지만 이제 F-4E의 뒤를 우리나라가 개발한 FA-50이나 KF-21같은 기종들에게 바통을 넘겨주면 된다고 생각을 하고 있기 때문에 대대 해체 이후에도 제가 할 수 있는 임무를 수행하면서 최선을 다할 생각입니다.

이원익

Q 그 외에 남기고 싶은 말씀이 있으실까요?

대대 해체 및 항공기 퇴역이 얼마 남지 않았지만 유종의 미를 거두며 마지막을 장식할 수 있으면 좋겠습니다. 그리고 남아있는 대대원들 모두 어려 힘든 여건 속에서 생활을 하고 있는데, 다 함께 힘내면서 최선을 다할 수 있도록 노력하겠습니다.

공군

최후의 F-4 정비사

이정민

원사

(제10전투비행단 F-4E 기체정비사)

Q F-4E는 복잡한 구조와 크기로 정비가 어려운 기종으로 알려져 있습니다. 이와 관련해 정비사로서의 F-4E에 대한 의견이나 애로사항을 말씀해 주십시오.

F-4E는 쌍발 엔진이다 보니 크기도 크기지만 몸통이 우람합니다. 각 계통 작동방식이 전자식이 아닌 기계식이어서 고장 탐구시 최신 디지털 기종 대비 아날로그식으로 고장탐구를 해야 했기에 작업 시간이 길어 작업 피로도도 높습니다. 또한 가장 큰 애로사항은 부품의 원활한 수급이 안된다는 점입니다. 도입 초창기에는 미국에서 부품을 조달했었는데 1996년 도태로 인해 수급이 어려워졌고, 그 후에는 타 운용 국가에서 민간군수업체까지 동원하여 조달했으며, 현재는 다른 항공기에서 정상 작동되는 부품만 교환하는 동류 전용으로 지금까지 운용해 왔습니다.

Q 장기운용 전투기를 정비/운용하는 노하우나 대처 방안이 무엇입니까?

노하우라고 할 것까지는 없고, 기본은 T.O를 바탕으로 정비해 왔습니다. 장기간 운영하다 보니 예상치 못한 결함들도 많았기 때문에 항공기 호수별 작업 노트를 운영하면서 이걸 바탕으로 항공기별 맞춤 정비를 시행한 것이 효과적이었다고 생각합니다.

이영규

이원익

Q F-4E를 정비하면서 있었던 에피소드 및 가장 기억에 남는 일화는 무엇입니까?

가장 기억에 남는 일화는 천안함 침몰입니다. 그때 당시 중대 식사중이었는데 실제 비상대기가 발령되어 식사를 중단하고 긴급하게 중대로 복귀하여 전투태세 준비를 했던 일이 가장 기억에 남습니다.

Q F-4E를 떠나보내는 소회를 말씀해 주십시오.

고등학교를 졸업하고 항공전문학교에서 자격증을 취득하여 공군 부사관 기체 정비사로 들어오게 되었습니다. '97년 6월 1일 임관하여 수송기를 타고 청주 공군기지에 내렸던 때가 생생하게 떠오릅니다. 당시 청주기지는 팬텀을 운용하던 부대였고 팬텀은 주력 기종이었기 때문에 부대 생활이 힘들기로 유명했습니다. 그런데 지금 제 손으로 팬텀 퇴역을 준비하고 있으니 감회가 새롭고, 막상 보내려고 하니 그동안 함께했던 추억이 영화 필름처럼 돌아가는 듯합니다. 저의 군 생활도 이제 8년 정도 남았는데 기종을 전환한다고 해도 전역하는 날까지 제 몸에는 팬텀의 피가 흐를 것 같습니다.

월간항공

최후의 F-4 무장사

류재상
상사
(제10전투비행단 F-4E 무장정비사)

Q F-4E는 전폭기로 불릴 정도로 무장 탑재량과 운용능력이 우수하지만, 이전 세대 전투기로 제한이 있는 것도 사실입니다. 무장사로서 F-4E에 대한 의견이나 애로사항을 말씀해 주십시오.

F-4E는 우수한 무장 탑재능력을 보유한 이전세대 전투기로 다량의 일반 무장만을 운영하는 기종으로 오해할 수 있으나, 다양한 정밀유도 무장을 운영할 수 있는 능력 또한 보유하고 있습니다. 이로 인해 다양한 무장 운영 기술에 대한 방대한 학술적 지식과 높은 수준의 작업 숙련도를 요구하여 심도있는 무장계통의 연구가 필요합니다.

Q 장기운용 항공기 무장 운용의 노하우나 대처 방안이라면 무엇입니까?

항공기 도입 당시부터 각 항공기 호수에 대한 무장 계통 이력부를 운영 중이며, 결함 내역과 결함 조치 내용 등을 기술하여 무장 계통 정비 및 예방 정비에 활용하고 있습니다. 과거 정비 이력에 대한 철저한 분석을 통해 장기운용 항공기 결함 발생에 선제적으로 대응하는 것이 결함 발생을 예방할 수 있는 최선의 방법이라고 생각합니다.

Q F-4E 무장을 다루면서 있었던 에피소드 및 가장 기억에 남는 일화는 무엇입니까?

북한의 목함지뢰 도발 사건 당시 무장장착을 하던 때가 가장 기억에 남습니다. 전쟁이 발발할 수도 있는 일촉즉발의 상황에서 무장장착 명령이 떨어졌고, 급박한 상황에서 무장사들이 심적으로 동요하여 안전사고 및 실수가 일어날 수도 있는 상황이었으나, 평소 훈련하던 습관이 몸에 배어 몸이 자동적으로 반응하였고, 완벽하게 무장장착 및 점검을 완수해 낸 진귀한 경험을 하였습니다. 정비사와 무장사의 입장에서는 일상적으로 늘 하는 작업이지만, 이러한 저희의 일상이

이원익

F-4E에 장착된 AGM-142 팝아이 실탄 및 370 갤런 연료탱크와 함께.

급박한 상황에 국가 방위에 큰 기여를 할 수 있다는 부분이 무장사로서 정말 의미있고 뿌듯하다고 생각합니다.

Q F-4E를 떠나보내는 소회를 말씀해 주십시오.

중학교 3학년 겨울, 진로를 고민하던 중 항공과학고를 포함한 여러 고등학교에 합격하였습니다. 생각을 정리하기 위해 겨울방학에 계룡산을 등산하던 중에 F-4E 편대가 저공비행하는 모습을 보았고, 그 모습이 너무 멋있어 보여 항공과학고에 입교하게 되었습니다. 항과고를 졸업하고 부사관으로 임관함과 동시에 F-4E 무장정비사로서의 복무를 시작하였고, 어느덧 팬텀의 퇴역을 바라보고 있는 시점인 지금까지 31년이라는 기간동안 F-4E의 무장사로 복무한 것에 감회가 남다릅니다.

이원익

F-4E 고정무장인 M61A1의 Gun Access Door 171을 통해 기총 약실부를 점검하고 있는 류재상 원사

**한국공군은 55년간의 영공방위 임무를 마치고
퇴역하는 F-4 팬텀의 마지막 모습을 기억하기 위한
파격적이고 특별한 기념 행사들을 준비했다.**

❶

PHAREWELL PHANTOMS

❶ 최후의 팬텀의 최후의 비행.

Tsungfang Tsai

1

2

❶ 팬텀 '큰형님'을 배웅하기 위해 사상 최초로 공군의 모든 전투기들이 팬텀의 모기지인 수원기지에서 엘리펀트 워크(Elephant Walks)로 함께 했다.

❷ "Bombs away!" 팬텀 편대가 마지막 사격의 일환으로 MK-82 폭탄을 동시에 투하하고 있다.

❸ "안녕, 고마웠어!" F-4E 무장현황란의 마지막 문구.

1

공군

공군

2

3

공군

4

공군

❶ "Break now!" '필승편대'가 Flare를 투발하며 기동하고 있다.

❷ 과거와 현재. 도입 초기의 베트남 위장 도색(SEA)과 현용 Egypt One 도장의 F-4E.

❸ 베트남 위장 도색기의 정면 모습. 전연 Slat이 전개되어 있다.

❹ "Break now!" '필승편대'가 Flare를 투발하며 기동하고 있다.

1
DANGER
EJECTION SEAT
&
CANOPY
DANGER
DANGER

❶ 대구 월드컵 경기장 상공에서 '직속후배' F-15K와 편대를 이루고 있다.

공군

❶ 과거 초기형 제공미채 도색기. 370 갤런. 연료탱크는 현용 도색으로 대조를 이룬다.

❷ '국민의 손길에서, 국민의 마음으로'. '빨간마후라 스푸크'와 '두정갑 스푸크' 사이에 퇴역식 특별문구가 기입되어 있다.

❸ FA-50와 편대를 이룬 F-4E

❹ 강릉기지에서 마중 나온 F-5E/F와 편대를 이룬 팬텀. 가운데 112대대 소속 F-5F (10-594)는 롤아웃 원색도장으로 교과서에도 실렸던 제공 1호기.

공군

공군

4

공군

공군

공군

❸

❶ 쌍발-대형-복좌 전투기의 계보 F-4E와 F-15K. 크기만으로도 박력이 넘친다.

❷ KF-16과 편대를 이룬 F-4E.

❸ 한국 공군의 신구 게임 체인저인 F-4와 F-35의 고별 비행.

❶ 한국 공군 F-4 팬텀

김상연

김인덕

황규진

❶ 2024년 6월7일 열린 F-4 팬텀 퇴역식. 최초로 국방부장관이 주관한 무기체계 퇴역식으로 품격과 감동이 있는 의미있는 행사로 격찬을 받았다.

❷ 퇴역식에서 과거 도장을 재현한 지상 전시 팬텀 형제들. 앞에서부터 F-4D 방위성금헌납기, RF-4C, F-4E

❷ 방위성금헌납기 앞에서 굿바이 합창을 하는 어린이들

김인덕

황보준우

❶ 팬텀 형제의 Serial number 에는 경제와 안보 모두 어려웠던 시절, 국가안보를 위해 군원과 중고기 도입 등으로 혼신의 힘을 다했던 대한민국 근현대사가 흐른다.

❷ F-4D 방위성금헌납기 도장기 위로 블랙이글스가 특수비행을 선보이고 있다.

❷ "사랑했다. 정말 고마워!" 최후의 팬텀 대대장 김태형 중령이 최후의 팬텀에 글을 남기고 있다.

❶ "수고 많으셨습니다!" 최후의 팬텀맨들이 김도형 비행대장에게 헹가래를 치고 있다.

❷ 최후의 팬텀맨들. 신념의 조인들을 영원히 기억하겠습니다.

❸ "아빠, 팬텀이랑 수고했어!" 자녀와 퇴역식을 함께한 최후의 팬텀 비행대대장 김도형 소령.

❹ 최후의 팬텀 엔진에 놓인 한 송이 장미꽃

박승현

3

김도익

4

김진경

F-4E PHANTOM II Walkaround

Walkaround:

비행 전 조종사의 항공기
외부 점검 절차에 따라
항공기 정면에서
시계 방향으로 돌며 실시한다.

F-4E 팬텀 II Walkaround

이원익

❶ 정면 하방에서 바라본 F-4E. 위에서부터 Pitot tube, 기총구, 기수 양쪽의 냉각용 공기 흡입구가 보인다. 주익 파일런에는 ATM-142 공대지 미사일 훈련탄과 데이터 링크 포드를 장착 중. 좌우 주익 하단 6개의 Leading edge flap fairing에 주목.

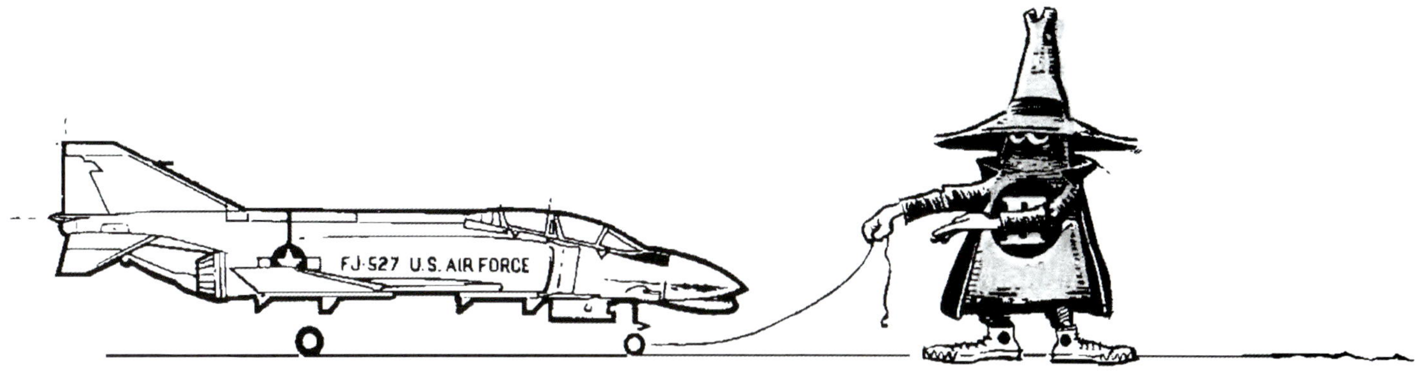

이원익

이원익

이원익

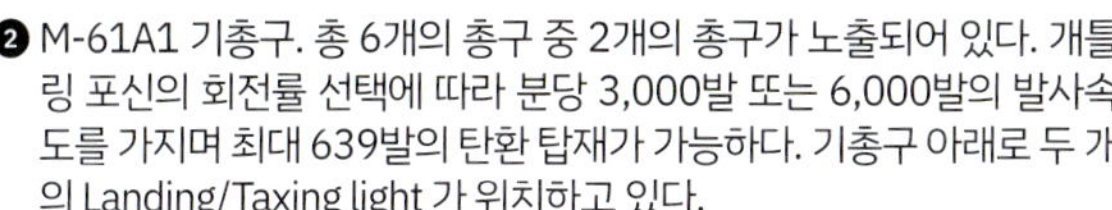

❷ M-61A1 기총구. 총 6개의 총구 중 2개의 총구가 노출되어 있다. 개틀링 포신의 회전률 선택에 따라 분당 3,000발 또는 6,000발의 발사속도를 가지며 최대 639발의 탄환 탑재가 가능하다. 기총구 아래로 두 개의 Landing/Taxing light 가 위치하고 있다.

❸ F-4E 계열만의 특징 중 하나인 Pitot Tube 디테일.

❹ 다른 F-4 모델과 차별되는 F-4E만의 날렵한 기수가 돋보이는 각도. 기수 상단의 돌출구는 Gun Gas Purge Door로 기총 배출 가스 제거 역할을 하며 지상 주기 시에는 열려 있다.

이원익

이원익

❶ 기총 약실에 접근할 수 있게 하는 Gun Access Door. 지상 주기시에는 열려 있다. ❷ Gun Access Door Vent. 기총 발사시 가스 배출구 역할을 한다.

이원익

❸ Nose Landing Gear Door. 전방의 안테나는 UHF, 후방은 IFF.

이원익

❹ F-4E의 주익 강도는 중량 1.3톤에 달하는 AGM-142 미사일을 운용하는데 무리가 없다. 대형전투기로서 미사일과 데이터링크 포드의 중량 차이나 발사 후 중량 비대칭도 소화할 수 있다.

❺ F-4E 주익 끝단. 파란색 편대등과 검정색 원형 RHAW (Radar Homing And Warning) 안테나 및 노란색 저명도 편대등이 위치한다.

이원익

❻ DATM-142 공대지 미사일 유도용 데이터링크 포드. 동 미사일 세트 장착 시에는 AIM-9 장착용 Aero-3B 런쳐는 장착되지 않는다.

이원익

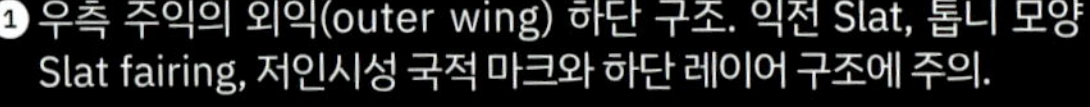

① 우측 주익의 외익(outer wing) 하단 구조. 익전 Slat, 톱니 모양 Slat fairing, 저인시성 국적 마크와 하단 레이어 구조에 주의.

이원익

② 항공기 동체에는 노란색 저명도 편대등과 저인시성 국적 마크 및 엔진 표식 라인(검정색)이 표시되어 있다. 후방 Piano Hinge는 엔진 점검 및 탈착 시 아래로 열리게 된다.

이원익

③ 좌측 주익 파일런에 장착된 ATM-142. 탄체 아랫단에 설치된 추진체 노즐의 위치가 독특하다.

이원익

④ F-4의 수직미익은 기체 규모에 비해 작은 편이라고 할 수 있는데 길이 16.5ft, root chord 107.8인치, tip cord 21.4인치이며 58도 후퇴각 및 30도 가동각을 가진다. 수직 미익 전방 뿌리 부분에는 Powerplant Cooling Inlet이, 기체 끝단에는 Fuel Dump Pipe가 위치해 있다. 노란색 띠는 저명도 편대등. 수평미익 앞단에는 Slat이 부착되어 있다.

이원익

⑤ F-4 수평미익은 23.25 경사각을 가지며 단일 Pivoting Point Assembly로 상호 연결되어 있다. 엔진 배기열을 견디기 위해 수평미익 안쪽은 티타늄으로 구성되어 있다. 엔진 내부의 Afterburner Spray Ring에 주목.

⑥ 후방에서 바라본 배면. 저익 구조로 높이가 낮아 정비 및 무장 장착이 쉽지 않은 편이다.

⑦ 기체 끝단에는 Drag Chute Door가 위치해 있으며 그 위의 검은색 원형 돌기는 ARN-101 안테나. 외형상 '웃는 메뚜기'로 불린다.

이원익

이원익

이원익

이원익

❶ Drag Chute Door Panel은 우상방 약 30도 각도로 열리는 독특한 구조

❷ J79-GE-19 엔진 노즐과 Arresting Hook. 엔진 노즐은 5도 하방각을 가지고 있다. 고열의 엔진 분사열을 견디기 위해 주변부는 티타늄 합금 재질이며 기체마다 각기 다른 티타늄 변색 효과를 가진다.

이원익

❸ 좌측 주익 상단의 저명도 국적 마크와 Slat. F-4E PP1 항공기 특징인 주익 앞단 TISEO 및 동체 상단 ARN-101 안테나의 부재는 PP2 기체와의 식별 포인트. PP1 항공기는 도입 초기 152대대에 배속되었으나 대대 통합으로 153대대에 편입되었다. 동체 위의 진회색 도장부분은 걸어다닐수 있는 Walk Area 표시이며 Matt Rough Surface로 미끄럼 방지 처리가 되어 있다.

❹ 주익 Slat 및 가동부 디테일. Slat의 두께와 구조에 주목

이원익

이원익

❺ AGM-142의 훈련용 버전인 ATM-142. 탄체의 푸른색 띠로 식별할 수 있다. 주익-Pylon 접합부의 수평 지지대는 지지력 보강재.

이원익

이원익

❻ 전방 동체부의 무장상황 표기란. 그 위의 사자머리와 비행대대 마크 표기는 한국공군 F-4 기체의 특징. 한국공군 최후의 F-4 비행대대인 제153 전투비행대대 소속 기체

❼ ATM-142 시커 디테일. CCD 시커를 장착한 H형이며 IIR 시커를 장착하는 G형보다 야간작전을 제외하고는 더 우수한 유도 성능을 가진 것으로 평가된다.

이원익

❽ M61A1 기총 약실부. 'Cold Gun'은 실탄 미장전 상태라는 의미. 약실부 상단 내부에는 무게 181파운드의 드럼형 탄창이 위치하고 있으며 Linkless Ammunition Conveyor 및 Hydraulic Drive Mechanism으로 연결되어 있다.

이원익

❾ 기총 약실과 전기 구동 모터 디테일에 주목

이원익

❶ Nose landing gear 아래 노란색 받침대는 AGM-142 미사일 장착시 전고 조정 목적. 기어 도어 위 구조물은 ILS 안테나. Dual Wheel 18x5.5 14 ply 타이어를 사용한다. 타이어 위의 Anti-Torque Link는 좌측으로 치우쳐 위치하며 Hydraulic Retracting Actuator는 우측에 위치한다.

이원익

❷ RBF(Remove Before Flight) 안전핀이 꽂힌 붉은색 장치는 Hydraulic Retracting Actuator 오작동 방지 커버

❸ Nose Landing Gear 수납부 내부 구조 디테일. 원형의 Gear Strut 회전식 잠금장치에 주목

이원익

❹ 좌측 AIM-7 무장 스테이션에 장착된 Pod Pylon은 ECM Pod 또는 Targeting Pod 장착용. 우측 AIM-7 스테이션에는 Nose Landing Gear Door의 구조적 간섭으로 장착이 불가하다. 좌우 양쪽으로 Air Intake Vent 가 보인다.

이원익

5

❺ 기체 하부 전면부. 우측으로는 Access Door 26L(External Electrical Power Receptacle), 좌측으로는 Access Door 26R(Ground Refueling Receptacle) 도어가 열려있다. 바닥에 놓여있는 노란색 EPC 연결 호스는 출격시 Electric Power Access 에 연결되어 엔진 시동에 사용된다. F-4의 엔진시동은 Catridge 점화로도 가능하나 스모크와 독성물질 배출 문제로 주로 EPC가 활용된다. 가운데 열려있는 것은 Hydraulic Feed Access.

이원익

이원익

이원익

❻ Access Door 26L(External Electrical Power Receptacle). 'E' 문자는 Electric을 의미. 28V DC, 115/200V AC라고 표기되어 있다. 버튼식 Quick Access가 아닌 Bolt 조임식 도어. 낮은 기체 하부에 들어가 매번 일자 드라이버로 7개의 Bolt를 풀고 조이는 작업은 임무요원들에게 상당한 업무 부담을 주는 편. 도어 우측의 돌기물은 Strike Recording Camera로 후방 촬영용.

❼ Access Door 26R(Ground Refueling Receptacle). 도어 좌측의 돌기물은 Strike Recording Camera로 전방 촬영용.

❽ Access Door 138(Pneumatic Starter Inlet)

이원익

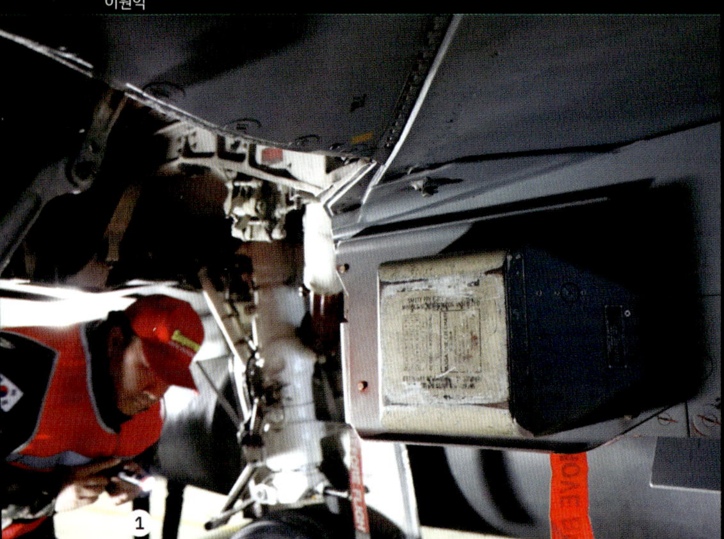

이원익

❶ 무장 파일런 후방 끝단에 위치한 Chaff-Flare Dispenser.

❷ 동체 중앙 파일런 장착 스테이션. 양옆의 도어는 엔진 냉각용 공기흡입구. 이 주변에 Main Fuel Control System, Hydraulic Pumps & Filters, Main Oil System 등이 집중 배치되어 있다.

이원익

이원익

❸ 하방에서 바라본 엔진 노즐. 기체 하단 패널라인 디테일을 알 수 있다.

❹ 우측 AIM-7 반매입식 장착대. 중앙의 걸쇠가 미사일 탄체를 밀어내는 방식으로 발사된다. 기수의 M61A1 기총장착 형상에 맞추어 재설계된 F-4E 특유의 Nose Landing Gear Door 및 Gun Access Door 형상에 주목

이원익

이원익

❺ Main Landing Gear(MLG) 타이어. 높이 30 inch, 너비 11.5인치, 24-ply. MLG 안쪽에는 유압식 Speed Brake가 위치하고 있으며 고인시성 붉은색으로 도장되어 있다. 바깥쪽에는 370갤론 연료탱크가 장착되어 있다.

❻ Main Landing Gear Strut. 중앙의 원형 걸쇠는 Hoist Point. 유압식 Retraction 장치 오작동 방지를 위해 씌워진 고인시성 붉은색 커버에는 RBF 안전핀이 꽂혀있다.

7 상방에서 바라본 F-4E 특유의 형상. 양쪽 공기흡입구에 고인시성 붉은색 FOD 방지용 커버가 씌워져 있다. 통상, 노란색 Boarding Ladder를 통해 후방석 조종사가 먼저 올라 Air Intake 상부를 밟고 선탑승하며 이어 전방석 조종사가 탑승하게 된다. F-4 후방석 전용 Boarding Ladder도 있으나 한국공군에서는 사용하지 않는다. 캐노피 전방의 하얀 끈은 Slip String으로 조종사의 Sideslip 육안 파악을 위한 참조물.

이원익

이원익

8 F-4의 캐노피는 동시대의 전투기 중에서도 시야가 좁은 편이다. 전방석에 비해 더욱 공간과 시야가 좁은 후방석에 외부 백미러는 필수. 전후방석 캐노피 프레임에 장착된 고인시성 붉은색 장비는 비상시 조종사가 직접 캐노피를 파괴하는데 사용하는 Canopy Tool. 캐노피 잠금장치 걸쇠의 디테일에 주목.

이원익

9 전방석 조종석. F-4 MK-H7 사출좌석 특징 중 하나는 두 개의 원형 Overhead Ejection Handle로 사출시 조종사가 잡아당기면 Face Curtain이 조종사 두부를 보호하게 된다. 그러나 스핀 등의 비상상황 시 원심력 등의 영향으로 핸들에 손이 닿지 못하는 단점이 있어 다음 세대 사출좌석들에서는 폐지된 방식. 조종사 옆 Boarding Ladder 걸림 방식에 주목.

이원익

❶ 전방석 계기판. 60년대 미국 전투기 조종석의 표준을 반영한다. 중앙 상부에는 APQ-120 레이더 스코프가 자리하고 있고 아래 고전적인 T-Arrangement에는 고도/속도/방향/자세 계기가 배치되어 있다. 프레임이 있는 방탄 Windshield 구조와 주변 장착물로 전방석 시계는 상당히 제한적이다.

❷ 전방석 사출좌석 상부의 고인시성 붉은색 막대 구조물은 캐노피 지지축 오작동 방지를 위한 커버. 옆의 코일 전선은 사출전 캐노피 제거 장치

이원익

❸ 전방석에서 바라본 후방석. 전방석에서 후방 시계는 크게 제한적임을 알 수 있다. 두 좌석 간에는 격벽이 없이 개방되어 있으며 복잡한 전선들이 연결되어 있다.

이원익

❹ 후방석 구조 및 사출좌석. 주익 Slat 구조와 두께, Wing Fense(Dog Tooth 주변 박리 방지), 고인시성 붉은색 라인 등을 관찰할 수 있다. 캐노피 투명부 주변의 흰 띠는 Canopy Sealing.

이원익

❺ 후방석 MK-H7 사출좌석 디테일. 최신 사출좌석에 비해 벨트류의 수와 구조 면에서 복잡한 편으로 착석시 상당한 압박감을 주는 편이다. 게다가 공간이 협소하고 시계가 좁은 후방석 특성까지 감안하면 후방석에서의 비행은 상당히 불편하고 어려운 편이다.

이원익

❻ 전방석 캐노피 디테일. 좌측 붉은색 Canopy Tool, 중앙부 백미러, 우측 백색 Procedure Memo 등을 관찰할 수 있다.

GENERAL ARRANGEMENT

TYPICAL

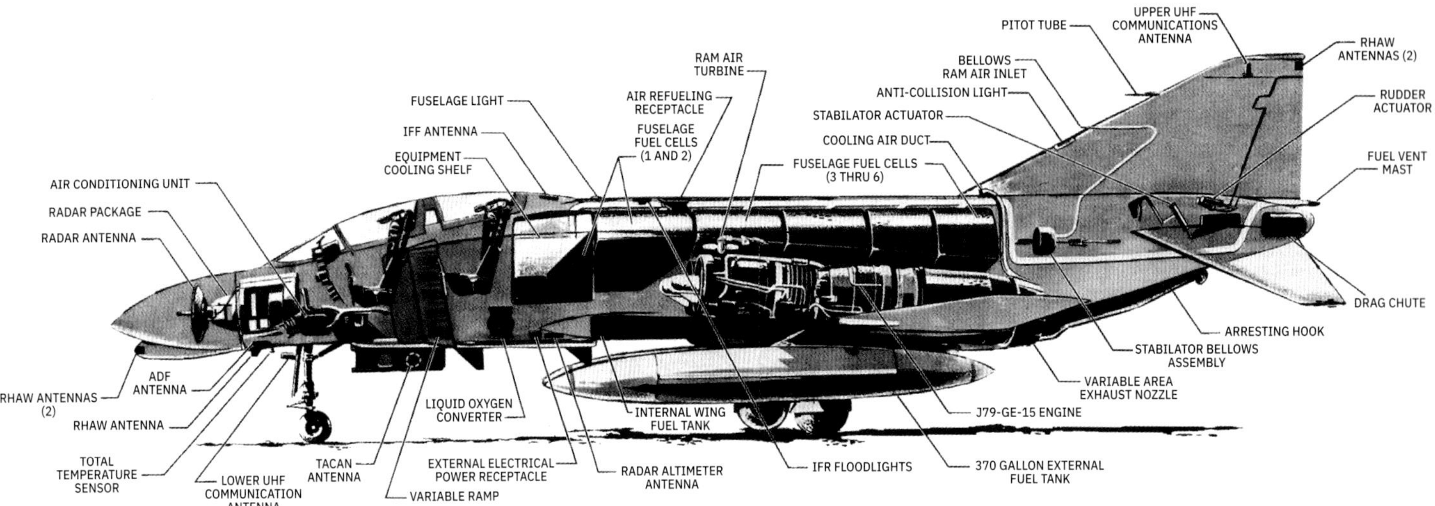

*출처 : USAF SERIES F-4C, F-4D, F-4E AIRCRAFT FLIGHT MANUAL

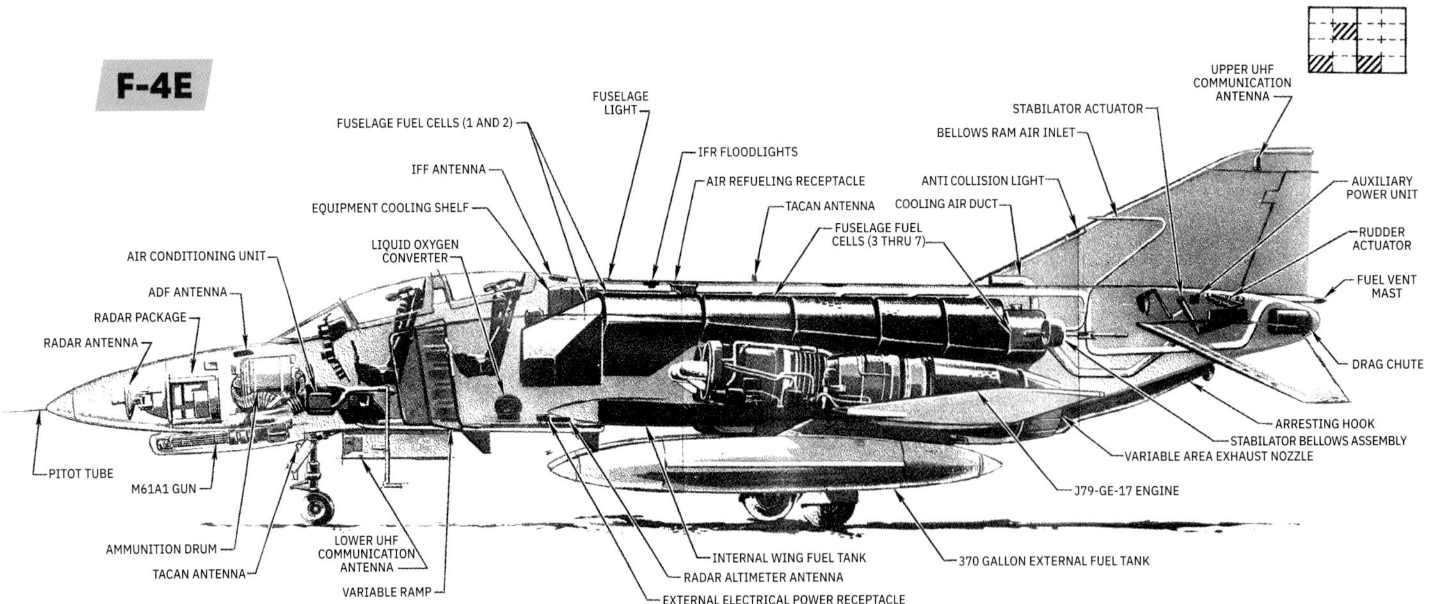

*출처 : USAF SERIES F-4E AIRCRAFT FLIGHT MANUAL

MAIN DIFFERENCES TABLE

	F-4D	F-4E
ENGINES	J79-GE-15	J79-GE-17
NO. 7 FUEL CELL	NO	YES
RAM AIR TURBINE	YES	NO
HYDRAULIC WING FOLD	YES	NO
INTERNALLY MOUNTED GUN	NO	YES
RADAR SET	AN/APQ-109	AN/APQ-120
INTERCEPT COMPUTER	AN/APA-157 or AN/APA-165	AN/APQ-120
OPTICAL SIGHT	AN/ASG-22	AN/ASG-26
WEAPONS RELEASE COMPUTER	AN/ASQ-91	AN/ASQ-91
INERTIAL NAVIGATION SET	AN/ASN-63	AN/ASN-63
NAVIGATION COMPUTER	AN/ASN-46A	AN/ASN-46A
AUXILIARY POWER UNIT	NO	BLOCK 40 AND UP
SELF SEALING FUSELAGE FUEL CELLS	NO	BLOCK 41 AND UP

*출처 : USAF SERIES F-4C, F-4D, F-4E AIRCRAFT FLIGHT MANUAL

FUEL QUANTITY DATA TABLE

JP-4

TANK	F-4C: F-4C BEFORE T.O. 1F-4-753				F-4C / F-4D: F-4C AFTER T.O. 1F-4-753 ALL F-4D				F-4E		BEFORE BLK 41		BLOCK 41 AND UP	
	FULLY SERVICED		USABLE FUEL		FULLY SERVICED		USABLE FUEL		FULLY SERVICED		USABLE FUEL		USABLE FUEL	
	GALLONS	POUNDS	GALLONS	POUNDS	GALLONS	POUNDS	GALLONS	POUNDS	GALLONS	POUNDS	GALLONS	POUNDS	GALLONS	POUNDS
FUSELAGE CELL 1	—	—	314	2041	—	—	231	1501	—	—	231	1501	215	1397
CELL 2	—	—	207	1345	—	—	207	1345	—	—	207	1345	185	1203
CELL 3	—	—	164	1066	—	—	164	1066	—	—	164	1066	147	955
CELL 4	—	—	221	1436	—	—	221	1436	—	—	221	1436	201	1307
CELL 5	—	—	201	1306	—	—	201	1306	—	—	201	1306	180	1170
CELL 6	—	—	235	1527	—	—	235	1527	—	—	235	1527	213	1385
CELL 7	—	—	—	—	—	—	—	—	—	—	104	676	84	546
TOTAL FUSELAGE FUEL	1376	8944	1342	8723	1305	8483	1259	8183	1412	9178	1363	8859	1225	7963
INTERNAL WING TANKS	644	4186	630	4095	644	4186	630	4095	644	4186	630	4095	630	4095
TOTAL INTERNAL FUEL	2020	13,130	1972	12,818	1949	12,669	1889	12,278	2056	13,364	1993	12,954	1855	12,058
EXTERNAL WING TANKS	744	4836	740	4810	744	4836	740	4810	744	4836	740	4810	740	4810
INTERNAL FUEL PLUS EXTERNAL WING TANKS	2764	17,966	2712	17,628	2693	17,505	2629	17,088	2800	18,200	2733	17,764	2595	16,868
EXTERNAL CENTER TANK	602	3913	600	3900	602	3913	600	3900	602	3913	600	3900	600	3900
INTERNAL FUEL PLUS EXTERNAL CENTER TANK	2622	17,043	2572	16,718	2551	16,582	2489	16,178	2658	17,277	2593	16,854	2455	15,958
MAXIMUM FUEL LOAD TOTAL INTERNAL PLUS ALL EXTERNAL TANKS	3366	21,879	3312	21,528	3295	21,418	3229	20,988	3402	22,113	3333	21,664	3195	20,768
TOTAL TRAPPED	54	351	—	—	66	429	—	—	69	449	—	—	—	—
	—	—	—	—	—	—	—	—	*93	*605	—	—	—	—

*F-4E AIRCRAFT BLOCK 41 AND UP

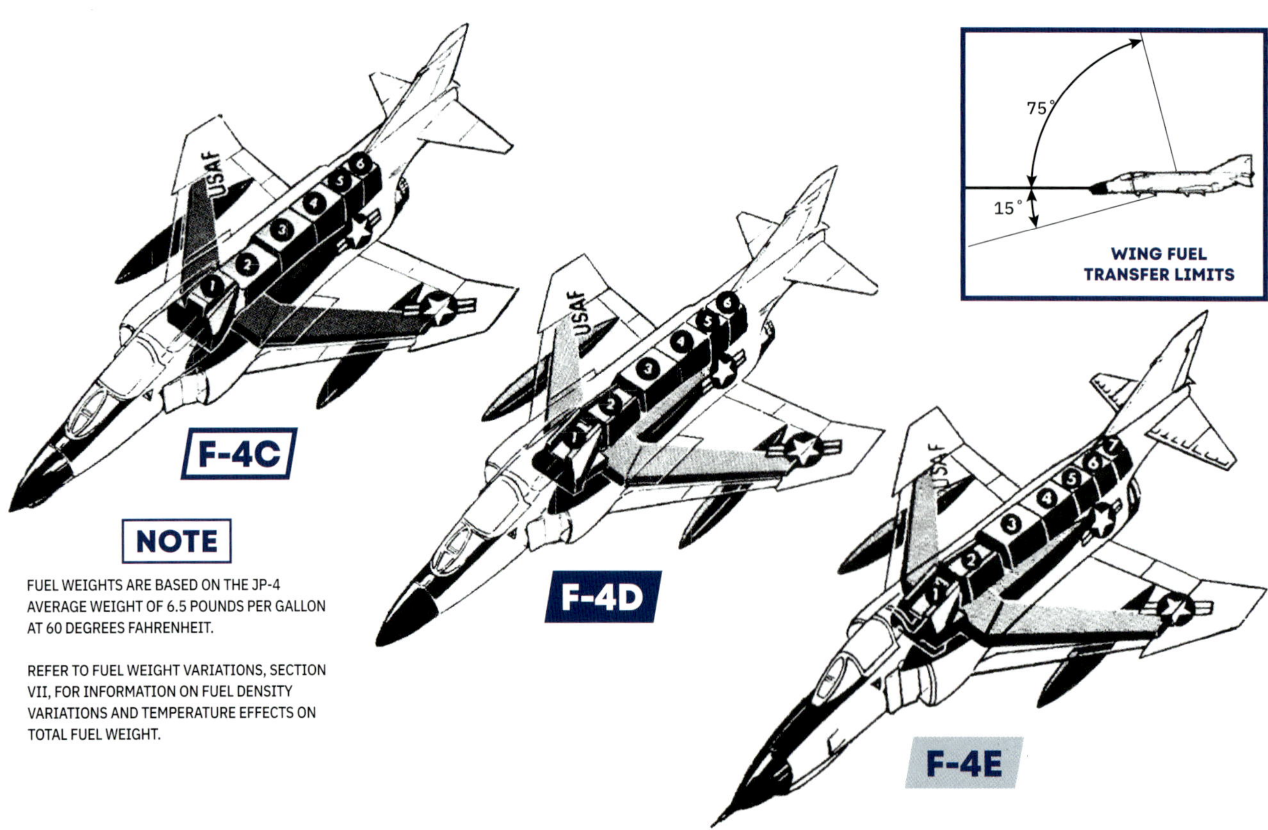

NOTE

FUEL WEIGHTS ARE BASED ON THE JP-4 AVERAGE WEIGHT OF 6.5 POUNDS PER GALLON AT 60 DEGREES FAHRENHEIT.

REFER TO FUEL WEIGHT VARIATIONS, SECTION VII, FOR INFORMATION ON FUEL DENSITY VARIATIONS AND TEMPERATURE EFFECTS ON TOTAL FUEL WEIGHT.

*출처 : USAF SERIES F-4C, F-4D, F-4E AIRCRAFT FLIGHT MANUAL

AIRPLANE AND ENGINE FUEL SYSTEM

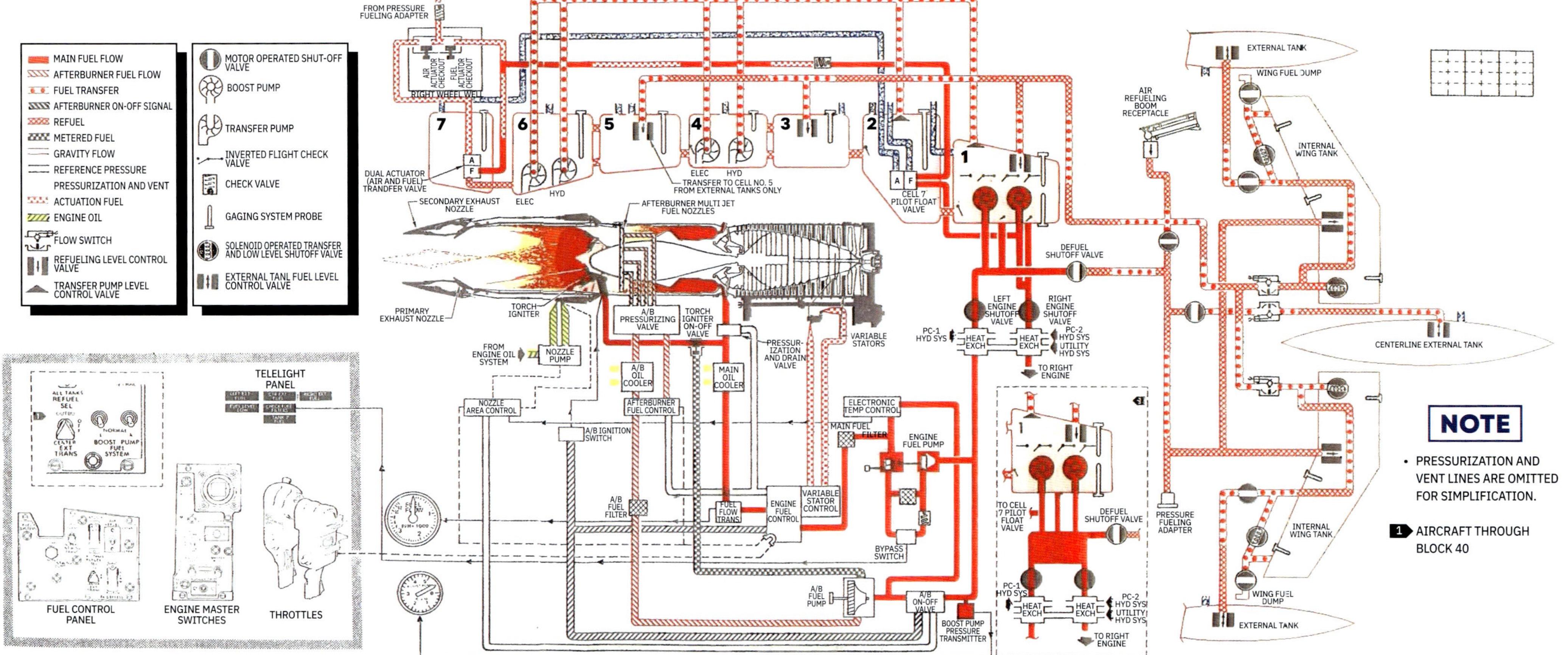

*출처 : USAF SERIES F-4E AIRCRAFT FLIGHT MANUAL

SERVICING DIAGRAM

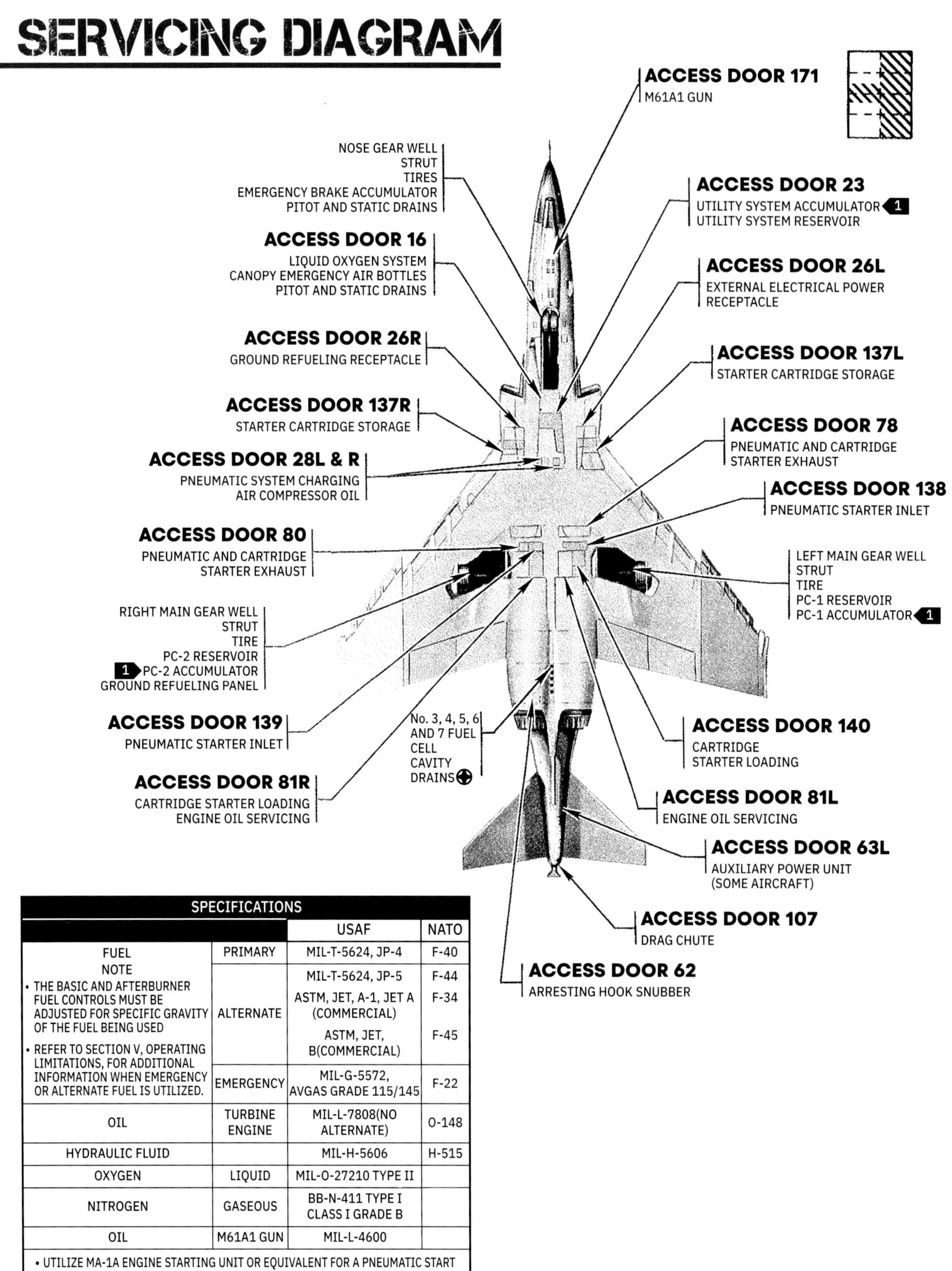

SPECIFICATIONS			
		USAF	NATO
FUEL NOTE • THE BASIC AND AFTERBURNER FUEL CONTROLS MUST BE ADJUSTED FOR SPECIFIC GRAVITY OF THE FUEL BEING USED • REFER TO SECTION V, OPERATING LIMITATIONS, FOR ADDITIONAL INFORMATION WHEN EMERGENCY OR ALTERNATE FUEL IS UTILIZED.	PRIMARY	MIL-T-5624, JP-4	F-40
	ALTERNATE	MIL-T-5624, JP-5	F-44
		ASTM, JET, A-1, JET A (COMMERCIAL)	F-34
		ASTM, JET, B(COMMERCIAL)	F-45
	EMERGENCY	MIL-G-5572, AVGAS GRADE 115/145	F-22
OIL	TURBINE ENGINE	MIL-L-7808(NO ALTERNATE)	O-148
HYDRAULIC FLUID		MIL-H-5606	H-515
OXYGEN	LIQUID	MIL-O-27210 TYPE II	
NITROGEN	GASEOUS	BB-N-411 TYPE I CLASS I GRADE B	
OIL	M61A1 GUN	MIL-L-4600	

• UTILIZE MA-1A ENGINE STARTING UNIT OR EQUIVALENT FOR A PNEUMATIC START
• UTILIZE A MXU-4A/A SOLID PORPELLANT CARTRIDGE FOR A CARTRIDGE START.

*출처 : USAF SERIES F-4E AIRCRAFT FLIGHT MANUAL

FRONT COCKPIT F-4E

TYPICAL

1. LEFT SUB-PANEL
2. EMERGENCY BRAKE CONTROL HANDLE
3. UTILITY PANEL(LEFT)
4. OXYGEN CONTROL PANEL
5. AGM-12B(GAM-83) CONTROL HANDLE
6. LANDING GEAR CONTROL HANDLE
7. ENGINE CONTROL PANEL(INBOARD)
8. DRAG CHUTE CONTROL HANDLE
9. AUTOMATIC FLIGHT CONTROL SYSTEM CONTROL PANEL
10. INTERCOM SYSTEM CONTROL PANEL
11. BOARDING STEPS POSITION INDICATOR
12. AUXILIARY ARMAMENT CONTROL PANEL
13. ARMAMENT SAFETY OVERRIDE SWITCH
14. ANTI-G SUIT CONTROL VALVE
15. ECM POD JETTISON SWITCH
16. PRESSURE SUIT CONTROL PANEL
17. FUEL CONTROL PANEL
18. FLAP CONTROL PANEL
19. EJECT LIGHT/SWITCH
20. CANOPY SELECTOR
21. ENGINE CONTROL PANEL(OUTBOARD)
22. AUTOMATIC ACQUISITION SWITCH
23. THROTTLES

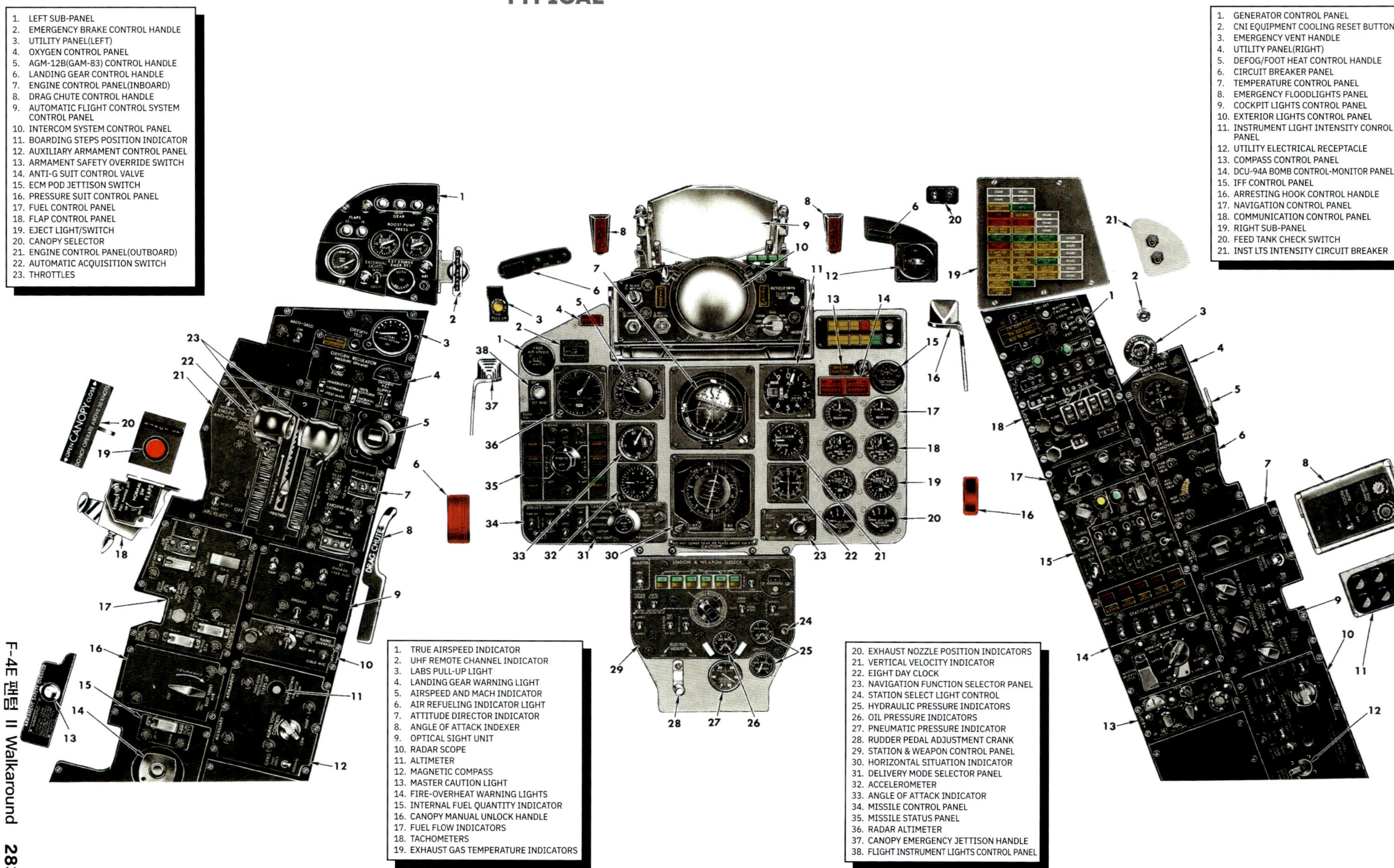

1. TRUE AIRSPEED INDICATOR
2. UHF REMOTE CHANNEL INDICATOR
3. LABS PULL-UP LIGHT
4. LANDING GEAR WARNING LIGHT
5. AIRSPEED AND MACH INDICATOR
6. AIR REFUELING INDICATOR LIGHT
7. ATTITUDE DIRECTOR INDICATOR
8. ANGLE OF ATTACK INDEXER
9. OPTICAL SIGHT UNIT
10. RADAR SCOPE
11. ALTIMETER
12. MAGNETIC COMPASS
13. MASTER CAUTION LIGHT
14. FIRE-OVERHEAT WARNING LIGHTS
15. INTERNAL FUEL QUANTITY INDICATOR
16. CANOPY MANUAL UNLOCK HANDLE
17. FUEL FLOW INDICATORS
18. TACHOMETERS
19. EXHAUST GAS TEMPERATURE INDICATORS
20. EXHAUST NOZZLE POSITION INDICATORS
21. VERTICAL VELOCITY INDICATOR
22. EIGHT DAY CLOCK
23. NAVIGATION FUNCTION SELECTOR PANEL
24. STATION SELECT LIGHT CONTROL
25. HYDRAULIC PRESSURE INDICATORS
26. OIL PRESSURE INDICATORS
27. PNEUMATIC PRESSURE INDICATOR
28. RUDDER PEDAL ADJUSTMENT CRANK
29. STATION & WEAPON CONTROL PANEL
30. HORIZONTAL SITUATION INDICATOR
31. DELIVERY MODE SELECTOR PANEL
32. ACCELEROMETER
33. ANGLE OF ATTACK INDICATOR
34. MISSILE CONTROL PANEL
35. MISSILE STATUS PANEL
36. RADAR ALTIMETER
37. CANOPY EMERGENCY JETTISON HANDLE
38. FLIGHT INSTRUMENT LIGHTS CONTROL PANEL

1. GENERATOR CONTROL PANEL
2. CNI EQUIPMENT COOLING RESET BUTTON
3. EMERGENCY VENT HANDLE
4. UTILITY PANEL(RIGHT)
5. DEFOG/FOOT HEAT CONTROL HANDLE
6. CIRCUIT BREAKER PANEL
7. TEMPERATURE CONTROL PANEL
8. EMERGENCY FLOODLIGHTS PANEL
9. COCKPIT LIGHTS CONTROL PANEL
10. EXTERIOR LIGHTS CONTROL PANEL
11. INSTRUMENT LIGHT INTENSITY CONROL PANEL
12. UTILITY ELECTRICAL RECEPTACLE
13. COMPASS CONTROL PANEL
14. DCU-94A BOMB CONTROL-MONITOR PANEL
15. IFF CONTROL PANEL
16. ARRESTING HOOK CONTROL HANDLE
17. NAVIGATION CONTROL PANEL
18. COMMUNICATION CONTROL PANEL
19. RIGHT SUB-PANEL
20. FEED TANK CHECK SWITCH
21. INST LTS INTENSITY CIRCUIT BREAKER

*출처 : USAF SERIES F-4C, F-4D, F-4E AIRCRAFT FLIGHT MANUAL

REAR COCKPIT F-4E

TYPICAL

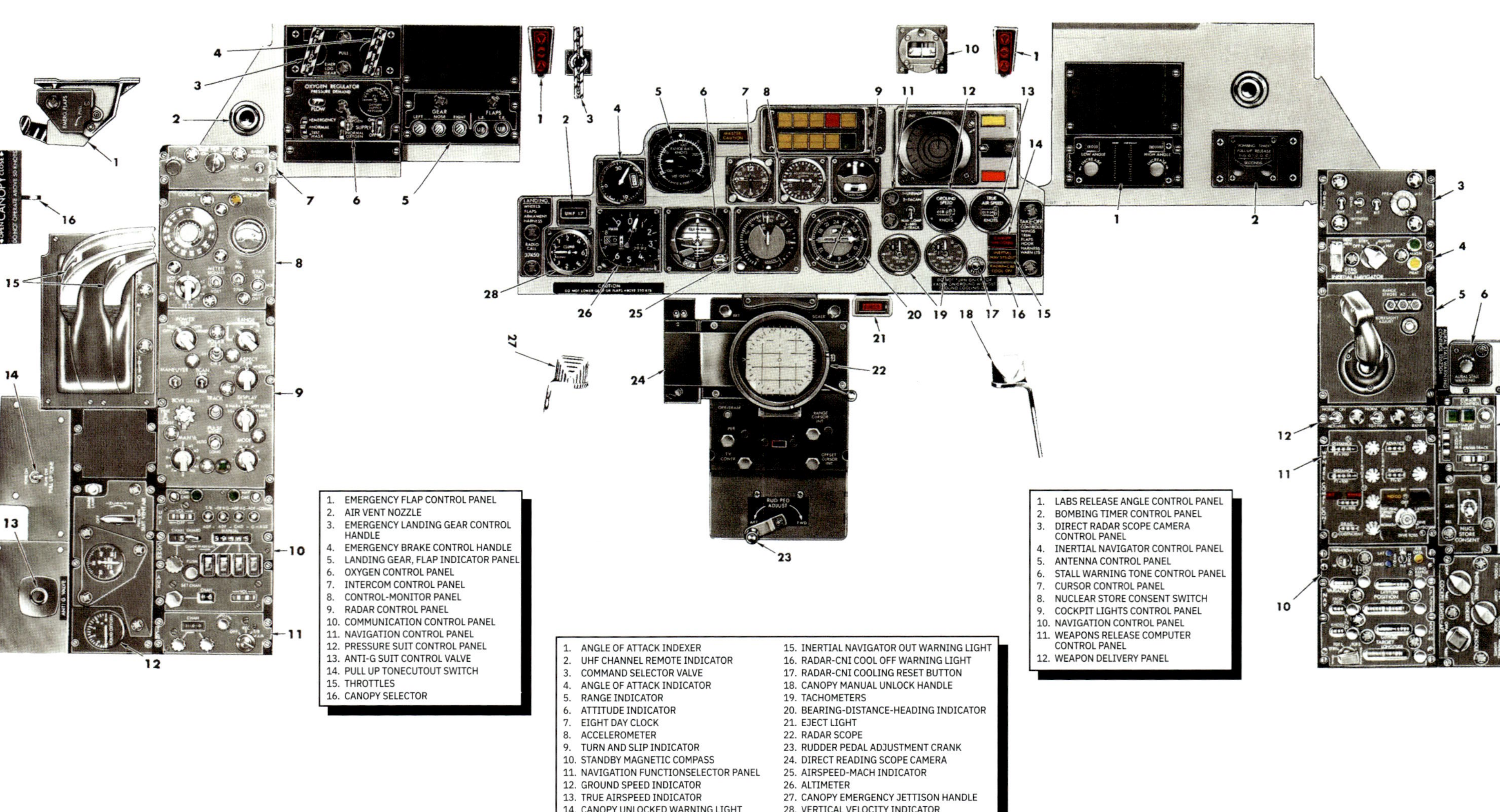

1. EMERGENCY FLAP CONTROL PANEL
2. AIR VENT NOZZLE
3. EMERGENCY LANDING GEAR CONTROL HANDLE
4. EMERGENCY BRAKE CONTROL HANDLE
5. LANDING GEAR, FLAP INDICATOR PANEL
6. OXYGEN CONTROL PANEL
7. INTERCOM CONTROL PANEL
8. CONTROL-MONITOR PANEL
9. RADAR CONTROL PANEL
10. COMMUNICATION CONTROL PANEL
11. NAVIGATION CONTROL PANEL
12. PRESSURE SUIT CONTROL PANEL
13. ANTI-G SUIT CONTROL VALVE
14. PULL UP TONECUTOUT SWITCH
15. THROTTLES
16. CANOPY SELECTOR

1. ANGLE OF ATTACK INDEXER
2. UHF CHANNEL REMOTE INDICATOR
3. COMMAND SELECTOR VALVE
4. ANGLE OF ATTACK INDICATOR
5. RANGE INDICATOR
6. ATTITUDE INDICATOR
7. EIGHT DAY CLOCK
8. ACCELEROMETER
9. TURN AND SLIP INDICATOR
10. STANDBY MAGNETIC COMPASS
11. NAVIGATION FUNCTIONSELECTOR PANEL
12. GROUND SPEED INDICATOR
13. TRUE AIRSPEED INDICATOR
14. CANOPY UNLOCKED WARNING LIGHT
15. INERTIAL NAVIGATOR OUT WARNING LIGHT
16. RADAR-CNI COOL OFF WARNING LIGHT
17. RADAR-CNI COOLING RESET BUTTON
18. CANOPY MANUAL UNLOCK HANDLE
19. TACHOMETERS
20. BEARING-DISTANCE-HEADING INDICATOR
21. EJECT LIGHT
22. RADAR SCOPE
23. RUDDER PEDAL ADJUSTMENT CRANK
24. DIRECT READING SCOPE CAMERA
25. AIRSPEED-MACH INDICATOR
26. ALTIMETER
27. CANOPY EMERGENCY JETTISON HANDLE
28. VERTICAL VELOCITY INDICATOR

1. LABS RELEASE ANGLE CONTROL PANEL
2. BOMBING TIMER CONTROL PANEL
3. DIRECT RADAR SCOPE CAMERA CONTROL PANEL
4. INERTIAL NAVIGATOR CONTROL PANEL
5. ANTENNA CONTROL PANEL
6. STALL WARNING TONE CONTROL PANEL
7. CURSOR CONTROL PANEL
8. NUCLEAR STORE CONSENT SWITCH
9. COCKPIT LIGHTS CONTROL PANEL
10. NAVIGATION CONTROL PANEL
11. WEAPONS RELEASE COMPUTER CONTROL PANEL
12. WEAPON DELIVERY PANEL

*출처 : USAF SERIES F-4C, F-4D, F-4E AIRCRAFT FLIGHT MANUAL

CONTROL STICKS

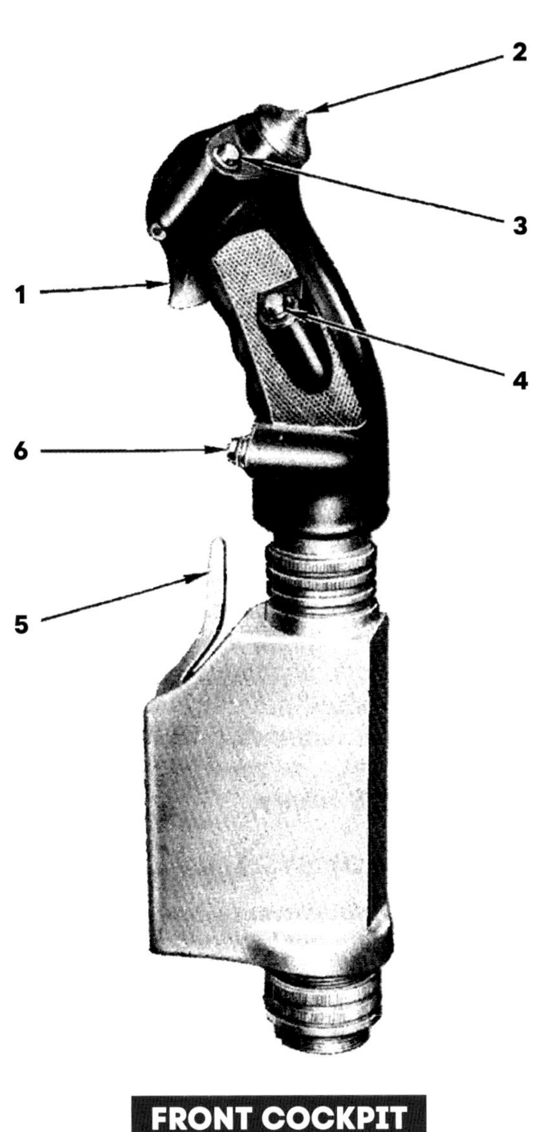

FRONT COCKPIT

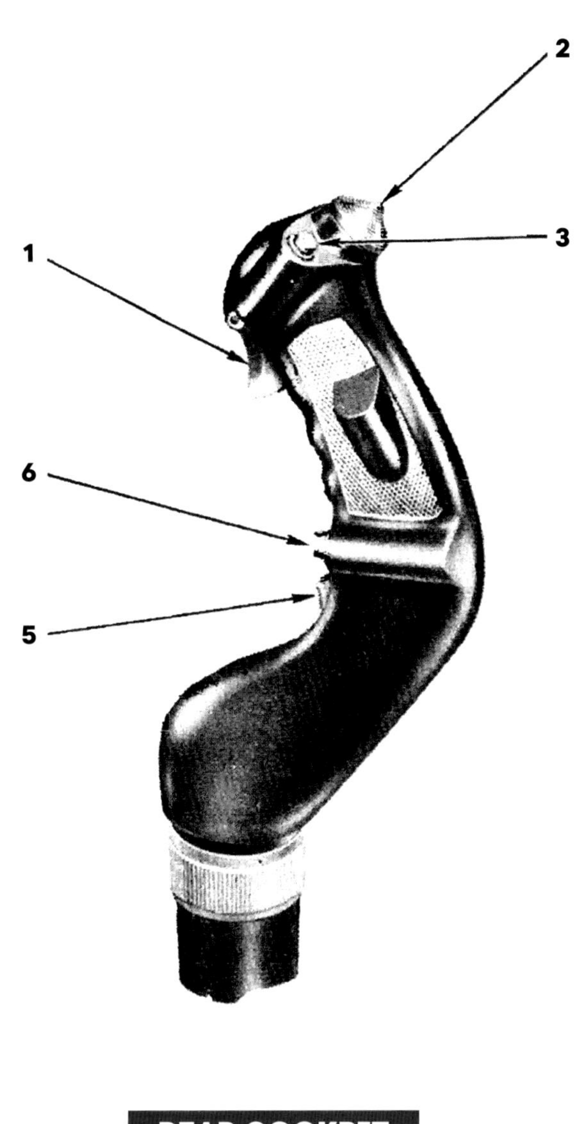

REAR COCKPIT

1. TRIGGER
2. TRIM SWITCH
3. BOMB RELEASE BUTTON
4. AIR REFUELING RELEASE BUTTON(AIM-4D COOLANT-Some Aircraft)
5. EMERGENCY QUICK RELEASE LEVER
6. NOSE GEAR STEERING/ HEADING HOLD RELEASE BUTTON

*출처 : USAF SERIES F-4C, F-4D, F-4E AIRCRAFT FLIGHT MANUAL

MK H7 EJECTION SEAT

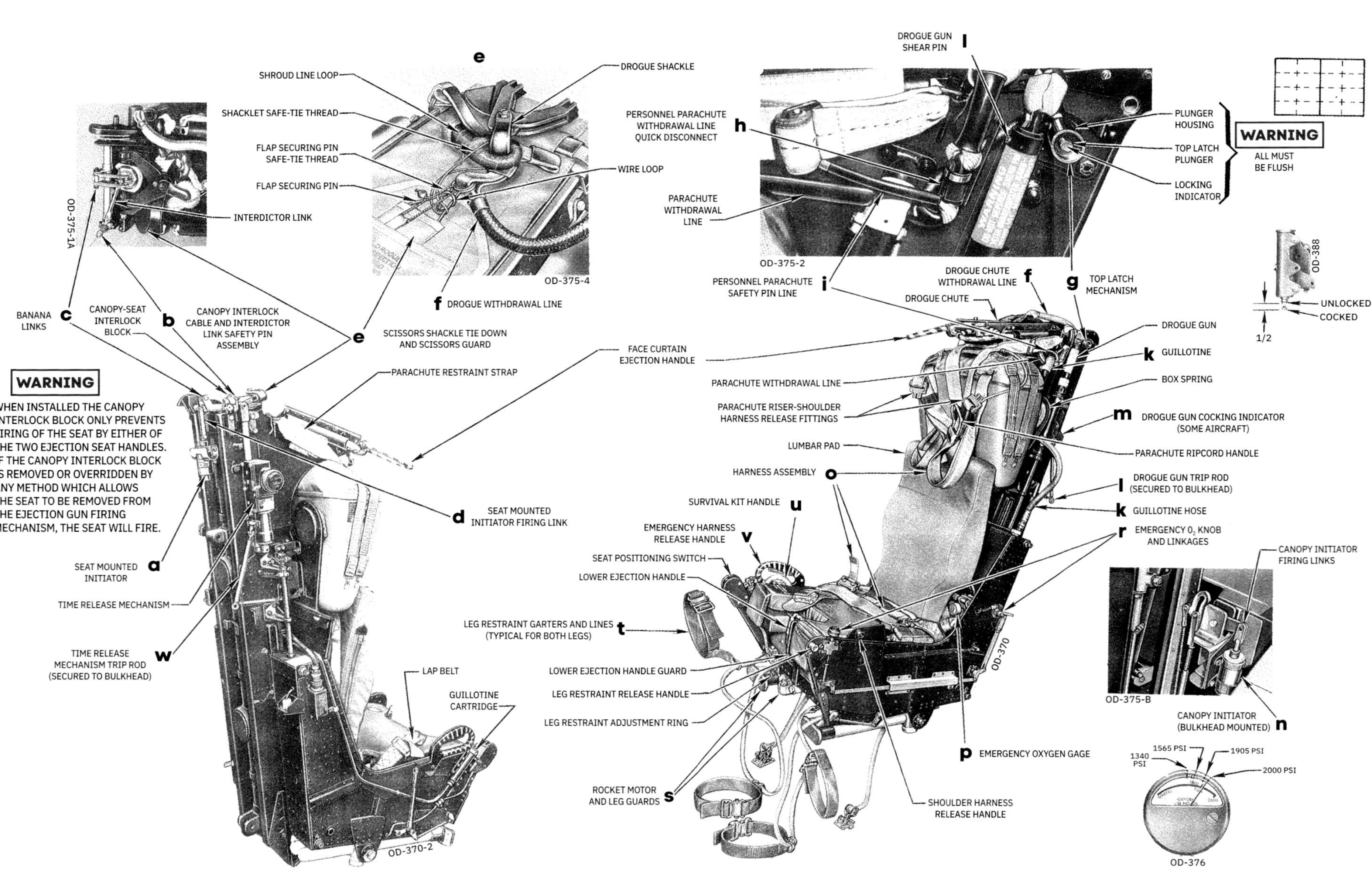

*출처 : USAF SERIES F-4E AIRCRAFT FLIGHT MANUAL

AFTER EJECTION SEQUENCE

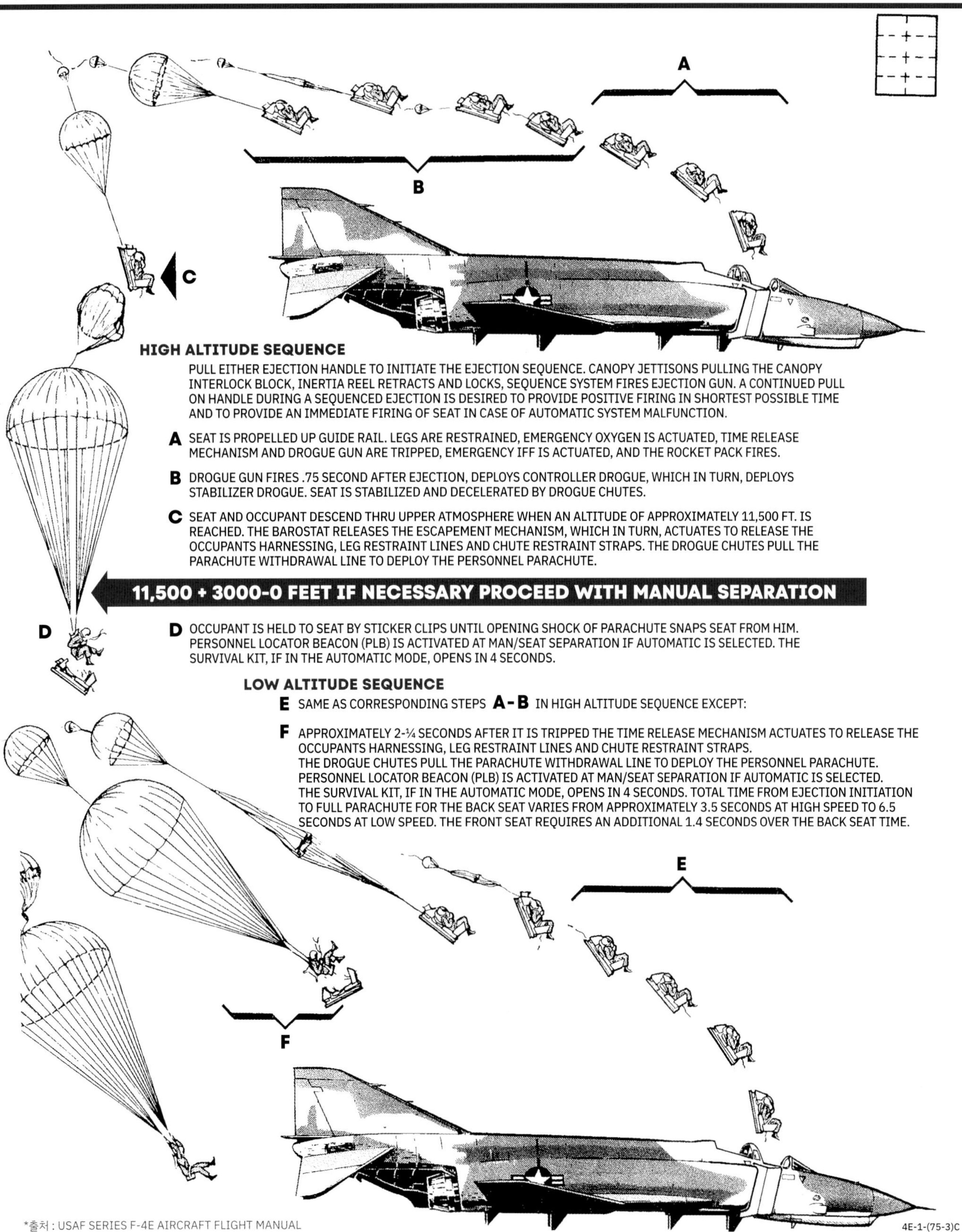

HIGH ALTITUDE SEQUENCE

PULL EITHER EJECTION HANDLE TO INITIATE THE EJECTION SEQUENCE. CANOPY JETTISONS PULLING THE CANOPY INTERLOCK BLOCK, INERTIA REEL RETRACTS AND LOCKS, SEQUENCE SYSTEM FIRES EJECTION GUN. A CONTINUED PULL ON HANDLE DURING A SEQUENCED EJECTION IS DESIRED TO PROVIDE POSITIVE FIRING IN SHORTEST POSSIBLE TIME AND TO PROVIDE AN IMMEDIATE FIRING OF SEAT IN CASE OF AUTOMATIC SYSTEM MALFUNCTION.

A SEAT IS PROPELLED UP GUIDE RAIL. LEGS ARE RESTRAINED, EMERGENCY OXYGEN IS ACTUATED, TIME RELEASE MECHANISM AND DROGUE GUN ARE TRIPPED, EMERGENCY IFF IS ACTUATED, AND THE ROCKET PACK FIRES.

B DROGUE GUN FIRES .75 SECOND AFTER EJECTION, DEPLOYS CONTROLLER DROGUE, WHICH IN TURN, DEPLOYS STABILIZER DROGUE. SEAT IS STABILIZED AND DECELERATED BY DROGUE CHUTES.

C SEAT AND OCCUPANT DESCEND THRU UPPER ATMOSPHERE WHEN AN ALTITUDE OF APPROXIMATELY 11,500 FT. IS REACHED. THE BAROSTAT RELEASES THE ESCAPEMENT MECHANISM, WHICH IN TURN, ACTUATES TO RELEASE THE OCCUPANTS HARNESSING, LEG RESTRAINT LINES AND CHUTE RESTRAINT STRAPS. THE DROGUE CHUTES PULL THE PARACHUTE WITHDRAWAL LINE TO DEPLOY THE PERSONNEL PARACHUTE.

11,500 + 3000-0 FEET IF NECESSARY PROCEED WITH MANUAL SEPARATION

D OCCUPANT IS HELD TO SEAT BY STICKER CLIPS UNTIL OPENING SHOCK OF PARACHUTE SNAPS SEAT FROM HIM. PERSONNEL LOCATOR BEACON (PLB) IS ACTIVATED AT MAN/SEAT SEPARATION IF AUTOMATIC IS SELECTED. THE SURVIVAL KIT, IF IN THE AUTOMATIC MODE, OPENS IN 4 SECONDS.

LOW ALTITUDE SEQUENCE

E SAME AS CORRESPONDING STEPS **A-B** IN HIGH ALTITUDE SEQUENCE EXCEPT:

F APPROXIMATELY 2-¼ SECONDS AFTER IT IS TRIPPED THE TIME RELEASE MECHANISM ACTUATES TO RELEASE THE OCCUPANTS HARNESSING, LEG RESTRAINT LINES AND CHUTE RESTRAINT STRAPS.
THE DROGUE CHUTES PULL THE PARACHUTE WITHDRAWAL LINE TO DEPLOY THE PERSONNEL PARACHUTE.
PERSONNEL LOCATOR BEACON (PLB) IS ACTIVATED AT MAN/SEAT SEPARATION IF AUTOMATIC IS SELECTED.
THE SURVIVAL KIT, IF IN THE AUTOMATIC MODE, OPENS IN 4 SECONDS. TOTAL TIME FROM EJECTION INITIATION TO FULL PARACHUTE FOR THE BACK SEAT VARIES FROM APPROXIMATELY 3.5 SECONDS AT HIGH SPEED TO 6.5 SECONDS AT LOW SPEED. THE FRONT SEAT REQUIRES AN ADDITIONAL 1.4 SECONDS OVER THE BACK SEAT TIME.

*출처 : USAF SERIES F-4E AIRCRAFT FLIGHT MANUAL

AIRPLANE LOADING F-4E

AIRPLANE OPERATING WEIGHT (Basic airplane plus weight of oil, and two crew members).......31,250 pounds (Block 38 aircraft)
AIRPLANE BASIC TAKEOFF WEIGHT (Airplanes operating weight plus full internal fuel load).......44,150 pounds (Block 38 aircraft)

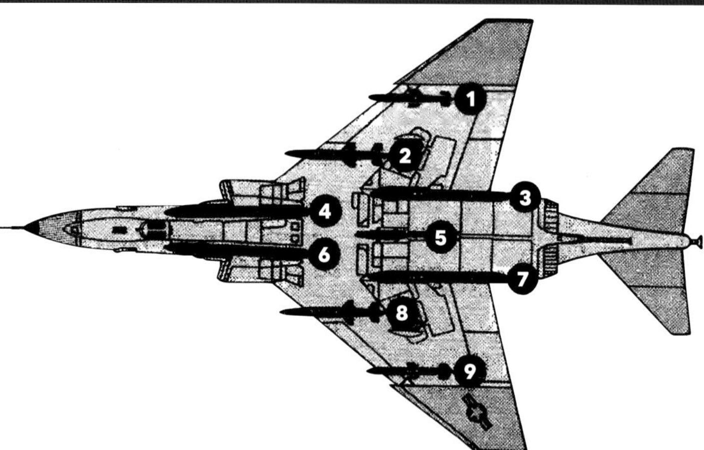

STORE	SUSPENSION EQUIPMENT	STATION 1	2	3	4	5	6	7	8	9	WEIGHT PER STATION	DRAG PER STATION
600-GAL EXT. TANK SUU-21/A DISPENSER, SPL WPN. RMU-8 A MK 84 LDGP BOMB, M118 GP BOMB	AERO 27A EJECTOR RACK					X					51	N/A
	BRU-5/A (MODIFIED AERO 27A EJECTOR RACK)										45	
370-GAL EXT. TANK (MAC)	WING TANK PYLON	X								X	92	See Sheet 2
ALL QRC-160 ECM PODS	OUTBOARD ARMAMENT PYLON									X	190	2.1
AIM-9 MISSILES	INBOARD ARMAMENT PYLON AND TWO LAU-7/A MISSILE LAUNCHERS		X						X		438	3.4
AGM-12B MISSILES	OUTBOARD ARMAMENT PYLON AND LAU-34/A MISSILE LAUNCHER	X								X	276	3.4
	INBOARD ARMAMENT PYLON AND LAU-34/A MISSILE LAUNCHER		X						X		350	4.0
AGM-12C AND -12E MISSILES, B57 SPECIAL WPN, MK 1 MOD 0 WPN SUU-21/A DISPENSER QRC 160-1 & -8 PODS	INBOARD ARMAMENT PYLON		X						X		264	2.6
AGM-45A MISSILES	OUTBOARD ARMAMENT PYLON AND LAU-34/A MISSILE LAUNCHER	X								X	276	3.4
	INBOARD PYLON AND LAU-34/A MISSILE LAUNCHER		X						X		350	4.0
SUU-16/A AND SUU-23/A GUN PODS	AERO 27A EJECTOR RACK. CENTERLINE MER ADAPTER AND SWAYBRACE ADAPTERS					X					122	3.9
	OUTBOARD ARMAMENT PYLON	X								X	190	2.1
CONVENTIONAL WEAPONS	OUTBOARD ARMAMENT PYLON AND OUTBOARD MER	X								X	405	10.1
	OUTBOARD ARMAMENT PYLON (SINGLE CARRIAGE)	X								X	190	2.1
	INBOARD ARMAMENT PYLON AND TER		X						X		359	6.8
	INBOARD ARMAMENT PYLON (SINGLE CARRIAGE)		X						X		264	2.6
	AERO 27A EJECTOR RACK AND CENTERLINE MER WITH ADAPTER					X					321	10.0
SPECIAL WEAPON or SUU-21/A DISPENSER	OUTBOARD ARMAMENT PYLON	X									190	2.1
MK 1 MOD 0 WPN A/B 45Y-2, &-4 SPRAY TANK TMU-28/A SPRAY TANK	OUTBOARD ARMAMENT PYLON	X								X	190	2.1
AIM-4D MISSILES	INBOARD ARMAMENT PYLON AND INBOARD LAUNCHER		X						X		356	3.2
	INBOARD ARMAMENT PYLON AND INBOARD AND LOWER LAUNCHERS		X						X		416	3.7
A/A 374-15 TOW TARGET	OUTBOARD ARMAMENT PYLON AND ADAPTER	X									333	N/E

*출처 : USAF SERIES F-4C, F-4D, F-4E AIRCRAFT FLIGHT MANUAL

MULTIPLE WEAPONS CONTROLS - F-4D

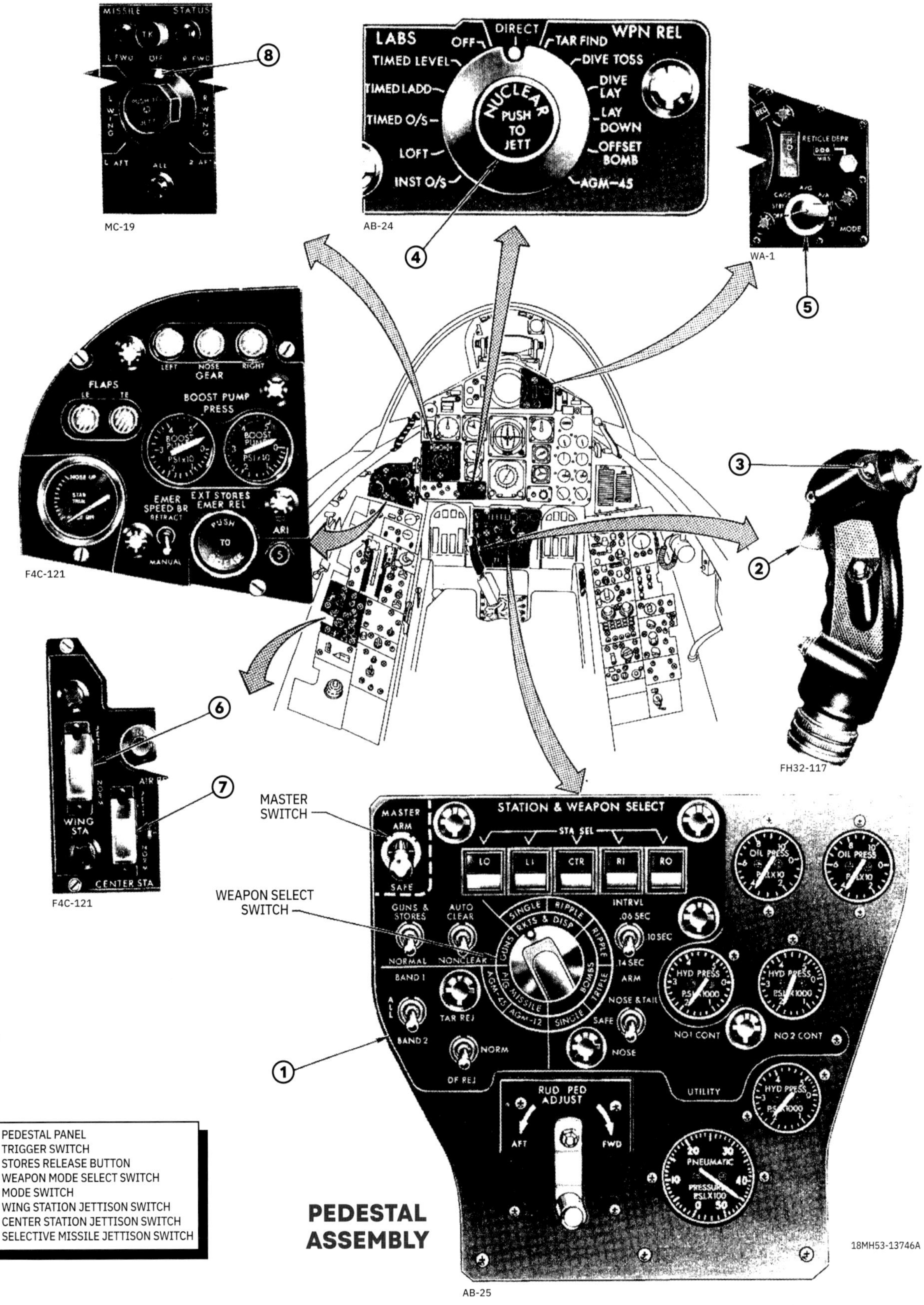

PEDESTAL ASSEMBLY

1. PEDESTAL PANEL
2. TRIGGER SWITCH
3. STORES RELEASE BUTTON
4. WEAPON MODE SELECT SWITCH
5. MODE SWITCH
6. WING STATION JETTISON SWITCH
7. CENTER STATION JETTISON SWITCH
8. SELECTIVE MISSILE JETTISON SWITCH

*출처 : F-4C, F-4D, F-4E Armament Systems

SERVICING DIAGRAM

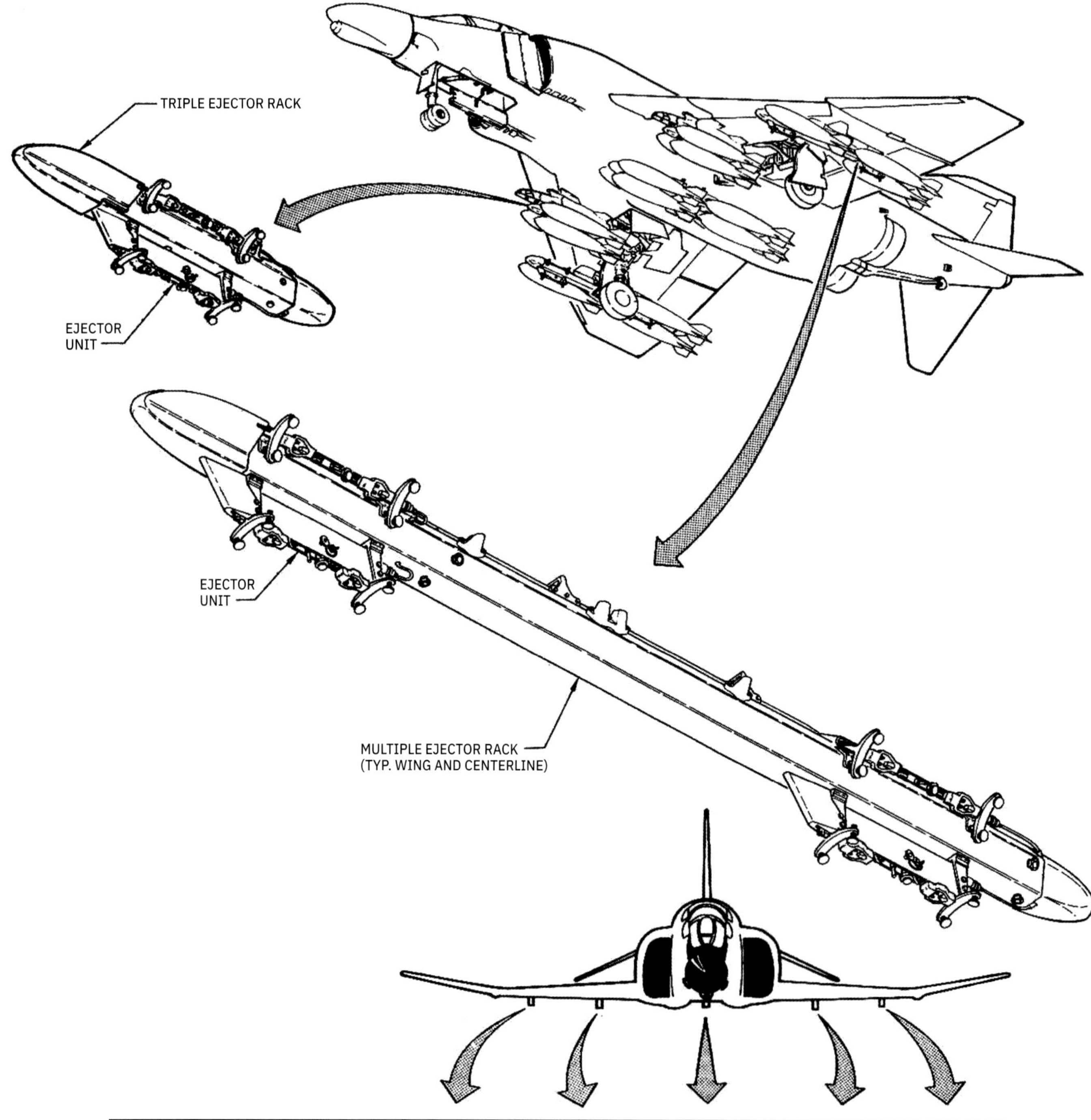

CONVENTIONAL WEAPONS	B.L. 132.50	B.L. 81.50	CENTERLINE	B.L. 81.50	B.L. 132.50
AERO-27A EJECTOR RACK			X		
INBOARD ARMAMENT PYLON		X		X	
OUTBOARD ARMAMENT PYLON	X				X
MULTIPLE WEAPONS ADAPTER ASSEMBLY			X		
MULTIPLE EJECTOR RACK (MER)	X		X		X
TRIPLE EJECTOR RACK (TER)		X		X	

*출처 : F-4C, F-4D, F-4E Armament Systems

NOSE GUN UNIT COMPONENTS F-4E

NOTICE

The F-4E armament system includes an electrically controlled, hydraulically powered forward firing gun system composed of the M61A1 20mm gun, ammunition drum, chuting, pallet assembly, feeder unit, unloading unit, mounts, drives, controls and associated components. The entire package weighs approximately 1,100 pounds when fully loaded, 672 pounds empty, is 84 inches long, 22 inches wide and 46 inches high. The palletized system is installed in the forward fuselage and is interchangeable. It must be removed from the aircraft for maintenance and reinstalled or replaced with another palletized system.
The capacity of the system is 645 rounds, of which 630 are fireable. The system has two rates of fire controllable from the forward cockpit; high(6,000 SPM) shots per minute and low(4,000 SPM). The system contains a controlled conveyor and drive helix and may be cycled at either high or low rate, loaded, unloaded or partially loaded. A single round may be cycled complerely through the gun system without damage, however, dummy rounds with steel cases must not be cycled at rate through the system. The system must not be manually cycled backward.

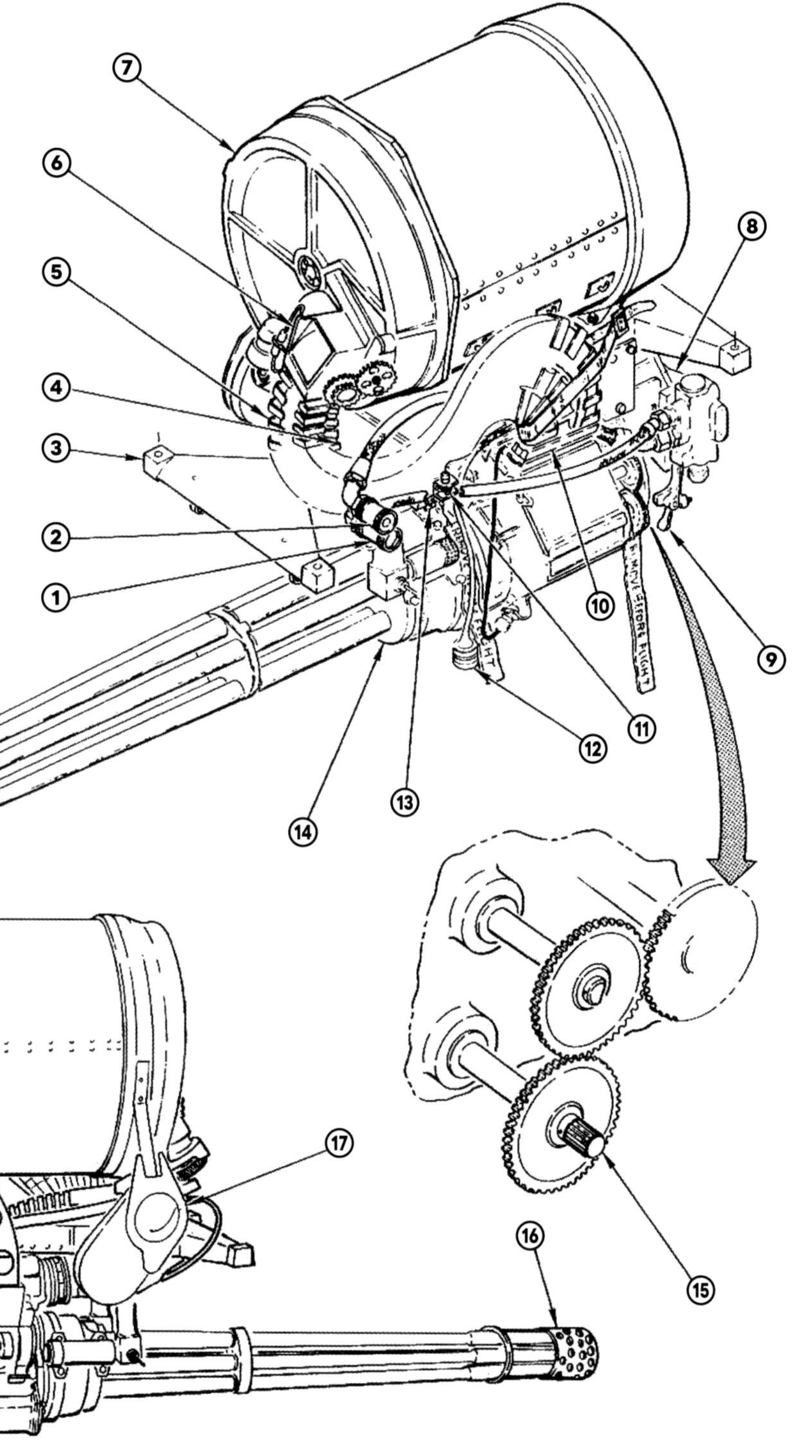

1. PRESSURE HYDRAULIC QUICK DISCONNECT
2. RETURN HYDRAULIC QUICK DISCONNECT
3. PALLET
4. FEED ELEMENT CHUTE
5. FEED CHUTE
6. EXIT UNIT
7. AMMUNITION DRUM
8. HYDRAULIC DRIVE
9. MANUAL CONTROL VALVE LEVER
10. FEED UNIT
11. SWITCH, 13586088 (G. E.)
12. ELECTRICAL CONNECTOR, 95J120
13. ROUNDS LIMITER AND TOTALIZER
14. M61A1 GUN
15. PNEUMATIC TOOL ADAPTER
16. DIFFUSER
17. GUN GAS PURGE CONNECTOR
18. LUBRICATOR
19. UNLOAD UNIT
20. GEAR BOX
21. UNLOAD ELEMENT CHUTE
22. RETURN CHUTE
23. ENTRANCE UNIT

*출처 : F-4C, F-4D, F-4E Armament Systems

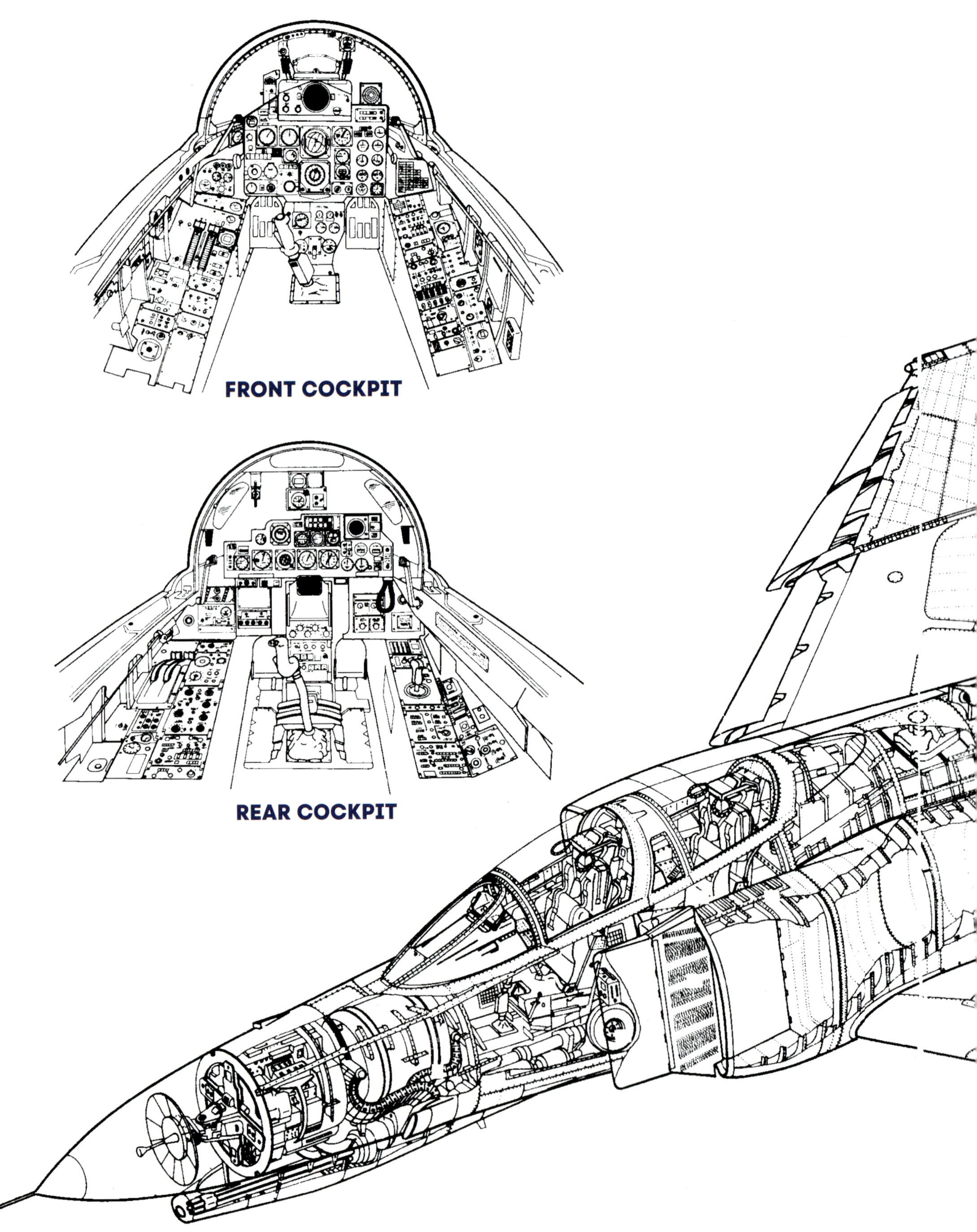
FRONT COCKPIT
REAR COCKPIT

F-4E PHANTOM II CUTAWAY

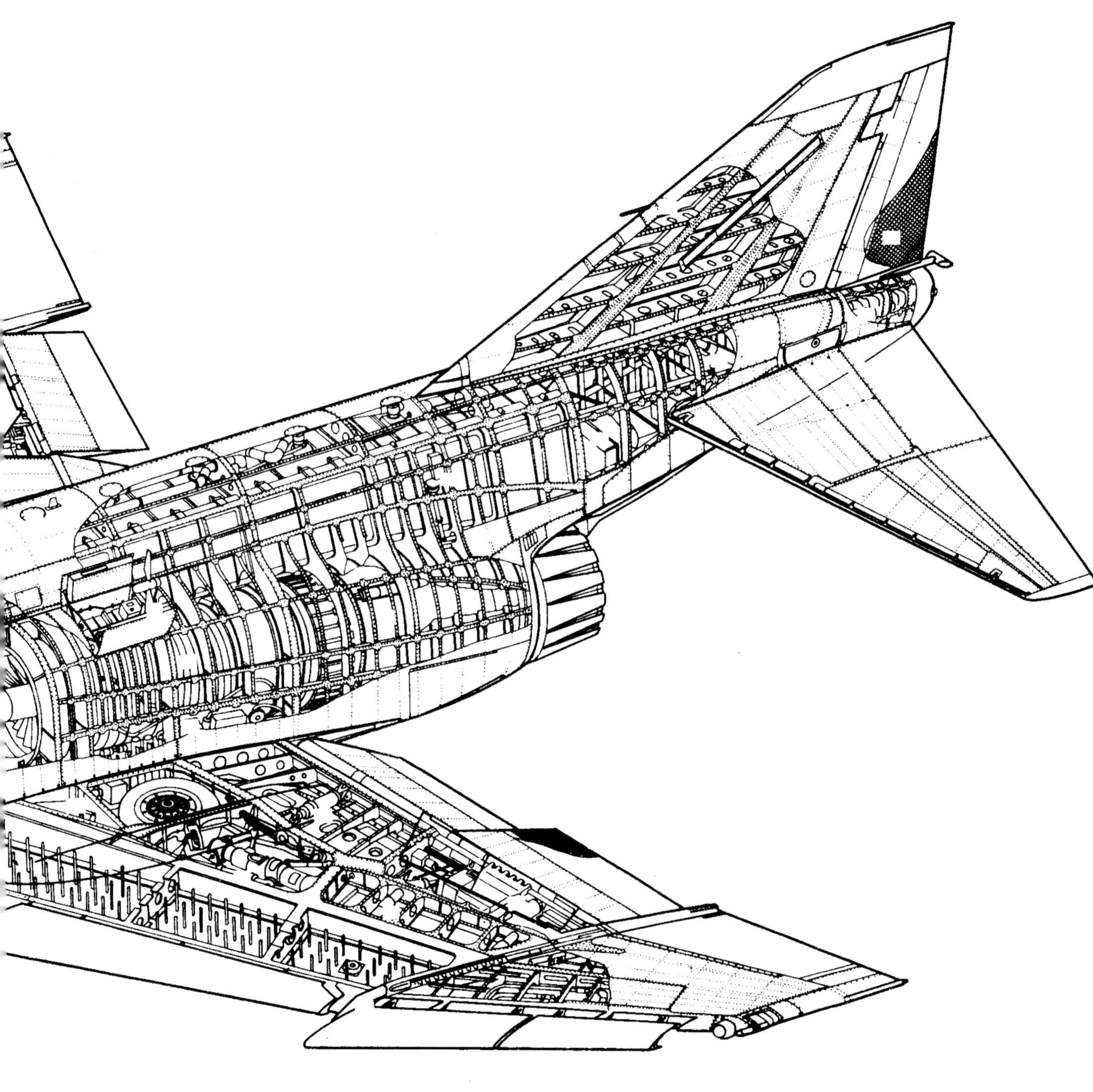

ROKAF F-4 PAINTING SCHEMES

F-4D 방위성금헌납기

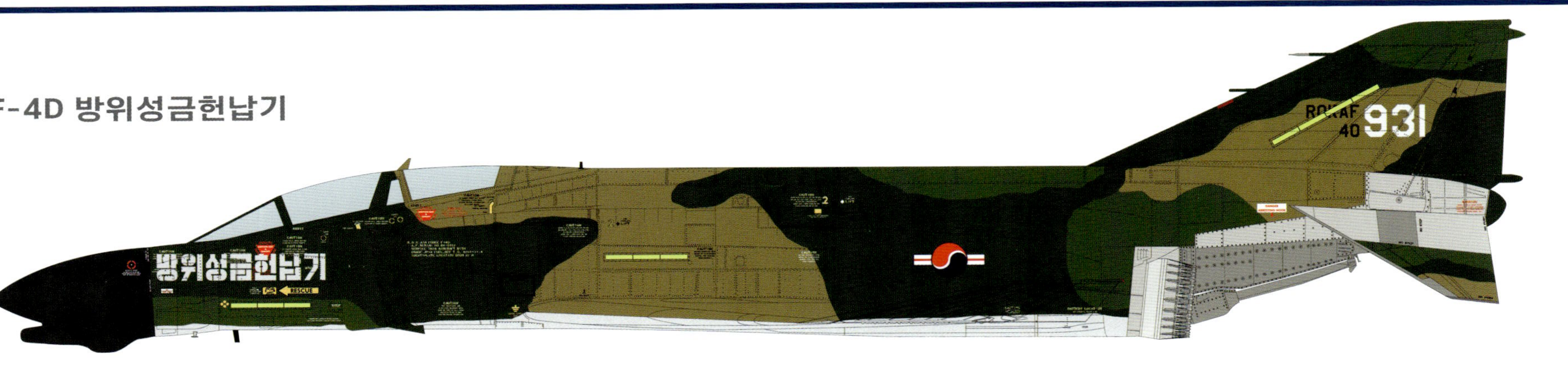

F-4D Egypt One 도장(2000년대~퇴역)
제151전투비행대대

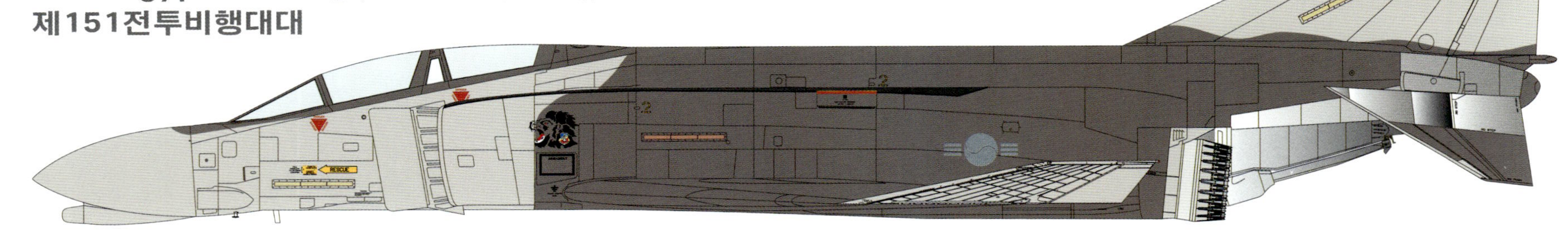

F-4E 제공미채 도장(1980년대~1990년대 초반)
제156전투비행대대

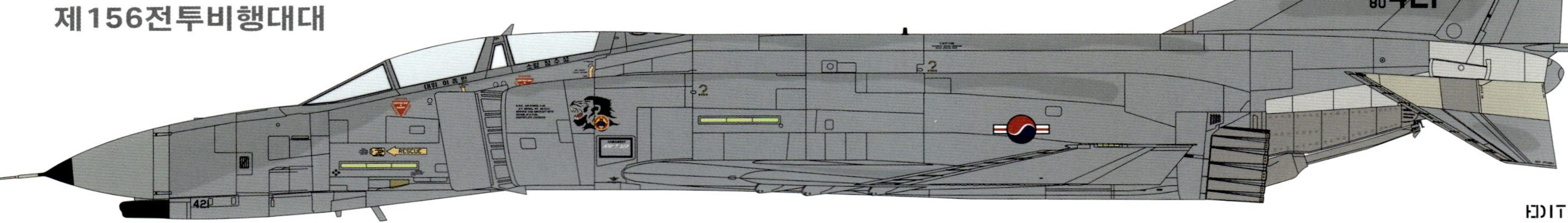

EDIT BY GIGAIA

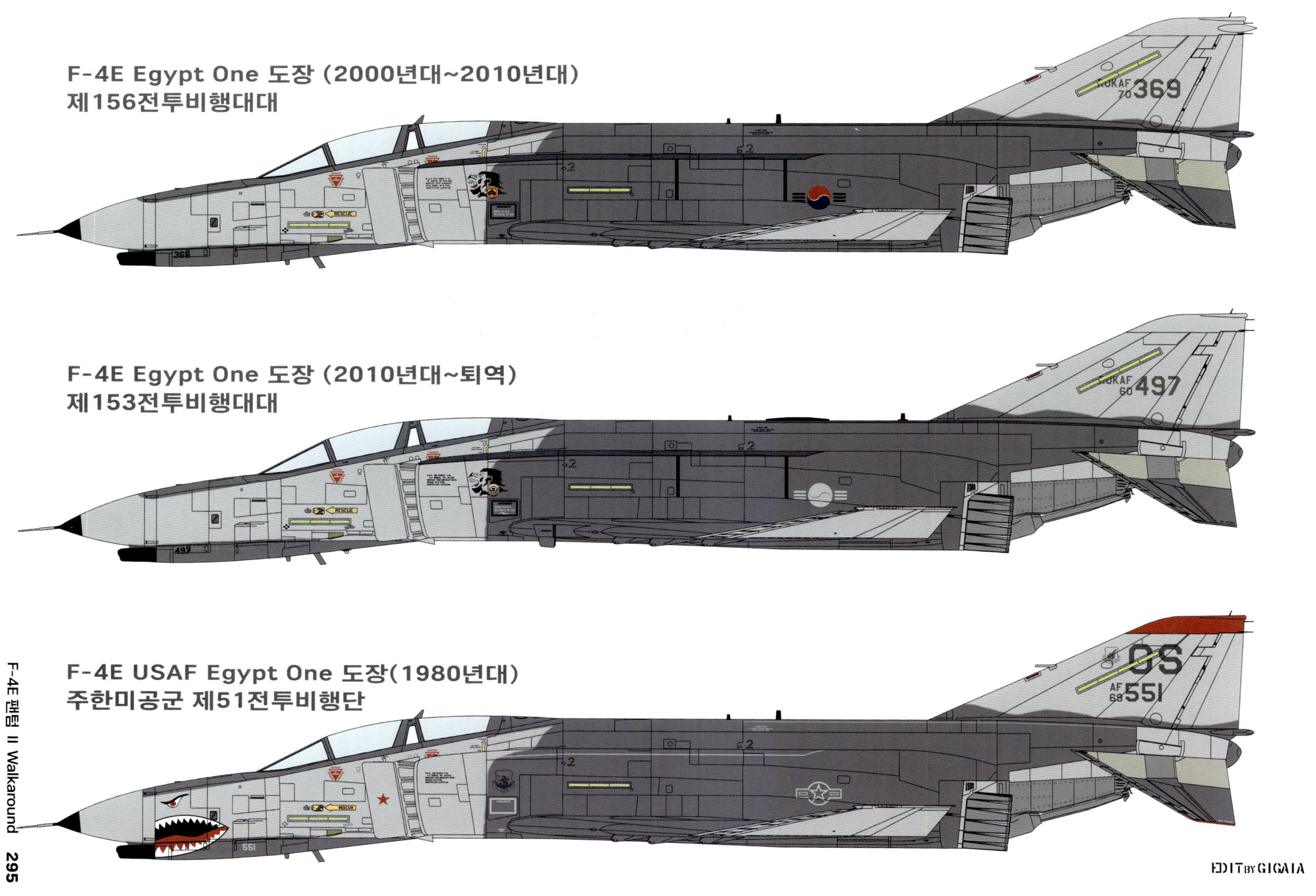

F-4E Egypt One 도장 (2000년대~2010년대)
제156전투비행대대

F-4E Egypt One 도장 (2010년대~퇴역)
제153전투비행대대

F-4E USAF Egypt One 도장(1980년대)
주한미공군 제51전투비행단

ROKAF F-4D PAINTING SCHEMES

F-4D 방위성금헌납기

EDIT BY GIGAIA

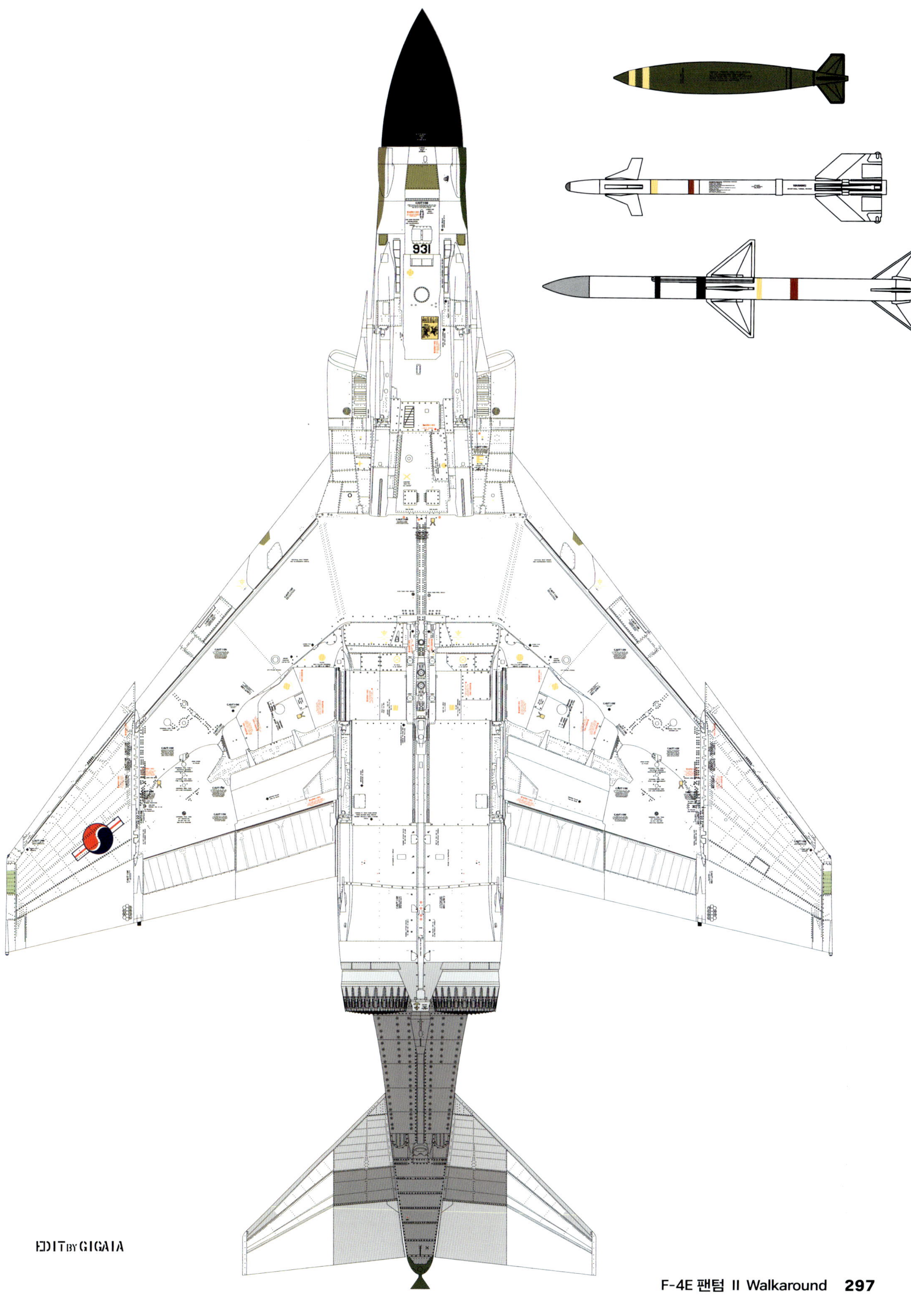

EDIT BY GIGAIA

ROKAF F-4E PAINTING SCHEMES

F-4E PP1 Egypt One 도장
(2010년대~퇴역)

60497

EDIT BY GIGAIA

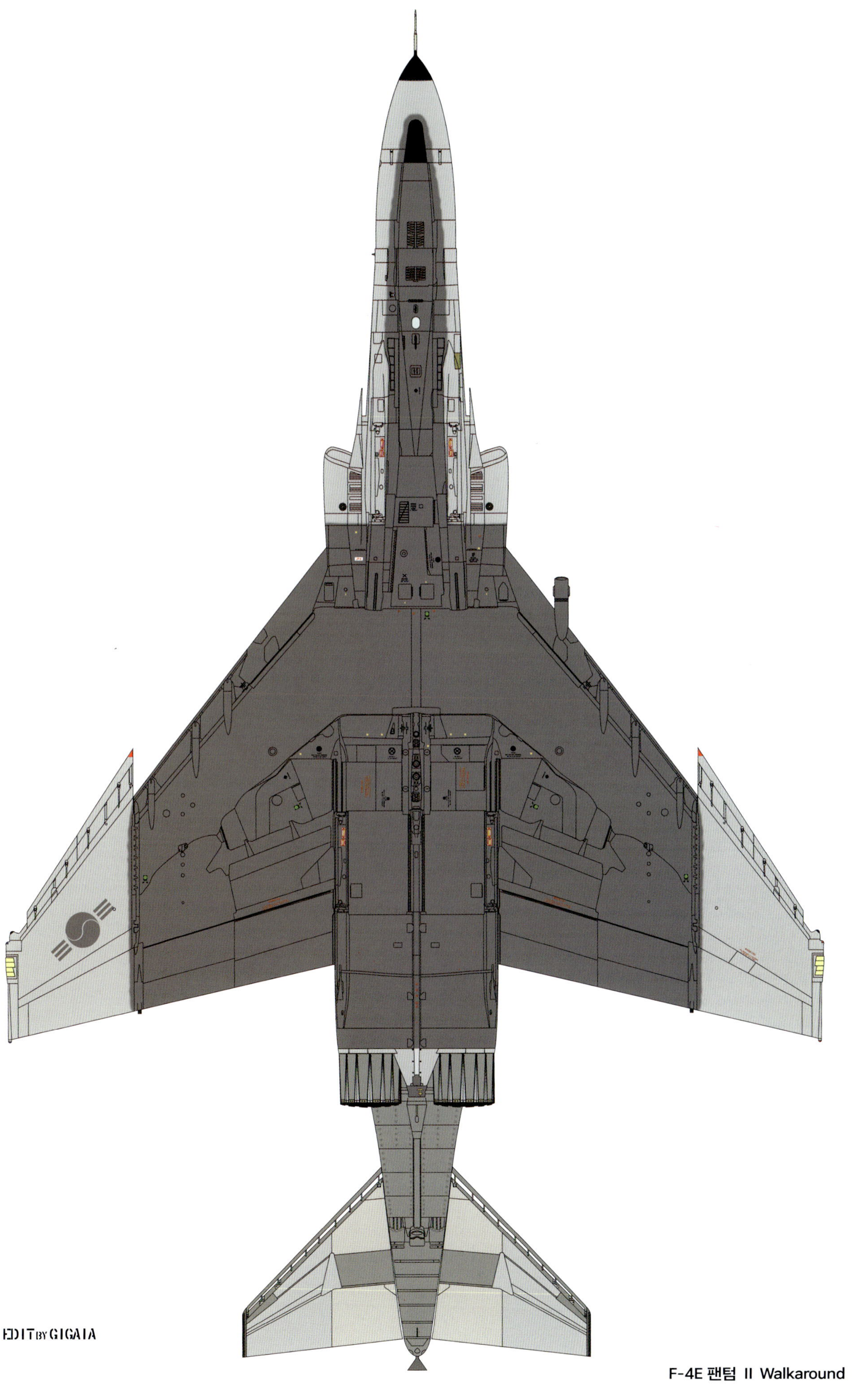

EDIT BY GIGAIA

F-4 운용기록

도입 항공기 리스트

역대 F-4 운용대대

F-4 탑건 및 최우수 조종사

F-4 순직조종사

F-4 퇴역 항공기 주소록

733
578

도입 항공기 리스트

F-4D	F-4D MIMEX	F-4E
제151/110전투비행대대	제155/159전투비행대대 (+151/110)	제152/153전투비행대대 (PP1/2)
36대	38대	37대
F-4D-24-MC 64-0931*	F-4D-27-MC 65-0663	F-4E-64-MC 76-0493
F-4D-24-MC 64-0933	F-4D-28-MC 65-0665	F-4E-64-MC 76-0494
F-4D-24-MC 64-0934	F-4D-28-MC 65-0679	F-4E-64-MC 76-0495
F-4D-24-MC 64-0935	F-4D-28-MC 65-0709	F-4E-64-MC 76-0496
F-4D-25-MC 64-0941	F-4D-28-MC 65-0755	F-4E-64-MC 76-0497
F-4D-25-MC 64-0943	F-4D-29-MC 65-0778	F-4E-64-MC 76-0498
F-4D-25-MC 64-0944	F-4D-29-MC 65-0786	F-4E-64-MC 76-0499
F-4D-25-MC 64-0946	F-4D-29-MC 65-0797	F-4E-64-MC 76-0500
F-4D-25-MC 64-0947	F-4D-29-MC 65-0798	F-4E-64-MC 76-0501
F-4D-25-MC 64-0948	F-4D-29-MC 65-0978	F-4E-64-MC 76-0502
F-4D-25-MC 64-0950	F-4D-29-MC 66-0239	F-4E-64-MC 76-0503
F-4D-25-MC 64-0951	F-4D-29-MC 66-0497	F-4E-64-MC 76-0504
F-4D-25-MC 64-0955	F-4D-30-MC 66-7577	F-4E-64-MC 76-0505
F-4D-25-MC 64-0957	F-4D-30-MC 66-7618	F-4E-64-MC 76-0506
F-4D-25-MC 64-0958	F-4D-31-MC 66-7673	F-4E-64-MC 76-0507
F-4D-25-MC 64-0961	F-4D-31-MC 66-7690	F-4E-64-MC 76-0508*
F-4D-25-MC 64-0962	F-4D-31-MC 66-7709	F-4E-64-MC 76-0509
F-4D-26-MC 64-0966	F-4D-31-MC 66-7715	F-4E-64-MC 76-0510
F-4D-26-MC 64-0978	F-4D-31-MC 66-7732	F-4E-64-MC 76-0511
F-4D-26-MC 65-0582	F-4D-31-MC 66-7737	F-4E-67-MC 78-0727
F-4D-26-MC 65-0589	F-4D-31-MC 66-7747	F-4E-64-MC 78-0728
F-4D-26-MC 65-0591	F-4D-31-MC 66-7750	F-4E-64-MC 78-0729
F-4D-26-MC 65-0592	F-4D-31-MC 66-7753	F-4E-64-MC 78-0730
F-4D-26-MC 65-0605	F-4D-31-MC 66-7758	F-4E-64-MC 78-0731
F-4D-26-MC 65-0610	F-4D-31-MC 66-7762	F-4E-64-MC 78-0732
F-4D-27-MC 65-0620	F-4D-32-MC 66-8701	F-4E-64-MC 78-0733
F-4D-27-MC 65-0622	F-4D-32-MC 66-8734	F-4E-64-MC 78-0734
F-4D-27-MC 65-0623	F-4D-32-MC 66-8737	F-4E-64-MC 78-0735*
F-4D-27-MC 65-0630	F-4D-32-MC 66-8740	F-4E-64-MC 78-0736
F-4D-27-MC 65-0640	F-4D-32-MC 66-8748	F-4E-64-MC 78-0737
F-4D-27-MC 65-0650	F-4D-32-MC 66-8756	F-4E-64-MC 78-0738*
F-4D-28-MC 65-0678	F-4D-32-MC 66-8758	F-4E-64-MC 78-0739*
F-4D-28-MC 65-0691	F-4D-32-MC 66-8759	F-4E-64-MC 78-0740
F-4D-28-MC 65-0715	F-4D-32-MC 66-8765	F-4E-64-MC 78-0741
F-4D-28-MC 65-0732*	F-4D-33-MC 66-8797	F-4E-64-MC 78-0742
F-4D-28-MC 65-0762	F-4D-33-MC 66-8798	F-4E-64-MC 78-0743*
	F-4D-33-MC 66-8806	F-4E-64-MC 78-0744*
	F-4D-33-MC 66-8810	

※ Aircraft Model-Block Number-MC Serial Number

F-4E MIMEX

제156/157전투비행대대 (+152/153)

58대

F-4E-33-MC 66-0382	F-4E-40-MC 68-0494
F-4E-34-MC 67-0224	F-4E-41-MC 68-0513
F-4E-34-MC 67-0228	F-4E-41-MC 68-0514
F-4E-35-MC 67-0283	F-4E-41-MC 68-0526
F-4E-36-MC 67-0347	F-4E-41-MC 68-0527
F-4E-36-MC 67-0351	F-4E-41-MC 68-0530
F-4E-36-MC 67-0369	F-4E-41-MC 68-0533
F-4E-37-MC 68-0309	F-4E-41-MC 68-0534
F-4E-37-MC 68-0310	
F-4E-37-MC 68-0312	
F-4E-37-MC 68-0322	
F-4E-37-MC 68-0323	
F-4E-37-MC 68-0325	
F-4E-37-MC 68-0326	
F-4E-37-MC 68-0329	
F-4E-37-MC 68-0330	
F-4E-37-MC 68-0339	
F-4E-37-MC 68-0341	
F-4E-37-MC 68-0344	
F-4E-37-MC 68-0349	
F-4E-37-MC 68-0353	
F-4E-37-MC 68-0355	
F-4E-37-MC 68-0358	
F-4E-37-MC 68-0365	
F-4E-38-MC 68-0370	
F-4E-38-MC 68-0376	
F-4E-38-MC 68-0377	
F-4E-38-MC 68-0378	
F-4E-38-MC 68-0384	
F-4E-38-MC 68-0386	
F-4E-38-MC 68-0387	
F-4E-38-MC 68-0390	
F-4E-38-MC 68-0392	
F-4E-38-MC 68-0401	
F-4E-38-MC 68-0404	
F-4E-38-MC 68-0406	
F-4E-38-MC 68-0407	
F-4E-39-MC 68-0413	
F-4E-39-MC 68-0420	
F-4E-39-MC 68-0421	
F-4E-39-MC 68-0431	
F-4E-39-MC 68-0439	
F-4E-39-MC 68-0441	
F-4E-40-MC 68-0453	
F-4E-40-MC 68-0458	
F-4E-40-MC 68-0459	
F-4E-40-MC 68-0466	
F-4E-40-MC 68-0468	
F-4E-40-MC 68-0483	
F-4E-40-MC 68-0493	

RF-4C

제131전술정찰비행대대

18대

RF-4C-20-MC 64-1001
RF-4C-20-MC 64-1009
RF-4C-21-MC 64-1026
RF-4C-24-MC 65-0836
RF-4C-28-MC 65-0940
RF-4C-30-MC 66-0414
RF-4C-31-MC 66-0429
RF-4C-31-MC 66-0438
RF-4C-31-MC 66-0440
RF-4C-32-MC 66-0465
RF-4C-32-MC 66-0472
RF-4C-33-MC 67-0432
RF-4C-33-MC 67-0435
RF-4C-35-MC 67-0457*
RF-4C-35-MC 67-0461
RF-4C-37-MC 68-0549
RF-4C-39-MC 68-0579
RF-4C-42-MC 69-0366

※ Aircraft Model-Block Number-MC Serial Number

합계 187대

붉은색: 사망사고 소실(19대)　파란색: 사고 소실(14대)　총: 33대

64-0931* : 방위성금헌납기 필승편대장기

65-0732* : F-4 퇴역식 방위성금헌납기 도색기(지상전시)

76-0508* : F-4 퇴역식 제공미채 도색기(지상전시)

78-0735* : F-4 퇴역식 제공미채 도색기

78-0738* : F-4 퇴역식 현역도장 및 작별문구 도색기

78-0739* : F-4 퇴역식 베트남 위장 도색기

78-0743* : F-4 퇴역식 현역도장 및 작별문구 도색기 - 한국 공군 최후의 현역 F-4

78-0744* : 한국 공군 최후 도입 F-4 및 미본토 최후 생산기(5,057번째)

67-0457* : F-4 퇴역식 특별 도색기(지상전시)

F-4 제원

구분	F-4D	F-4E	RF-4C
Length	57 ft. 7 in.	63 ft. 0 in.	62 ft. 10 in.
Wing Span	38 ft. 5 in.	38 ft. 7 in.	38 ft. 5 in.
Wing Area	530 sq.ft.	530 sq.ft.	530 sq.ft.
Height	16 ft. 6 in.	16 ft. 5.5 in.	16 ft. 6 in.
Empty Weight	28,873 lbs.	30,328 lbs.	28,546 lbs.
Max. Weight	59,483 lbs.	61,795 lbs.	58,000 lbs.
Max. Ordnance Load	16,000 lbs.	18,650 lbs.	N/A
Internal Fuel	13,539 lbs.	13,353 lbs.	13,539 lbs.
Engine	J79-GE-15	J79-GE-17	J79-GE-15
Power (A/B)	17,000 lbf.	17,845 lbf.	17,000 lbf.
Max. Speed	1,459 mph.	1,473 mph.	1,384 mph.
Service Ceiling	59,400 ft.	60,000 ft.	55,200 ft.
Max. Range	1,528 nm.	1,976 nm.	1,632 nm.

자료: 국내외 항공서적/온라인/저자 리서치 정보

역대 F-4 운용대대

공군

제151전투비행대대

- 운용 기종 : F-4D
- 대한민국 공군 최초의 F-4 비행대대
- 1969. 7. 10 : 대구기지 작전사령부 예속 창설
- 1970. 3. 10 : 제151전투비행전대로 승격
- 1971. 10. 2 : 제11전투비행단으로 예속 변경
- 2010. 6. 16 : F-4D 항공기의 퇴역식, 제11전투비행단 151대대 해편식
- 2018 : 기종전환(F-35A) 및 재창설(제17전투비행단)

제110전투비행대대

- 운용 기종 : F-4D
- 1966. 5. 1 : F-5 운용부대로 제110전투비행대대 창설(수원기지)
- 1972. 4. 1 : 제11전투비행단으로 예속 변경
- 1972. 11. 10 : F-4D 전폭기로 기종 전환
- 2007. 11. 30 : F-4D 항공기 도태에 따라 해체
- 2018 : 기종전환(F-15K) 및 재창설(제11전투비행단)

제152전투비행대대

- 운용 기종 : F-4E
- 1977. 9. 20 : 제11전투비행단 제152전투비행대대 창설
- 1979. 11. 6 : 제17전투비행단으로 예속 변경
- 2017. 8. 25 : F-4E 항공기 도태에 따른 해체
- 2018 : 기종전환(F-35A) 및 재창설(제17전투비행단)

제153전투비행대대

- 운용 기종 : F-4E
- 대한민국 공군 최후의 F-4 비행대대
- 1979. 3. 10 : 제11전투비행단 제153전투비행대대 창설
- 1980. 4. 3 : 제151전투비행전대로 승격
- 2017. 9. 25 : 전투기 이동에 따라 10전비로 전력 이동
- 2024. 8. 30 : 비행대대 해체(F-4E 퇴역)

제155전투비행대대

- 운용 기종 : F-4D
- 1987. 12. 1 : 제17전투비행단 제155전투비행대대 창설
- 1991. 9. 17 : 제19전투비행단으로 예속 변경
- 1993. 8. 5 : 제155전투비행대대 해편
- 1993 : 기종전환 (KF-16) 및 재창설(제19전투비행단)

제159전투비행대대

- 운용 기종 : F-4D(MIMEX)
- 1988. 6. 1 : 대구기지 창설(151대대 제2비행대대)
- 1997. 8. 19 : 비행대대 해체 및 기종 전환(KF-16)
- 1997년 기종전환(KF-16) 및 재창설(제19전투비행단)

제156전투비행대대

- 운용 기종 : F-4E(MIMEX)
- 1988. 11. 1 : 제17전투비행단 제156전투비행대대 창설
- 1991. 9. 5 : 제10전투비행단으로 이동 및 예속 변경
- 2001. 4. 1 : 제10전투비행단에서 제17전투비행단으로 예속 변경
- 2012. 12. 7 : F-4E 항공기 도태에 따른 해체

제157전투비행대대

- 운용 기종 : F-4E(MIMEX)
- 1990. 12. 1 : F-4E 운용부대로 제17전투비행단 제157전투비행대대 창설
- 1992. 2. 1 : 제20전투비행단으로 예속 변경 및 기종 전환(F-4E→KF-16)

제131전술정찰비행대대

- 운용 기종 : RF-4C
- 1989. 11. 1 : 제39전술정찰비행전대 예하 창설(수원기지)
- 1989. 12 .18 : 미공군 RF-4C MIMEX 항공기 도입
  세계 최후의 RF-4C 정찰기 운용
- 2014. 2. 28 : RF-4C 퇴역 및 비행대대 해체

자료: 국내외 항공서적/온라인/저자 리서치 정보

F-4 탑건 및 최우수 조종사

TOP GUN

연도	성명	계급	기수	비고
제11회(1970)	전재우	소령	조종 9기	F-4D
	강원순	대위	공사 14기	F-4D후
제17회(1976)	이강섭	소령	공사 15기	F-4D
	김채용	대위	공사 18기	F-4D후
제18회(1977)	강원순	소령	공사 14기	F-4D
	유선종	대위	공사 20기	F-4D후
	이승배	중령	공사 13기	F-4D후/후반기야간사격
	손영철	소령	공사 15기	F-4D후/후반기야간사격
제21회(1980)	이화민	소령	공사 21기	F-4D
	이종철	중위	2사 3기	F-4D후
제22회(1981)	박동민	소령	조종 22기	F-4E
제25회(1984)	정구	소령	공사 25기	F-4E
	이승호	대위	공사 29기	F-4E후
제34회(1993)	윤삼구	소령	공사 33기	F-4E
제36회(1995)	장영익	소령	공사 31기	F-4E
제39회(1998)	성재용	대위	공사 41기	F-4E

공군

최우수 조종사

연도	성명	계급	기수	비고
제2대(1980)	서구범	대위	공사 23기	F-4D
제4대(1982)	김영조	소령	공사 24기	F-4D
제5대(1983)	박희영	소령	공사 21기	F-4D
제10대(1988)	조성환	소령	공사 26기	F-4E
제12대(1990)	은진기	중령	공사 26기	F-4E
제15대(1993)	윤삼구	소령	공사 33기	F-4E
제18대(1996)	김성국	소령	공사 35기	F-4E
제26대(2004)	이경주	소령	공사 39기	F-4E
제27대(2005)	권오석	소령	공사 39기	F-4E

자료: 공군

F-4 순직조종사

번호	성명	계급	항공기	순직일자
1	안의남	소령	F-4D #64-0933	1971-09-06
2	홍승남	중령	F-4D #64-0955	1973-07-20
3	이권주	중령	F-4E #76-0502	1978-05-31
4	채훈세	중령	F-4E #76-0502	1978-05-31
5	최영선	중령	F-4E #78-0731	1979-09-05
6	이상구	중령	F-4D #65-0630	1980-06-12
7	김순열	대위	F-4D #65-0630	1980-06-12
8	김광식	대령	F-4D #64-0978	1983-09-06
9	정영태	소령	F-4D #64-0978	1983-09-06
10	권오영	소령	F-4D #64-0941	1983-09-06
11	백기인	대위	F-4D #64-0941	1983-09-06
12	박명렬	소령	F-4E #78-0741	1984-03-14
13	김윤태	대위	F-4E #78-0741	1984-03-14
14	김병윤	중령	F-4E #78-0744	1985-10-25
15	이병홍	소령	F-4E #78-0744	1985-10-25
16	이문기	소령	F-4D #64-0966	1985-10-29
17	김제홍	대위	F-4D #64-0966	1985-10-29

번호	성명	계급	항공기	순직일자
18	지석주	소령	F-4D #65-0678	1987-08-13
19	한범희	대위	F-4D #65-0678	1987-08-13
20	김익기	소령	F-4D #64-0934	1989-02-02
21	박성배	대위	F-4D #64-0934	1989-02-02
22	문양근	중령	F-4D #65-0679	1990-04-17
23	박영하	중위	F-4D #65-0679	1990-04-17
24	김범동	대위	F-4D #65-0610	1992-12-09
25	원유균	소령	F-4E #76-0494	1994-05-20
26	박충훈	대위	F-4E #76-0494	1994-05-20
27	이동준	소령	F-4E #76-0495	1994-06-10
28	김주일	소령	F-4E #76-0495	1994-06-10
29	최용두	소령	F-4E #68-0370	2001-10-05
30	안성만	소령	F-4E #68-0370	2001-10-05
31	이해남	중령	F-4E #68-0413	2005-07-13
32	김동철	중령	F-4E #68-0413	2005-07-13
33	김동춘	소령	RF-4C #65-0940	2010-11-12
34	김균세	소령	RF-4C #65-0940	2010-11-12

자료: 공군

F-4 퇴역 항공기 주소록

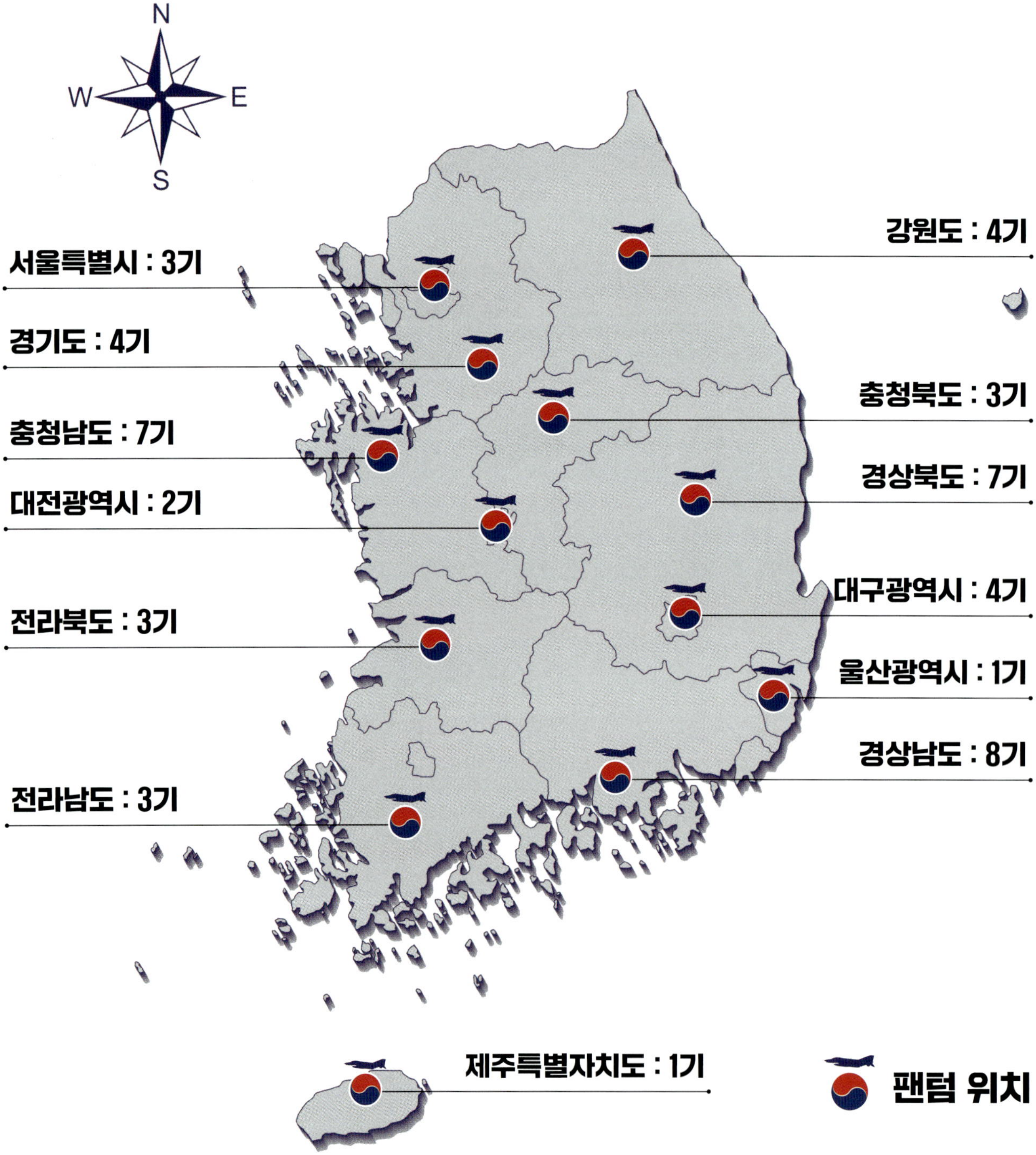

N
W
E
S
서울특별시 : 3기
경기도 : 4기
충청남도 : 7기
대전광역시 : 2기
전라북도 : 3기
전라남도 : 3기
강원도 : 4기
충청북도 : 3기
경상북도 : 7기
대구광역시 : 4기
울산광역시 : 1기
경상남도 : 8기
제주특별자치도 : 1기
팬텀 위치

- **서울특별시(3곳)**
  - 보라매공원(동작구 여의대방로20길 33)
  - 전쟁기념관(용산구 이태원로 29)
  - 서울호서직업전문학교 내(강서구 강서로 420)
- **경기도(4곳)**
  - 여주대학교(여주시 세종로 338)
  - 여주휴게소 강릉방향(여주시 가남읍 여주남로 722)
  - 임진각(파주시 문산읍 마정리)
  - 매향리 평화생태공원(화성시 고온리안길 24-11)
- **강원도(4곳)**
  - 피니쉬타워(화천군 춘화로 3331-50)
  - 두타연조각공원(양구군 방산면 두타연로 297)
  - 한국항공고등학교(태백시 평화길 8-24)
  - 통일안보공원(고성군 현내면 금강산로 481)
- **경상북도(7곳)**
  - 경운대학교(구미시 강동로 730)
  - 구미대학교(구미시 야은로 37)
  - 동락공원(구미시 3공단1로 191)
  - 영덕풍력발전단지 항공기전시장(영덕군 영덕읍 해맞이길 247)
  - 최무선 과학관(영천시 금호읍 창산길 100-29)
  - 몰개월비행기공원(포항시 남구 청림동 21-10)
  - 모전공원(문경시 모전동 산30-2)
- **경상남도(8곳)**
  - 한국항공우주박물관(사천시 사남면 공단1로 78)
  - 사천휴게소 순천방향(사천시 곤양면 묵실길 31-11)
  - 동원과학기술대학교(양산시 명곡로 321)
  - 한화에어로스페이스(창원시 성산구 창원대로 1204)
  - 창원문성대학교(창원시 성산구 충혼로 91)
  - 거창죽전도시숲공원(거창군 거창읍 교촌길 100-30)
  - 충혼탑(밀양시 밀양대공원로 116)
  - 합천영상테마파크(합천군 용주면 합천호수로 757)
- **대구광역시(4곳)**
  - 군위군청(군위군 군청로 200)
  - 대구공업대학교(달서구 송현로 205)
  - 유치곤장군호국기념관(달성군 유가읍 휴양림길 375)
  - 영진전문대학교(북구 복현로 35)
- **울산광역시(1곳)**
  - 울산대공원무기전시장(남구 대공원로 94)
- **충청북도(3곳)**
  - 청주대학교(청주시 청원구 내덕동 48)
  - 극동대학교(음성군 감곡면 대학길 76-32)
  - 중원대학교(괴산군 문무로 85)
- **충청남도(7곳)**
  - 연화교차로(계룡시 엄사면 엄사리)
  - 계룡대 나라사랑계룡대견학(계룡시 신도안면 정장리 432-3)
  - 국방과학연구소 해미 항공시험장(서산시 해미면)
  - 태안비행장(태안군 남면 곰섬로 236-49)
  - 삽다리공원(예산군 삽교읍 신가리 266-46)
  - 별똥별 하늘공원(태안군 남면 곰섬로 37-18)
  - 세한대학교(당진시 신평면 남산길 71-200)
- **대전광역시(2곳)**
  - 대전 보라매공원(서구 둔산동 1544)
  - 국립대전현충원(유성구 갑동 30-5)
- **전라북도(3곳)**
  - 강호항공고등학교(고창군 고창읍 중거리당산로 78-22)
  - 남원항공우주천문대(남원시 양림길 48-63)
  - 진포해양테마공원(군산시 내항2길 32)
- **전라남도(3곳)**
  - 밀리터리 테마파크(무안군 몽탄면 우명길 21)
  - 고흥종합문화회관(고흥군 고흥로 1892-67)
  - 초당대학교(무안군 무안로 380)
- **제주특별자치도(1곳)**
  - 제주항공우주박물관(서귀포시 안덕면 녹차분재로 218)

자료: 공군

'최후의 팬텀' 탑승기

월간항공

DANGER
RESCUE
R.O.K. AIR FORCE F-4E
SERVICE THIS AIRCRAFT WITH
GRADE JP-8 FUEL
IDENTIPLATE LOCATION

'최후의 팬텀' 탑승기

두번째 도전: F-4E 80-0743

"웅비오삼, 아트라불타, 유천개세, 호국비천!"

F-4E 비행준비 완료. 한국 공군 최후의 F-4 비행대대인 153대대의 구호를 외쳤다.

이번 '대한민국 공군 F-4 팬텀' 책을 집필하면서 두 번째 F-4E 탑승 기회를 갖게 되었다. 첫 번째는 2004년 해외 항공 전문지에 한국 공군의 F-4를 소개하는 기사를 집필하기 위함이었다. 자동차나 항공기나 타 보아야 제대로 이해할 수 있다.

첫 번째 탑승은 20여 년 전이니 다시 그 기억을 되살리기 위한 비행이었다. 다양한 세대의 전투기들을 탑승할 기회가 있었지만 두 번 탑승하는 기종은 F-4가 처음이다. 그것도 같은 153대대에서 다시 탑승하게 되어 더욱 각별한 의미가 있었다.

초등학생 시절 첫눈에 반했던 우리 공군의 F-4E가 바로 153대대 소속이었고 미사일을 입에 문 사자 문양의 대대마크는 아직도 가슴을 뛰게 한다.

이번에는 특별히 비행요청 공문에 F-4E '80-0743' 항공기 비행을 주문했다. 바로 미국 본토에서 제작된 현존하는 최후의 F-4 항공기이기 때문이었다.

사실 최후의 F-4는 '80-0744' 기체로(5,057번째 생산 분) 한국 공군에 도입되었으나 80년대 중반에 사고로 소실된 바 있다. 최후의 항공기라지만 기령이 거의 45년에 가까운 거의 동갑내기 항공기이다. 비행 시 발생 가능한 사고에 아무런 책임을 묻지 않는다는 내용의 합의서에 서명을 하는 팔에 힘이 들어갔다.

또 하나 긴장케 했던 것은 첫 번째 비행 시의 심한 비행 멀미의 기억이었다. '팬텀은 일선 조종사들도 종종 구토를 한다'

이륙전 Last Change

며 한 지상요원이 멀미 봉투를 챙겨주었다.

그 동안 다른 전투기 탑승 시 멀미 증상이 전혀 없었기에 철없는 자신감으로 이를 뿌리치고 올라갔다가 임무완료 후 귀환 중 구토를 한 적이 있다. 멀미 봉투도 없는 위급한 상황에서 착용하고 있던 비행장갑을 벗어 구토를 했던 매우 당황스럽고 고통스럽던 경험이었다.

당시 비행 후 오염된 비행장갑을 말끔히 세탁하여 비행단장님께서 선물로 주시길래 감사드렸더니 '당신이 아니면 누가 이 장갑을 쓰겠냐'며 호탕하게 웃으셨던 모습이 추억에 남아 있다. 이젠 보푸라기가 많이 생긴 그 비행장갑을 다시 착용하고 비행에 임했다.

F-4 항공기 특유의 비행특성과 인체공학적으로 상당히 불편한 조종석 구조로 같은 상황이 다시 발생할 수 있을 것이었다. 조종사들에게 '구토방지 조언'을 구했다. 100% 산소를 가급적 자주 마시고 가급적 몸을 후방으로 기대어 유지하라는 조언이었다.

전투기 탑승의 필수조건으로 청주 항공의료원에서 항공생리훈련을 완료했다. 항상 그랬듯 9g 체험을 요청했더니 처음에는 만류하다가 6g 통과 후 컨디션을 보고 시도해 보자는 권유를 받았다. 그렇게 인생 5번째 도전한 9g는 어느 때보다 고통스러웠다.

나이를 먹을수록 더욱 힘들어지는 건 당연한 이치이리라. 너무 긴장하고 집중한 나머지 기준시간 15초에서 5초를 초과한 20초를 견뎌 '9g를 즐기시는 것 같다'는 훈련 담당자의 농담도 들었다. 두 번째 탑승이니 만큼, F-4 후방석의 역할을 제대로 이해하고 경험하여 공유해 보자는 다짐을 했다.

'팬'과 '텀': 팬텀 조종석의 역할 분담

'팬텀맨'들이 자주 하는 말이 있다. "전후방석이 유기적으로 제 역할을 다할 때 비로소 '팬과 텀이 결합한 팬텀'이 되어 그 성능을 발휘한다." F-4 기종 특성 상 후방석(WSO: Weapon System Officer)의 역할이 절대적으로, 전방석 조종사의 기량도 중요하지만 전술 임무에서는 후방석 조종사의 임무도 그에 못지 않게 중요하다는 뜻이다. **(이준수, WSO Schedule 장교, 월간 공군)**

F-4의 대표적인 공대공 무장시스템으로 Semi Active 방식으로 유도되는 AIM-7 Sparrow 미사일을 꼽을 수 있다. 이 외에도 AIM-9 Sidewinder 및 기총을 탑재한다.

AIM-7은 F-4에 탑재된 Radar System과 밀접하게 연계되어 운용되는데 전방석에는 무장을 발사할 수 있는 계통인 Guns/Missile Switch (Pinky S/W), AIM-7을 유도하는데 필요한 CW파를 On/Off 할 수 있는 Missile Power Switch, Missile의 발사조건을 Override 시킬 수 있는 Interlock Switch, 그리고 Missile Launch하는 Trigger와 Missile의 발사조건을 표시해주는 Radar Scope 및 Shoot Light가 있다.

후방석에는 Radar를 조작하고 적기 Contact 및 다양한 기능을 Control 할 수 있는 Radar Control Panel, 적기의 위치를 추적하여 적기를 Lock On하는 Hand Controller와 전방석과 동일한 Radar Scope가 있다.

AIM-7을 발사하기 위해서는 먼저 전방석 조종사가 적절한 전술기동을 통하여 AIM-7을 운용할 수 있는 위치로 비행

월간항공

❶ AGM-142 유도 절차 지상 훈련
❷ 임무 브리핑
❸ 비행 전의 폭소

하며 전방석 외 무장 기재취급을 완료하고 WSO는 적절한 Gain과 Tilt Control을 통하여 적기를 Contact 하여 Lock On 한다. 이 때 F-4의 Radar System은 CW파를 Lock On 한 적기를 향해 조사하게 되고 발사 조건에 부합하는 Range와 Heading이 만족되면 전방석 조종사는 Trigger를 당겨서 AIM-7 Missile Launch하게 된다.

발사한 후에도 WSO의 능력에 따라서 적의 EA에도 견뎌낼 수도 있고 그렇지 못할 수도 있다. 이처럼 AIM-7을 적절히 운용하기 위해서는 적절한 발사 위치로 비행할 수 있는 전방석 조종사의 조종능력과, 적기를 원거리에서 Contact하여 정확히 Lock On하고 유도할 수 있는 WSO의 Radar Work 능력이 조화를 이루어야 한다.

F-4의 공대지 무장은 GP Bombs, CEBU Rocket 등의 비정밀무기와 LGB, AGM 그리고 최근에 일부 F-4에 도입된 AGM-IC의 정밀 유도무기로 구분될 수 있는데 두 가지 종류의 무장 모두 전방석 조종사와 WSO의 적절한 협조를 통해 운용된다.

첫째, 비정밀무장의 경우 F-4에서 운용하고 있는 Delivery Mode 중 대표적인 CCIP Mode 시 후방석에서 적절한 임무계획에 의한 표적 정보를 후방석에 있는 INAS에 입력하고, 무장에 맞는 Bomb Code를 설정하면 F-4의 무장 System은 Pipper를 현재의 제원과 바람까지 수정한 위치로 그 이전의 항공기에서 운용하고 있는 Direct Mode에서 지시하는 Pipper와는 다른 위치를 지시해준다. 이것은 조종사로 하여금 공중에서 바람을 수정할 필요가 없게 해주고 단지 Pipper를 표적에 일치시켜서 무장을 투하하는 것만으로 무장을 표적에 명중시킬 수 있게 해 준다.

또한 CCRP는 저고도에 심각한 위협이 존재할 때 아직 제원이 맞지 않는 고고도에서도 단지 Pipper를 표적에 일치시키고 Bomb BTN을 누르고 Hold 하여 그대로 다시 상승하여 위협에 진입하지 않아도 역시 무장 System에 의한 적절한 계산으로 무장이 투하되는 시기를 계산하여 자동으로 투하시킴으로써 적의 저고도 위협을 효과적으로 회피할 수 있는 장점이 있다. 또한 표적지까지 들어가지 않고도 발사할 수 있는 Loft Mode가 있는데 이 Mode는 특히 전방석 조종사/WSO의 협조가 매우 중요하다.

둘째로 F-4에서 보다 중요한 정밀 유도무기 System은 전방석과 후방석에 적절히 나누어진 임무분담 체계를 갖추고 있다. 우선 AGM-65, LGB 모두 표적을 화면에 획득해야 하는데 두 가지 무장 모두 이 역할을 WSO가 담당하고 있다.

그리고 AGM-65 경우에는 Fire & Forget이 가능한 무기이지만, LGB는 무장투하 이후에도 표적에 지속적으로 Laser를 조사해 줘야 하는 무장으로, 이 역할도 WSO가 맡고 있다.

F-4E의 주요 공대지 무장인 AGM-142에 있어서는 WSO의 역할이 보다 중요하다. AGM-142는 후방석에서 모든 임무정보를 정확히 입력해야 하며 전방석 조종사의 정확한 Alignment Maneuver를 통해 Missile의 관성항법장치를 Align 시키고 이후에 WSO가 미리 계획된 Aim Point를 정확하게 Update 시켜서 Target의 획득을 용이하게 한 후에 Launch 조건이 만족되면 전방석에서 Bomb BTN을 눌러서 Launch한다.

표적 이후에도 WSO는 두 번째, 세번째의 Aim Point를 정확히 Update 해야 하며 최종적으로 Target에 접근함에 따라 Missile을 표적에 정확히 명중시키기 위한 Final Tracking을 하여야 한다.

안전상 비행 전 지상 주기된 F-4E 항공기 후방석에 앉아 AGM-142H 훈련탄 운용 조작을 시도해 보았다. 조종석 패널을 통해 표적 좌표를 입력하고 최종 유도단계를 모의 조작하는 과정의 실습이었다.

CCD 시커의 해상도와 FOV는 놀라울 정도로 우수했다. 항공기 전방의 구조물을 Aim Point로 후방석 스코프 상에서 확인 및 획득하는 과정에서 건물의 창문도 하나하나 골라 조준할 수 있는 정밀함에 깊은 인상을 받았다. 전투기는 결국엔 무기체계 플랫폼인데 그 운용에서 F-4에서의 WSO의 전술적인 역할이 매우 중요함을 체감할 수 있었다. 임무 비행을 함께 하는 편조 조종사 5명과 브리핑을 하는 과정에서도 '팬'과 '텀' 간 유기적인 임무 협조의 중요성을 다시 한번 확인할 수 있었다.

❶ 비행 전 편조 기념 사진
❷ 이륙 전 활주
❸ 비행 중 조종석

이륙

제10전투비행단 제153전투비행대대 소속 F-4E 80-0743 항공기. 그 앞에 서니 현존하는 미국 본토 생산/한국 공군 최후 팬텀이라는 생각에 경외감과 이 항공기를 탑승한다는 현실에 감동과 감사의 마음에 코 끝이 시큰했다.

팬텀 시리즈 특유의 근육질의 엄청난 덩치와 F-4E 특유의 날씬한 노즈 라인이 합쳐져 균형 잡힌 매력을 뽐내고 있다. 전방석 Boarding Ladder를 먼저 올라 전방석과 공기흡입구 상판을 지나 후방석으로 진입한다. 조종석에서 지상을 내려다 보면 팬텀의 전고가 상당히 높은 편임을 알 수 있다.

팬텀의 후방석은 매우 불편한 편이다. 참호처럼 깊고 계기는 다른 기종에 비해 몸에 가깝게 위치해 있다. 초기형 팬텀의 후방석은 조종사가 폐쇄공포증을 호소할 정도였다고 한다.

사출좌석은 상반신이 거의 수직으로 착석하게 되고 쿠션감이 없는 딱딱한 좌석이며 어깨부터 다리까지 다양한 벨트류가 온몸을 조인다. 캐노피가 내려와 닫히면 보이는 시야는 측후방으로 귀의 상방 정도만 보이고 전방 시야 또한 캐노피 프레임과 배선류로 상당히 제한된다. 첫 번째 비행 때처럼 구토를 하지 않을까 하는 긴장감이 엄습했다.

캐노피는 항상 전방석이 열린 상태로 유지된다. 다시 말해 이륙 전에는 후방석을 먼저 닫고 착륙 후에는 전방석을 먼저 열도록 되어 있다.

후방석의 조종간은 전방석의 그것과는 가동 유격이 다르다. 활주로 정대 후 긴장을 깨고 A/B(Afterburner)가 점화된다. 다른 전투기들에 비해 움직임이 묵직하다. 생각보다 가속이 빨랐다. 특이한 것은 이륙시 스틱의 조작인데 이륙 초기부터 스틱을 후방으로 최대로 당겼다가 가속에 따라 스틱을 전방으로 풀어준다. 이륙 속도에서 스틱을 당겨주는 여타 항공기와는 다른 점이다. 해군 함재기의 특징이라고 한다.

비행 개요

- **일자 :** 2023년 7월 6일 13시
- **임무요원 :** 김도형 소령(전방석), 이원익 작가(후방석)
- **임무공역 :** ACMI(태안반도 서쪽 해상)
- **과목 :** TI / BFM
  - TI(Tactical Intercept) : 전투조종사가 GCI/AWACS 혹은 자체 항공기 탑재 Radar의 정보를 활용하여 적기를 격추시키기 위한 전술적 기동
  - BFM(Basic Fight Maneuvering) : 조종사가 근접교전시 적기 격추를 위한 계획된 무장사용을 위해 무장 발사 구역 내로 진입할 때까지의 기동. 크게 공격기동과 방어 기동으로 구분
- **세부요목**
  - BEAM(90°)/FLANK(135°)/HEAD ON(180°) Stern Conversion 각 1 pass
    *BEAM/FLANK/HEAD ON stern conversion 은 적기와 조우한 angle에 따라 구분됨
- **훈련 요약**
  - 2기 공대공 #1 임무로 해상공역 진입 후 TI 임무 실시
  - #2 요기 조종사 전술 요격 숙달을 위해 초기 RA(적기) 모사 및 근접교전시 방어 BFM 구사
  - 임무 ROLE 교대하여 #1 HEAD ON Stern Conversion 및 공격 BFM 기동실시

- **전방석 조종사(김도형 소령) 의견**
  - 후방석 탑승자(이원익 작가)의 선속 체험을 위해 평소 기동보다 선속을 많이 주고 무장 운용 이후에도 지속적인 공격기동을 실시. 후방석 탑승자가 생각보다 G 내성이 강하고 기동하는 적기를 관찰하는 모습 등에서 감동받음.
  - 비행하는 내내 감격에 찬 후방석 탑승자의 모습을 보고 많은 생각을 하게 됨. 일선 전투조종사들에게는 당연하게 생각했던 모든 것들이 누군가에겐 큰 영감을 줄 수 있고 존경받을 수 있는 것임을 깨닫게 되었음.
  - 이원익 작가와 동승 비행 이후부터는 비행 한 소티, 한 소티를 자부심을 가지고 소중하게 생각하면서 오늘도 안전하게 내릴 수 있음에 감사하게 되었음. 전투조종사보다 더 전투조종사같았던 이원익 작가의 모습에 큰 감명을 받았음.

월간항공

1

"Fight's on"

임무 공역에 도착한 3기의 F-4E 항공기들이 서로 임무 역할을 교대해 가며 전투기동을 실시했다. 임무 중 평균 중력가속도는 대략 6g 정도. 중력가속도를 견디는 거친 숨소리와 숨가쁜 교신음이 뒤섞여 공중에 울려 퍼졌다.

다양한 TI와 BFM 기동 중 후방석에서 고개를 돌려가며 적기를 찾고 역동적인 기동 패턴을 주시했다. 기존에 탑승하고 연구했던 동세대 전투기 F-5E/F에 비해 선회성능은 비교적 열세인 편이나 가속력은 우세라고 판단되었다.

실제 EM Diagram 상 유사조건에서 F-4E는 일부 속도 영역을 제외하고는 대부분의 경우 F-5E나 MiG-21 bis 에 비해 초당 선회율이 떨어진다. 베트남전 등의 실전에서 미군 조종사들이 F-4의 에너지 우위를 이용한 수직기동을 중점적으로 활용했던 이유일 것이다.

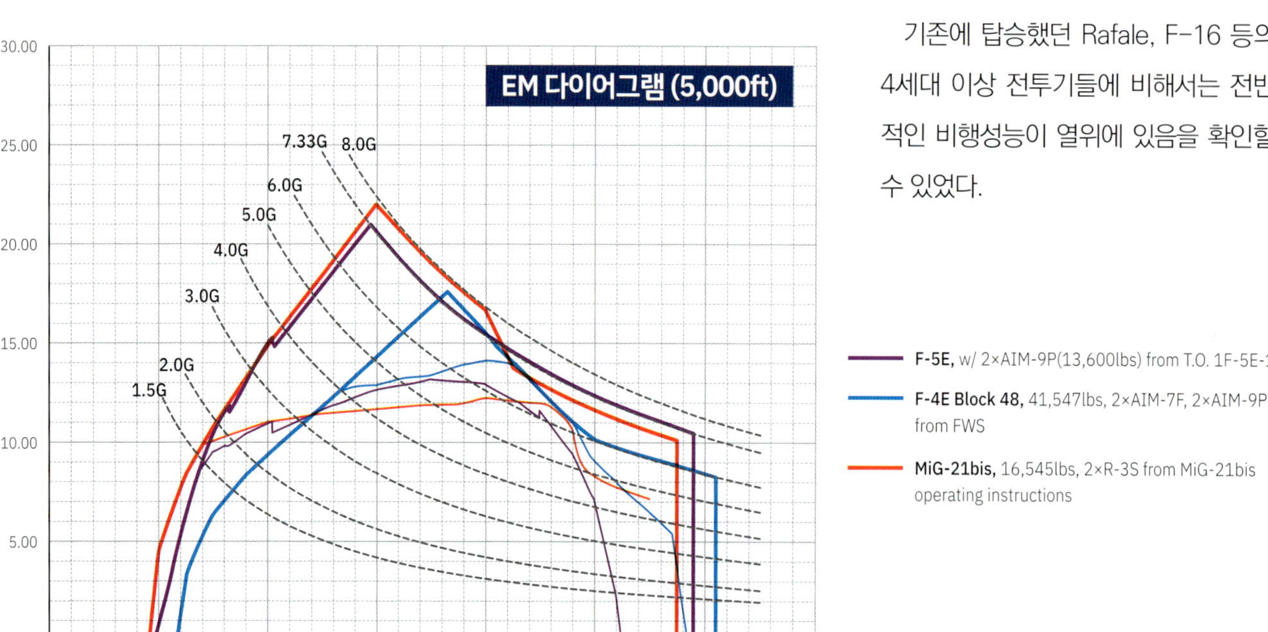

기존에 탑승했던 Rafale, F-16 등의 4세대 이상 전투기들에 비해서는 전반적인 비행성능이 열위에 있음을 확인할 수 있었다.

팬텀맨들에 경의!

임무 중 레이더 스코프를 주시하며 적기를 탐색하고 상황파악을 시도했다. 기동 중인 항공기에서 고개를 숙여 레이더 스코프를 들여다 보는 것은 상당한 압박감과 집중력을 필요로 했다.

갑자기 구토감이 밀려 들었다. 구토 방지를 위한 조치를 계속했는데도 어쩔 수 없나 보다. 다행히 심하지 않아 첫 번째 팬텀 비행에서 배운 노하우(멀미봉투)로 간단히 해결했다. 당시 착용했던 비행장갑을 낀 손에 힘이 들어간다.

첫번째 F-4 비행이 팬텀 항공기에 대한 경이로움에 대한 것이었다면 이번 F-4 비행을 통해 온몸으로 느끼는 것은 팬텀 조종사들에 대한 경이로움이다. 특히, 후방석 WSO 요원들이 노출된 환경은 상상 이상으로 도전적이다.

격렬한 기동에 따른 중력가속도를 견디며 인체공학적으로 불편한 조종석에서 레이더를 조작하고 무장까지 운용하는 집중력과 투지는 경험해 보지 않고는 상상할 수 없는 고된 임무이다. '팬'과 더불어 완전한 팬텀을 만드는 '텀'들에게 박수와 경의의 마음을 전한다.

경이로움에 이어 마음에 날아든 것은 놀라움이었다. RTB (Retun To Base) 중 수원기지 상공에 들어서자 시야를 꽉 채운 시가지들. 그야말로 수원기지 활주로가 대도시 한가운데에 들어와 있었다. 알고는 있었지만 그 시각적인 인상은 강렬하고도 놀라운 것이었다.

이토록 아슬아슬한 환경에서 항공기 이착륙이라는 어려운 임무를 완수하고 있는 우리 조종사들에게 다시 한번 경이로움과 감사함이 들었다. 그리고 지난 2022년 이곳 수원기지에서 이륙 중 기체결함으로 기지 주변 민간인 시설을 피해 기수를 돌리고 살신성인했던 고 심정민 소령을 생각했다. 돌아가면 다시금 대전 현충원에서 쉬고 있는 그를 방문하리라 다짐했다.

월간항공

월간항공

❶ 비행 후의 동료애
❷ 악수를 청하는 김도형 소령
❸ 최후의 팬텀 80-0743 비행 후. 피로가 느껴진다.

감사와 보람

착륙과 함께 캐노피가 개방된다. 역시 전방석이 먼저 열리고 후방석이 나중에 열리는 방식. 한국 공군 최후의 F-4를 비행하고 항공기와 특히 그 조종사들에 대한 이해와 고마움을 한층 더 가슴에 담게 된 특별한 기억이었다.

비행 후 김도형 소령이 꽉 악수를 청한다. 김 소령은 한국 공군 최후의 팬텀 대대인 153대대 비행대장이자 한국 공군 '마지막 팬텀 비행대장'이다. 역사에 남을 최후의 팬텀을 함께 비행한 인연만큼 특별한 인연은 흔치 않을 것이다. 그가 내게 감사하다는 말을 전했다. 동승 비행을 통해 공군 전투조종사라는 자신의 직업이 얼마나 소중하고 특별한 것인지를 체감하였다는 것이다. 누군가에게는 이 직업이 그토록 소중하고 존경받는 일이며 F-4 항공기의 존재감과 가치를 다시 생각하게 되었다고.

나야말로 감사하고 보람된 일이다. 우리가 '팬'과 '텀'으로서 앞으로 해야 할 일은 팬텀을 영원히 기록하고 기억하는 것이라고 화답했다.

Phantastic Phantom Phorever!

에필로그

'팬텀맨'들을 기억하며

F-4 팬텀을 처음 보았던 것은 1988년 어느 겨울 저녁 강릉기지에서였다. 당시 초등학교 6학년이던 나는 귀가하던 기지 학교버스에 앉아 있었다. 여느 때처럼 항공기 이착륙을 위해 강릉기지 활주로 끝단에 지나가던 자동차들이 멈춰 서 있었다.

강릉기지 너머 대관령으로부터 노을이 내려와 발갛게 활주로 주변을 물들였다. 항공팬이었던 나는 여느 때처럼 F-5 전투기들이 이착륙을 하는가 하여 차장 밖을 열심히 내다 보고 있었다. 순간 나는 내 눈을 의심했다. 심장이 멎는 줄 알았다.

"헉! 팬텀이다!"

두 대의 F-4E 전투기들이 눈앞에서 정렬하고 있는 것이 아닌가! 항공기 전문지 등의 사진들만을 통해 접해온 팬텀이 바로 눈앞에 있었다. 장대한 기골, 'German Grey' 중회색이 섞인 짙은 도장(이집션 도장이라고 읽었다), 아래 위로 꺾인 날개 등 한눈에 봐도 팬텀임을 알 수 있었다. 쌍두 호랑이가 그려진 F-5와는 달리 사자 머리가 크게 그려져 있었다. 그 사자머리 그림 안에는 사자가 미사일을 물고 있는 박력의 비행대대 마크가 그려져 있었다(나중에 알고보니 제153전투비행대대였다). 그들 덩치에 가려 보이지 않았던 F-5F 두 대가 먼저 이륙했다. 거의 매일 봐 왔지만 여전히 시선을 강탈하는 F-5의 날렵한 이륙 모습이었다.

그 때였다.

갑자기 버스가, 아니 산천초목이 흔들렸다. F-4 팬텀 두 대가 편대 이륙(Formation T/O)을 위해 동시에 Afterburner 점화를 하는 순간이었다.

4대의 엔진이 시뻘건 불을 내뿜었다. 그동안 봐오던 F-5의 그것과는 차원이 다른 크기와 길이의 불기둥을 내뿜고 있었다. 동시에 천지를 뒤흔드는 굉음과 진동이 뱃속과 척추를 흔들어 댔다. 4개의 불기둥 안에는 도너츠 같은 원형 링들이 환상적인 불꽃놀이 같은 분위기를 만들어 냈다.

항공기 동체와 수직미익에 자리잡은 노란 형광색 편대등은 엔진 불꽃과 함께 석양의 저녁을 물들였다. 불기둥을 타고 비상하는 두 대의 팬텀 뒤로는 매캐하면서도 강렬한 제트연료 냄새가 진동했다.

그야말로 시각, 촉각, 후각의 감각을 동시에 자극하는 세상에서 가장 매력적인 장면이었다. 이것이야말로 도깨비 불춤이 아닌가. 그야말로 남자의 전투기. 그 어느 기종보다 매력적인 최애 기체였다. 나는 결심했다. "반드시 공군사관학교에 가서 팬텀 조종사가 되겠다!"

그렇게 '팬텀맨'이 되겠다는 나의 소년시절의 꿈은 하루아침에 물거품이 되고 말았다. 고3 시절 시력관리에 실패하여 공군사관학교 진학에 실패한 것이다. 나는 실의에 빠져 오랜 동안 방황했다.

날개를 잃고 한없이 추락하던 나는 다시 일어섰다. 전투조종사의 세계 대신 항공기 제조업으로 진로를 결정하고 항공기에 대한 글을 쓰기 시작했다. 국내외 항공전문지 기고를 통해 Rafale, F-16 등 다양한 전투기들을 탑승했지만 나의 두 눈은 항상 최애기종인 F-4를 향해 있었다.

소년 시절 F-4를 처음 본지 16년이 지나 나는 F-4에 몸을 싣고 하늘을 날았다. 해외 항공 전문지에 우리 공군의 F-4를 소개하는 특집기사를 통해 비행허가를 받은 것이었다. 그것도 153대대에서 비행했고 20여 년이 지나 같은 대대에서 최후의 팬텀을 다시 비행할 수 있었다. 소년 시절의 희망이자 최애 기종을 가능한 최대한 잘 이해하고 기록하고 기억하기 위한 비상이었다. 오래 수집해 온 팬텀 사진들과 기록들을 하나 하나 모아 정리하기 시작했다. 해외 여행 시 수집해 온 F-4 서적과 잡지들에서 얻은 지식과 정보도 총망라했다.

우리 공군의 F-4 퇴역을 앞두고는 앞서 F-4를 퇴역시킨 다른 공군들의 선례와 특히 일본 항공자위대의 특별 도장과 퇴역식 아이디어 등을 정리해 우리 공군에 전달했다. 그리고 우리 공군 F-4의 마지막 가는 길을 함께 했다.

팬텀을 흠모하고 꿈꾸고 기록해 온 과정에서 많은 팬텀맨들을 만났다. 팬텀맨 고 박명렬 소령의 아들인 고 박인철 대위와의 처음이자 마지막이었던 조우는 슬픔과 함께 가슴에 남아 있다.

진정한 팬텀맨으로서의 자부심과 긍지로 꽉 차 있었던 부친의 공사 동기생 고 이영순 대령님과의 대화는 이 책을 시작하는 데에 큰 동기 부여가 되었다. 안타깝고 안타깝게도 고 이영순 대령님의 작고로 생전 인터뷰를 싣지는 못했으나 그가 남긴 '하늘이 받아준 사람'에 남기신 글과 과거 대화를 통해 그의 모습과 경험을 기록할 수 있었다.

그 외에 이재우, 장호근, 장영익, 강인홍, 김기영, 김헌중, 박인호, 성일환, 윤기철, 은진기, 이항기, 한병철, 임준형, 김태형, 이동열, 김도형, 이정민, 류재상 등 이 책의 인터뷰에 응해 주신 팬텀맨들을 기억하고 기록하며 감사한다.

이들 팬텀맨들의 공통점은 F-4 조종사, 정비사, 무장사로서의 자부심과 긍지가 그 어느 집단보다 높고 푸르렀다는 점이었다. 이들을 비롯한 팬텀맨들이 아니었다면 지난 55년간의 팬덤의 영광은 있지 못했을 것이다.

이 부족한 책을 통해 대한민국 팬텀맨들의 정신과 긍지가 영원히 기억되길 바란다.

팬텀, 팬텀맨들, 지난 55년간 수고 많으셨습니다.
영원히 기억하겠습니다.

영원의 날개, 대한민국 공군 F-4 팬텀

ROKAF F-4 Phantom Phorever

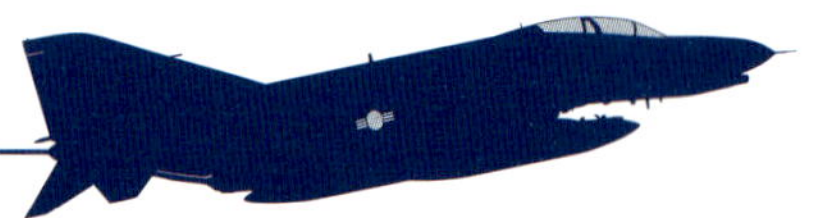

초판 1쇄 발행 | 2024년 10월 28일

지 은 이 | 이원익
펴 낸 이 | 노상래
교정교열 | 출판팀 노여래
디 자 인 | 신지훈, 김채린
출력 및 인쇄 | ㈜웰컴피앤피

펴 낸 곳 | ㈜와스코
출판등록 | 1991년 7월 26일 제11-59호

주 소 | (07647) 서울특별시 강서구 공항대로42길 23-3 항공빌딩 2층
전 화 | 02-3663-3011
팩 스 | 02-3663-3013
이 메 일 | aerospace@wasco.co.kr
홈페이지 | www.aviation.co.kr

가 격 | 28,000원
I S B N | 978-89-88320-24-2(03550)